중학 수학 내신 대비 기출문제집

1-2 기말고사

정답과 풀이는 EBS 중학사이트(mid.ebs.co.kr)에서 다운로드 받으실 수 있습니다.

교재 내용 문의	교재 내용 문의는 EBS 중학사이트 (mid.ebs.co.kr)의 교재 Q&A 서비스를 활용하시기 바랍니다.	교재 정오표 공지	발행 이후 발견된 정오 사항을 EBS 중학사이트 정오표 코너에서 알려 드립니다. **교재학습자료 → 교재 → 교재 정오표**	교재 정정 신청	공지된 정오 내용 외에 발견된 정오 사항이 있다면 EBS 중학사이트를 통해 알려 주세요. **교재학습자료 → 교재 → 교재 선택 → 교재 Q&A**

중학 수학 내신 대비 기출문제집

1-2 기말고사

구성과 활용법

1

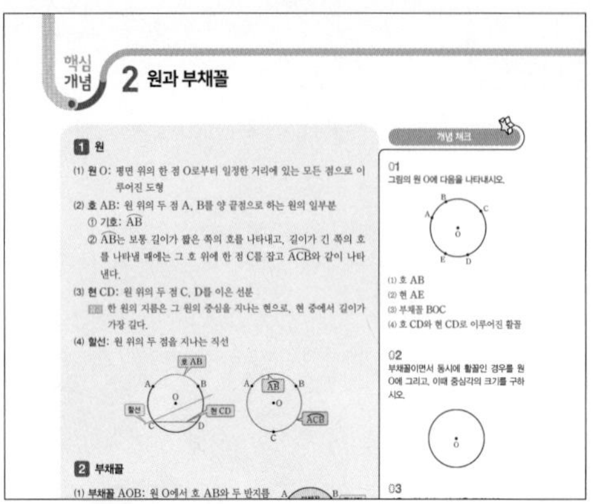

핵심 개념 + 개념 체크

체계적으로 정리된 교과서 개념을 통해 학습한 내용을 복습하고, 개념 체크 문제를 통해 자신의 실력을 점검할 수 있습니다.

2

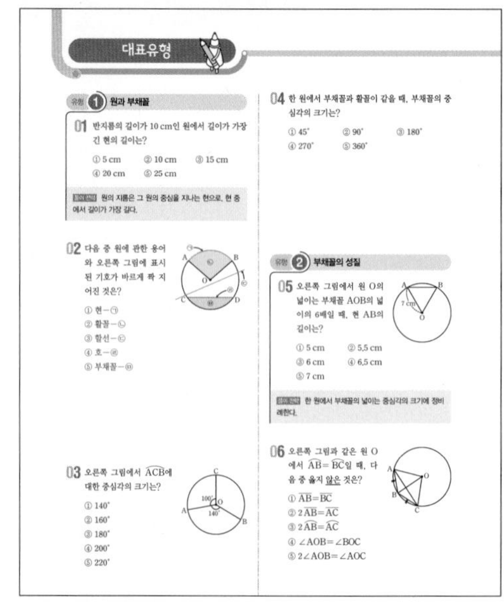

대표 유형 학습

중단원별 출제 빈도가 높은 대표 유형을 선별하여 유형별 유제와 함께 제시하였습니다.

대표 유형별 풀이 전략을 함께 파악하며 문제 해결 능력을 기를 수 있습니다.

부록

8

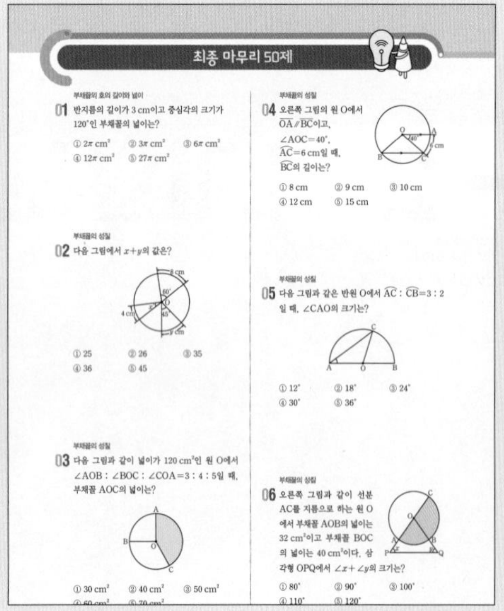

최종 마무리 50제

시험 직전, 최종 실력 점검을 위해 50문제를 선별했습니다. 유형별 문항으로 부족한 개념을 바로 확인하고 학교 시험 준비를 완벽하게 마무리할 수 있습니다.

7

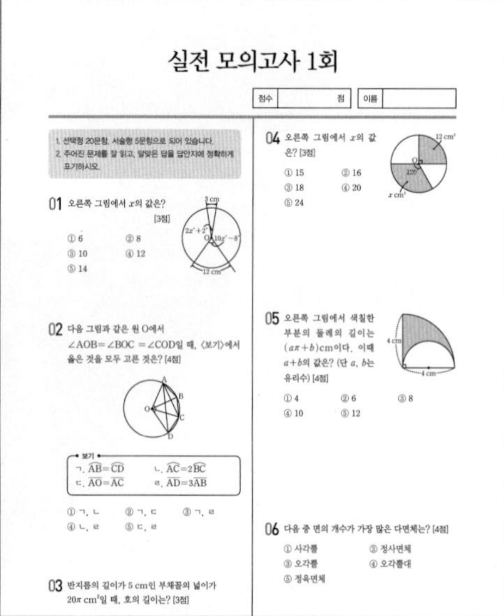

실전 모의고사(3회)

실제 학교 시험과 동일한 형식으로 구성한 3회분의 모의고사를 통해, 충분한 실전 연습으로 시험에 대비할 수 있습니다.

3

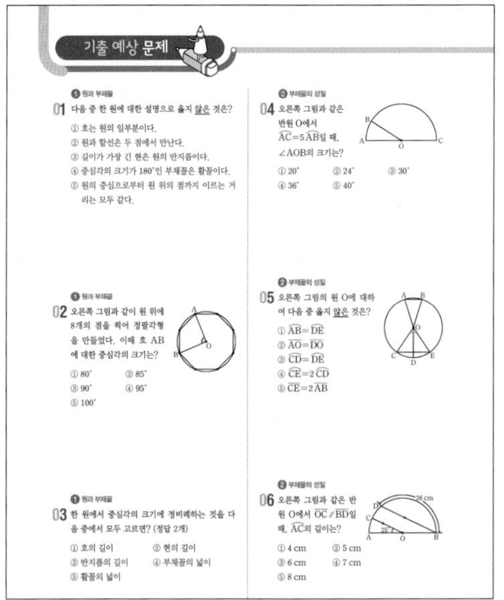

기출 예상 문제

학교 시험을 분석하여 기출 예상 문제를 구성하였습니다. 학교 선생님이 직접 출제하신 적중률 높은 문제들로 대표 유형을 복습할 수 있습니다.

4

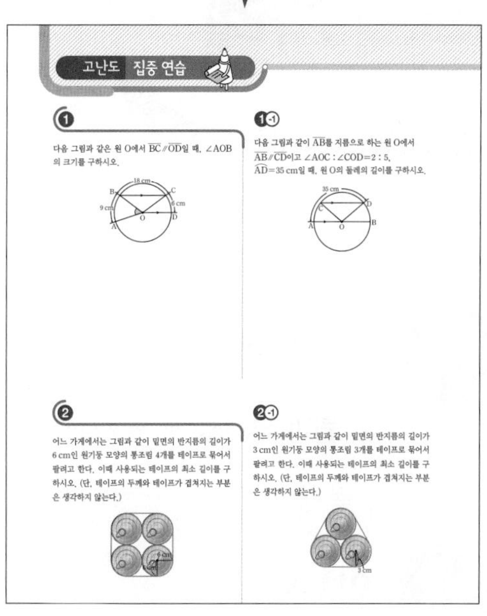

고난도 집중 연습

중단원별 틀리기 쉬운 유형을 선별하여 구성하였습니다. 쌍둥이 문제를 다시 한 번 풀어 보며 고난도 문제에 대한 자신감을 키울 수 있습니다.

5

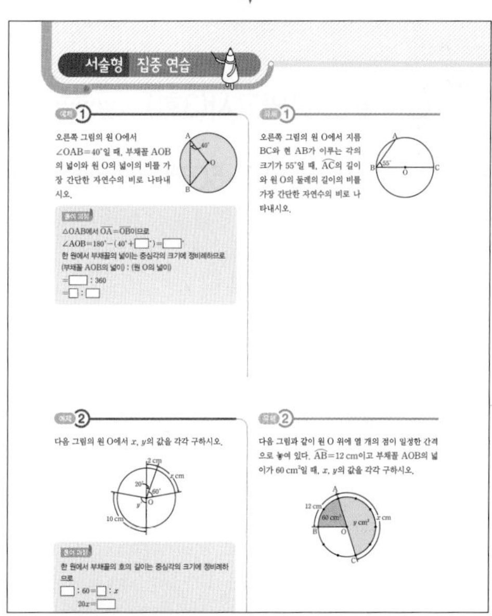

서술형 집중 연습

서술형으로 자주 출제되는 문제를 제시하였습니다. 예제의 빈칸을 채우며 풀이 과정을 서술하는 방법을 연습하고, 유제와 해설의 채점 기준표를 통해 서술형 문제에 완벽하게 대비할 수 있습니다.

6

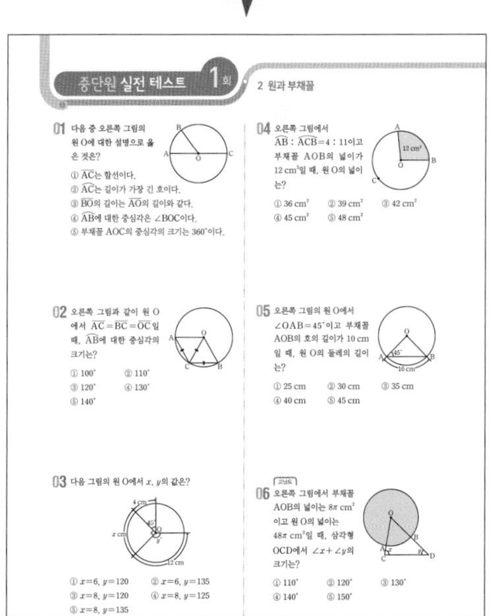

중단원 실전 테스트(2회)

고난도와 서술형 문제를 포함한 실전 형식 테스트를 2회 구성했습니다. 중단원 학습을 마무리하며 자신이 보완해야 할 부분을 파악할 수 있습니다.

이 책의 차례

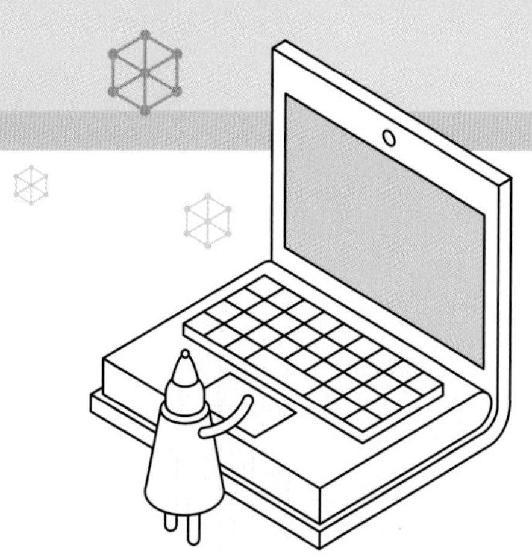

학습 계획표

매일 일정한 분량을 계획적으로 학습하고, 공부한 후 '학습한 날짜'를 기록하며 체크해 보세요.

	대표 유형 학습	기출 예상 문제	고난도 집중 연습	서술형 집중 연습	중단원 실전 테스트 1회	중단원 실전 테스트 2회
원과 부채꼴	/	/	/	/	/	/
다면체와 회전체	/	/	/	/	/	/
입체도형의 겉넓이와 부피	/	/	/	/	/	/
자료의 정리와 해석	/	/	/	/	/	/

	실전 모의고사 1회	실전 모의고사 2회	실전 모의고사 3회	최종 마무리 50제
부록	/	/	/	/

Ⅵ. 평면도형

2

원과 부채꼴

2 원과 부채꼴

1 원

(1) **원** O: 평면 위의 한 점 O로부터 일정한 거리에 있는 모든 점으로 이루어진 도형

(2) **호** AB: 원 위의 두 점 A, B를 양 끝점으로 하는 원의 일부분

① 기호: $\widehat{AB}$

② $\widehat{AB}$는 보통 길이가 짧은 쪽의 호를 나타내고, 길이가 긴 쪽의 호를 나타낼 때에는 그 호 위에 한 점 C를 잡고 $\widehat{ACB}$와 같이 나타낸다.

(3) **현** CD: 원 위의 두 점 C, D를 이은 선분

참고 한 원의 지름은 그 원의 중심을 지나는 현으로, 현 중에서 길이가 가장 길다.

(4) **할선**: 원 위의 두 점을 지나는 직선

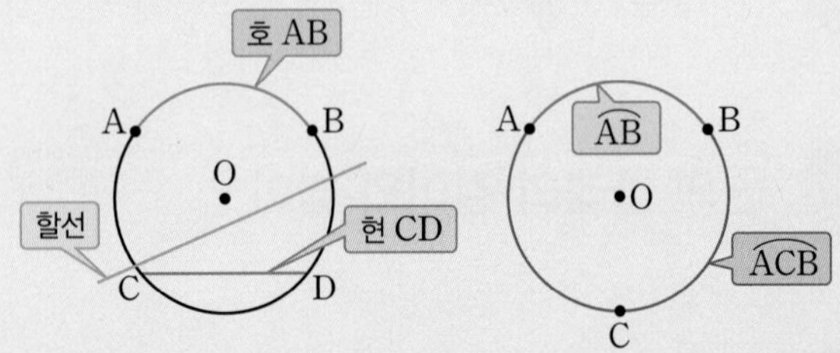

2 부채꼴

(1) **부채꼴** AOB: 원 O에서 호 AB와 두 반지름 OA, OB로 이루어진 도형

(2) **중심각**: 부채꼴 AOB에서 ∠AOB를 호 AB에 대한 중심각 또는 부채꼴 AOB의 중심각이라 하고, 호 AB를 ∠AOB에 대한 호라고 한다.

(3) **활꼴**: 원 O에서 호 CD와 현 CD로 이루어지는 도형

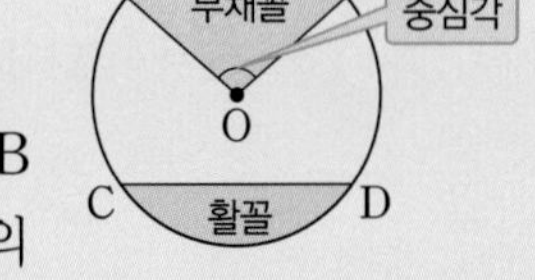

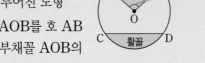

3 부채꼴의 성질

(1) **중심각의 크기와 호의 길이, 부채꼴의 넓이 사이의 관계**

한 원에서

① 중심각의 크기가 같은 두 부채꼴의 호의 길이와 넓이는 각각 같다.

② 부채꼴의 호의 길이와 넓이는 각각 중심각의 크기에 정비례한다.

(2) **중심각의 크기와 현의 길이 사이의 관계**

한 원에서

① 크기가 같은 중심각에 대한 현의 길이는 같다.

➡ ∠AOB=∠BOC이면 $\overline{AB}=\overline{BC}$이다.

② 현의 길이는 중심각의 크기에 정비례하지 않는다.

➡ ∠AOC=2∠AOB이지만 $\overline{AC}\neq 2\overline{AB}$이다.

개념 체크

01
그림의 원 O에 다음을 나타내시오.

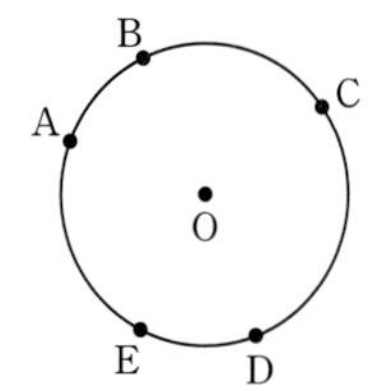

(1) 호 AB
(2) 현 AE
(3) 부채꼴 BOC
(4) 호 CD와 현 CD로 이루어진 활꼴

02
부채꼴이면서 동시에 활꼴인 경우를 원 O에 그리고, 이때 중심각의 크기를 구하시오.

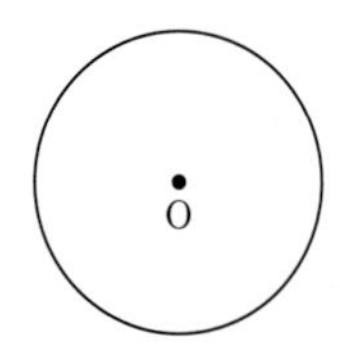

03
다음 그림에서 x의 값을 구하시오.

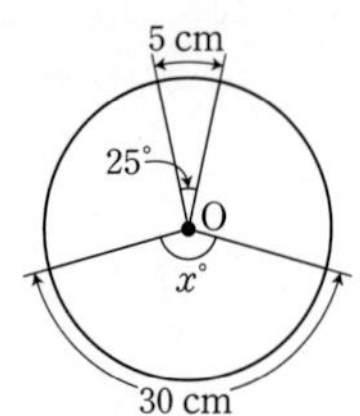

04
한 원에 대한 설명으로 옳은 것에는 ○표, 옳지 않은 것에는 ×표를 하시오.

(1) 길이가 같은 두 현에 대한 중심각의 크기는 같다. ( )
(2) 부채꼴의 넓이는 중심각의 크기에 정비례한다. ( )
(3) 부채꼴의 현의 길이가 2배, 3배, 4배, …가 되면 중심각의 크기도 각각 2배, 3배, 4배, …가 된다. ( )
(4) 두 부채꼴의 중심각의 크기가 같아도 호의 길이는 다를 수 있다. ( )

Ⅵ. 평면도형

4 원의 둘레의 길이와 넓이

(1) **원주율**: 원에서 지름의 길이에 대한 원의 둘레의 길이의 비율

$$(\text{원주율})=\frac{(\text{둘레의 길이})}{(\text{지름의 길이})}$$

① 원주율은 원의 크기에 관계없이 항상 일정하다.

② 원주율의 정확한 값은 3.141592…와 같이 소수점 아래의 숫자가 한없이 계속되는 수이다.

③ 원주율은 기호로 π와 같이 나타내고, '파이'라고 읽는다.

(2) **원의 둘레의 길이와 넓이**

반지름의 길이가 r인 원의 둘레의 길이를 l, 넓이를 S라고 하면

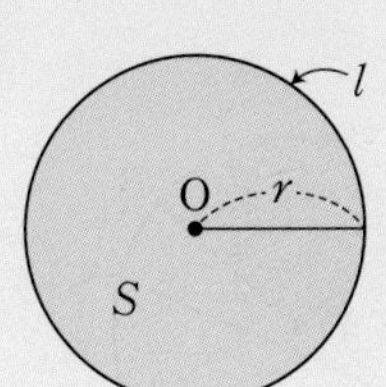

$l=(\text{지름의 길이})\times(\text{원주율})$

$=2\times(\text{반지름의 길이})\times(\text{원주율})$

$=2\times r\times\pi=2\pi r$

$S=(\text{반지름의 길이})\times(\text{반지름의 길이})\times(\text{원주율})$

$=r\times r\times\pi=\pi r^2$

5 부채꼴의 호의 길이와 넓이

반지름의 길이가 r인 원에서 중심각의 크기가 $x°$인 부채꼴의 호의 길이 l과 넓이 S는 각각 중심각의 크기에 정비례하므로 원주율 π를 사용하여 다음과 같이 나타낼 수 있다.

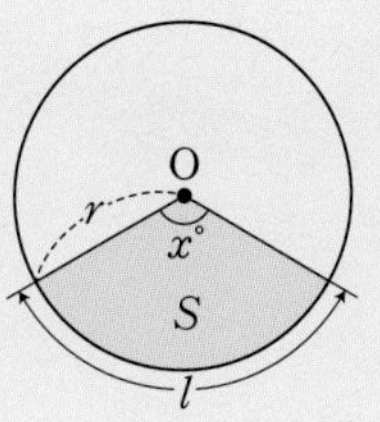

(1) **부채꼴의 호의 길이**

(부채꼴의 호의 길이) : (원의 둘레의 길이)$=x:360$

$l:2\pi r=x:360$

➡ $l=2\pi r\times\frac{x}{360}$

(2) **부채꼴의 넓이**

(부채꼴의 넓이) : (원의 넓이)$=x:360$

$S:\pi r^2=x:360$

➡ $S=\pi r^2\times\frac{x}{360}$

(3) **부채꼴의 호의 길이와 넓이 사이의 관계**

$l:S=\left(2\pi r\times\frac{x}{360}\right):\left(\pi r^2\times\frac{x}{360}\right)$

$=2:r$

➡ $S=\frac{1}{2}rl$

개념 체크

05
다음 그림에서 색칠한 부분의 둘레의 길이와 넓이를 각각 구하시오.

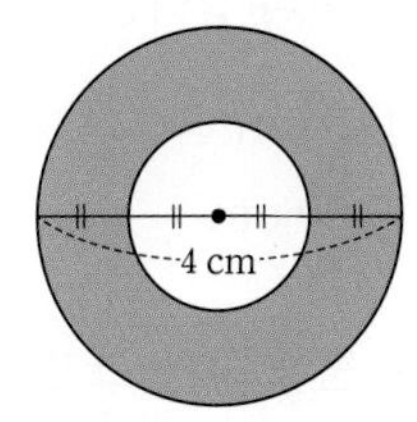

06
다음 그림과 같은 부채꼴의 반지름의 길이를 구하시오.

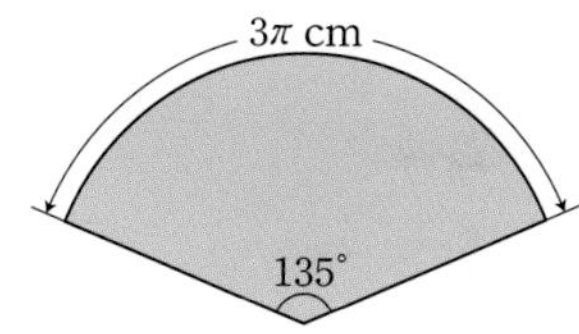

07
다음 그림은 부채꼴 AOB와 부채꼴 AO′B를 겹쳐서 만든 도형이다. 색칠한 부분의 넓이를 구하시오.

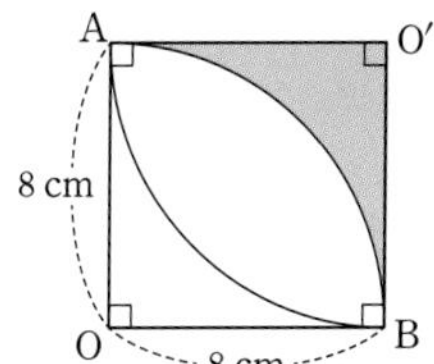

08
반지름의 길이가 3 cm이고 호의 길이가 2π cm인 부채꼴의 넓이를 구하시오.

대표유형

유형 1 원과 부채꼴

01 반지름의 길이가 10 cm인 원에서 길이가 가장 긴 현의 길이는?

① 5 cm ② 10 cm ③ 15 cm
④ 20 cm ⑤ 25 cm

풀이 전략 원의 지름은 그 원의 중심을 지나는 현으로, 현 중에서 길이가 가장 길다.

02 다음 중 원에 관한 용어와 오른쪽 그림에 표시된 기호가 바르게 짝 지어진 것은?

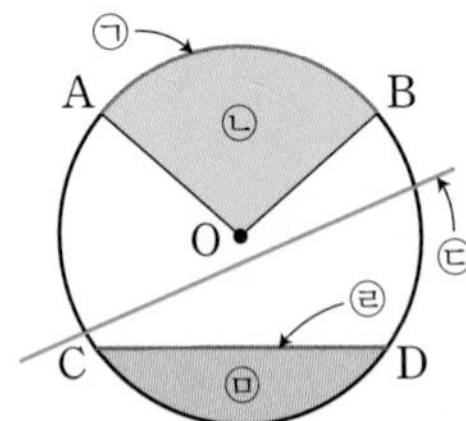

① 현－㉠
② 활꼴－㉡
③ 할선－㉢
④ 호－㉣
⑤ 부채꼴－㉤

03 오른쪽 그림에서 $\overset{\frown}{ACB}$에 대한 중심각의 크기는?

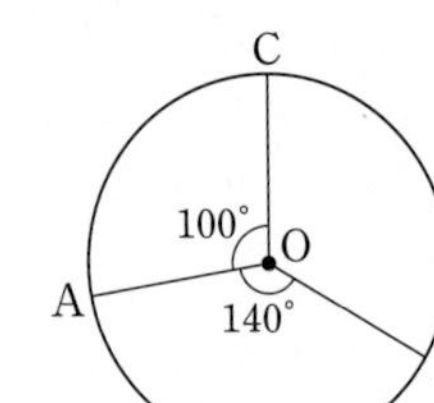

① 140°
② 160°
③ 180°
④ 200°
⑤ 220°

04 한 원에서 부채꼴과 활꼴이 같을 때, 부채꼴의 중심각의 크기는?

① 45° ② 90° ③ 180°
④ 270° ⑤ 360°

유형 2 부채꼴의 성질

05 오른쪽 그림에서 원 O의 넓이는 부채꼴 AOB의 넓이의 6배일 때, 현 AB의 길이는?

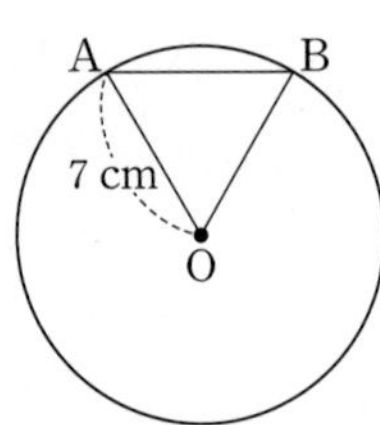

① 5 cm ② 5.5 cm
③ 6 cm ④ 6.5 cm
⑤ 7 cm

풀이 전략 한 원에서 부채꼴의 넓이는 중심각의 크기에 정비례한다.

06 오른쪽 그림과 같은 원 O에서 $\overset{\frown}{AB}=\overset{\frown}{BC}$일 때, 다음 중 옳지 않은 것은?

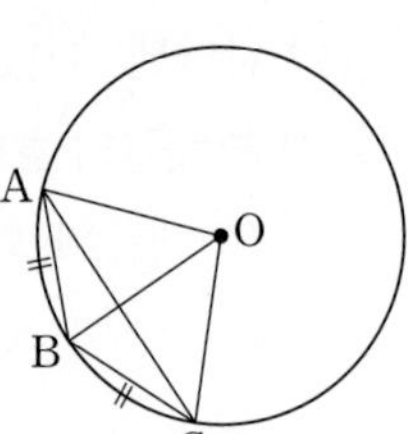

① $\overline{AB}=\overline{BC}$
② $2\overline{AB}=\overline{AC}$
③ $2\overset{\frown}{AB}=\overset{\frown}{AC}$
④ $\angle AOB=\angle BOC$
⑤ $2\angle AOB=\angle AOC$

07 오른쪽 그림의 반원 O에서 점 C, D, E, F는 호 AB를 5등분 한 점이다. 부채꼴 AOD의 넓이가 24 cm^2일 때, 부채꼴 DOB의 넓이는?

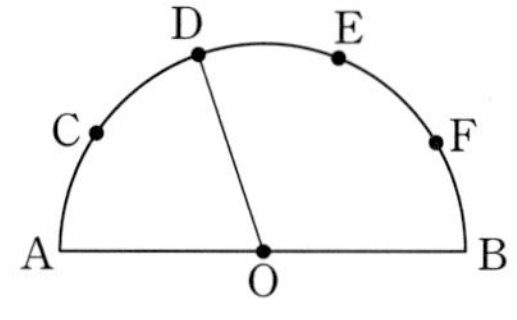

① 30 cm^2 ② 36 cm^2 ③ 40 cm^2
④ 46 cm^2 ⑤ 50 cm^2

08 오른쪽 그림에서 부채꼴 COD의 넓이가 부채꼴 AOB의 넓이의 5배일 때, x의 값은?

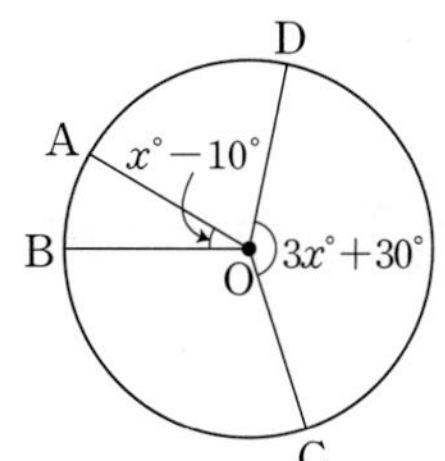

① 20 ② 25
③ 30 ④ 35
⑤ 40

09 오른쪽 그림의 원 O에서 $\overline{AB} /\!/ \overline{CD}$이고 $\angle AOC = 30°$, $\overset{\frown}{CD} = 20$ cm일 때, $\overset{\frown}{AC}$의 길이는?

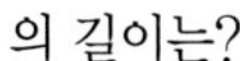

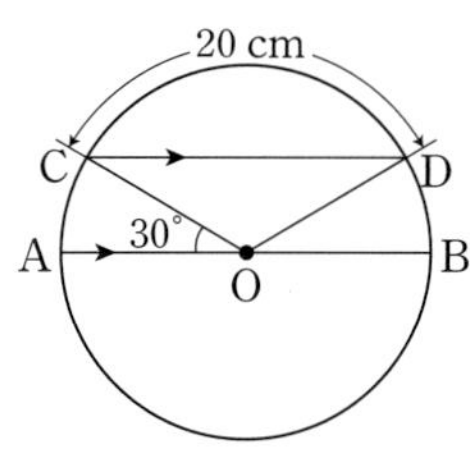

① 5 cm ② 6 cm ③ 7 cm
④ 8 cm ⑤ 9 cm

10 다음 그림에서
$\angle AOB : \angle BOC : \angle COA = 3 : 5 : 7$이고 원 O의 넓이가 60 cm^2일 때, 부채꼴 AOB의 넓이는?

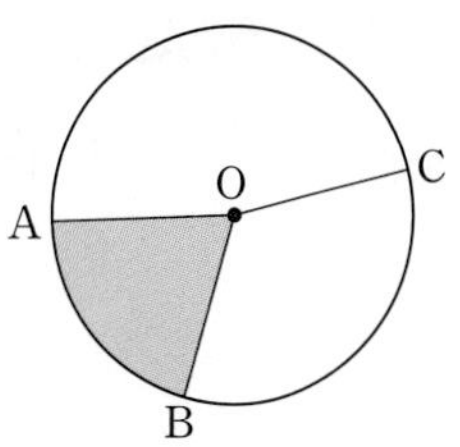

① 10 cm^2 ② 12 cm^2 ③ 15 cm^2
④ 20 cm^2 ⑤ 24 cm^2

유형 3 원의 둘레의 길이와 넓이

11 넓이가 36π cm^2인 원의 둘레의 길이는?

① 8π cm ② 9π cm ③ 10π cm
④ 11π cm ⑤ 12π cm

풀이 전략 반지름의 길이가 r인 원의 둘레의 길이와 넓이는 각각 $2\pi r$, πr^2이다.

12 다음 그림은 한 변의 길이가 10 cm인 정사각형 ABCD 안에 각 변의 중점 E, F, G, H를 중심으로 하는 반원을 그린 것이다. 색칠한 부분의 둘레의 길이는?

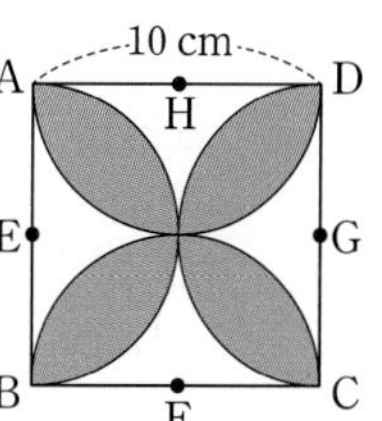

① 14π cm ② 16π cm ③ 18π cm
④ 20π cm ⑤ 22π cm

대표유형

13 다음 그림에서 색칠한 부분의 넓이는?

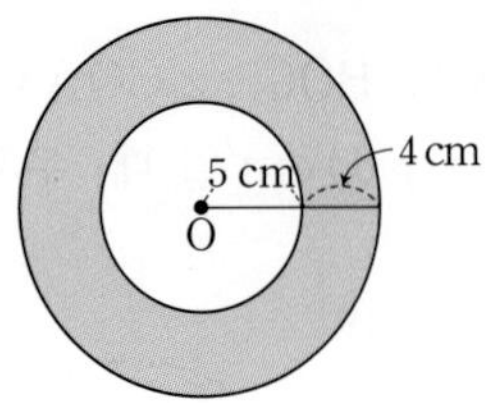

① $44\pi\text{ cm}^2$　② $48\pi\text{ cm}^2$　③ $52\pi\text{ cm}^2$　④ $56\pi\text{ cm}^2$　⑤ $60\pi\text{ cm}^2$

유형 4 부채꼴의 호의 길이와 넓이

14 오른쪽 그림과 같은 부채꼴에서 x의 값은?

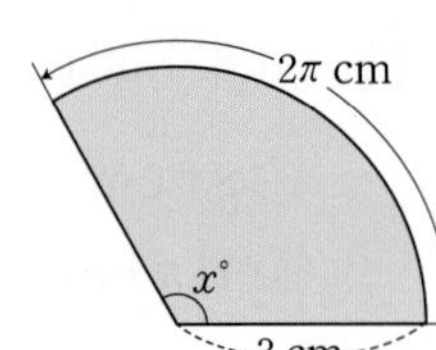

① 108　② 120　③ 135　④ 144　⑤ 150

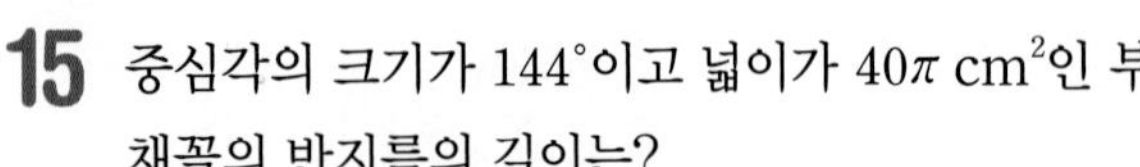

풀이 전략 반지름의 길이가 r이고 중심각의 크기가 $x°$인 부채꼴의 호의 길이는 $2\pi r\times\frac{x}{360}$이다.

15 중심각의 크기가 144°이고 넓이가 $40\pi\text{ cm}^2$인 부채꼴의 반지름의 길이는?

① 8 cm　② 9 cm　③ 10 cm　④ 11 cm　⑤ 12 cm

16 다음 그림과 같이 반지름의 길이가 4 cm인 반원 O에서 $\overline{AC}/\!/\overline{OD}$이고 $\angle DOB=40°$일 때, 부채꼴 AOC의 넓이는?

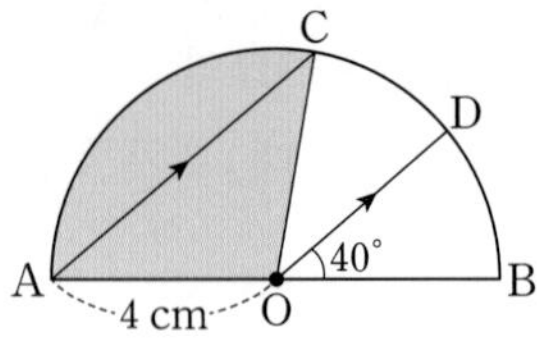

① $3\pi\text{ cm}^2$　② $\frac{10}{3}\pi\text{ cm}^2$　③ $4\pi\text{ cm}^2$　④ $\frac{40}{9}\pi\text{ cm}^2$　⑤ $5\pi\text{ cm}^2$

17 다음 그림과 같이 합동인 두 원 O, O′이 서로 다른 원의 중심을 지날 때, 색칠한 부분의 넓이를 구하시오.

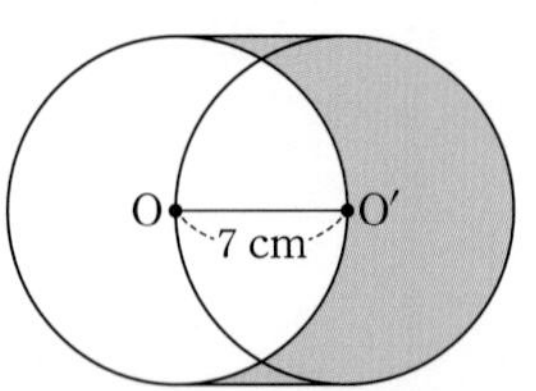

18 오른쪽 그림과 같이 반지름의 길이가 9 cm인 원 O에서 $\overset{\frown}{AB}:\overset{\frown}{BC}:\overset{\frown}{CA}=4:3:2$일 때, 부채꼴 AOC의 호의 길이는?

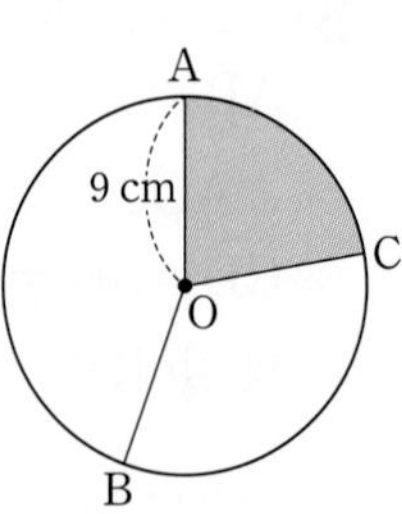

① 4π cm　② 5π cm　③ 6π cm　④ 7π cm　⑤ 8π cm

19 다음 그림은 한 변의 길이가 12 cm인 정육각형에서 점 C를 중심으로 하고 정육각형의 한 변을 반지름으로 하는 부채꼴을 그린 것이다. 색칠한 부채꼴의 넓이는?

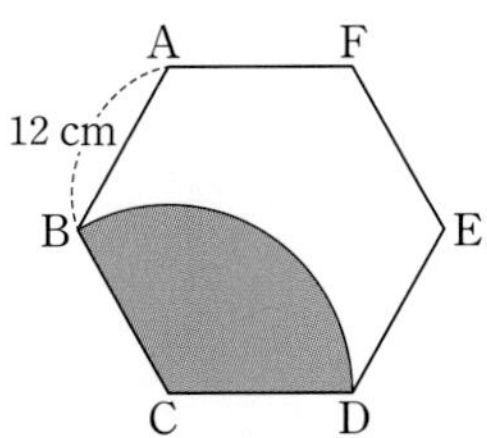

① 24π cm^2 ② 30π cm^2
③ 36π cm^2 ④ 42π cm^2
⑤ 48π cm^2

20 어느 피자 가게에서 판매하는 피자의 사이즈는 R 사이즈와 L 사이즈로 2가지이다. R 사이즈와 L 사이즈의 피자는 반지름의 길이가 각각 15 cm, 20 cm인 원 모양이고, 합동인 부채꼴 모양으로 조각이 나누어져 있다. 두 피자 조각 A와 B 중 어느 조각의 양이 더 많은지 구하시오.

(단, 피자의 두께는 일정하다.)

R 사이즈

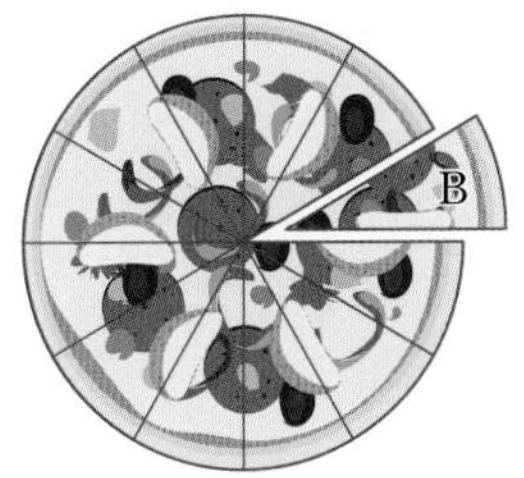

L 사이즈

21 다음 그림과 같은 부채꼴에서 색칠한 부분의 넓이는?

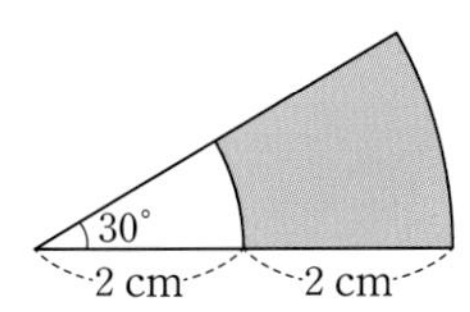

① π cm^2 ② 2π cm^2 ③ 3π cm^2
④ 4π cm^2 ⑤ 5π cm^2

유형 5 부채꼴의 호의 길이와 넓이 사이의 관계

22 오른쪽 그림과 같은 부채꼴의 넓이는?

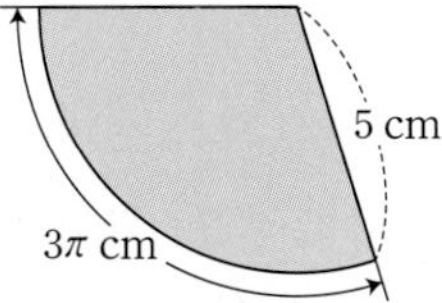

① $\frac{11}{2}\pi$ cm^2
② 6π cm^2
③ $\frac{13}{2}\pi$ cm^2
④ 7π cm^2
⑤ $\frac{15}{2}\pi$ cm^2

풀이 전략 반지름의 길이가 r이고 호의 길이가 l인 부채꼴의 넓이는 $\frac{1}{2}rl$이다.

23 호의 길이가 7π cm이고 넓이가 21π cm^{2}인 부채꼴의 반지름의 길이는?

① 4 cm ② 5 cm ③ 6 cm
④ 7 cm ⑤ 8 cm

24 오른쪽 그림과 같이 원의 중심이 점 O로 같고 크기가 다른 두 원이 있다. 색칠한 부채꼴의 넓이가 작은 원의 넓이와 같을 때, $\overset{\frown}{AB}$의 길이는?

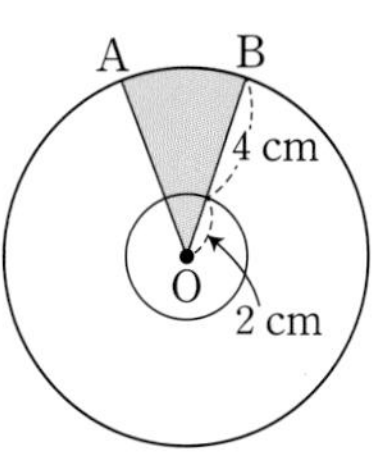

① $\frac{2}{3}\pi$ cm ② π cm ③ $\frac{4}{3}\pi$ cm
④ $\frac{5}{3}\pi$ cm ⑤ 2π cm

기출 예상 문제

❶ 원과 부채꼴

01 다음 중 한 원에 대한 설명으로 옳지 않은 것은?

① 호는 원의 일부분이다.
② 원과 할선은 두 점에서 만난다.
③ 길이가 가장 긴 현은 원의 반지름이다.
④ 중심각의 크기가 180°인 부채꼴은 활꼴이다.
⑤ 원의 중심으로부터 원 위의 점까지 이르는 거리는 모두 같다.

❶ 원과 부채꼴

02 오른쪽 그림과 같이 원 위에 8개의 점을 찍어 정팔각형을 만들었다. 이때 호 AB에 대한 중심각의 크기는?

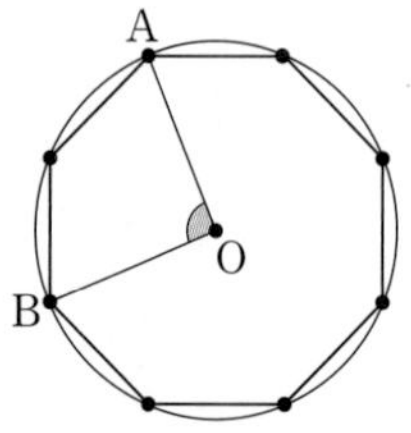

① 80° ② 85°
③ 90° ④ 95°
⑤ 100°

❶ 원과 부채꼴

03 한 원에서 중심각의 크기에 정비례하는 것을 다음 중에서 모두 고르면? (정답 2개)

① 호의 길이 ② 현의 길이
③ 반지름의 길이 ④ 부채꼴의 넓이
⑤ 활꼴의 넓이

❷ 부채꼴의 성질

04 오른쪽 그림과 같은 반원 O에서 $\overset{\frown}{AC}=5\overset{\frown}{AB}$일 때, $\angle AOB$의 크기는?

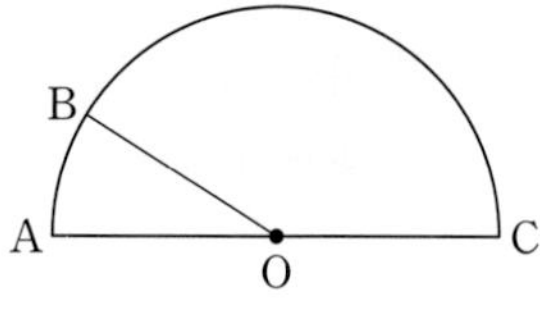

① 20° ② 24° ③ 30°
④ 36° ⑤ 40°

❷ 부채꼴의 성질

05 오른쪽 그림의 원 O에 대하여 다음 중 옳지 않은 것은?

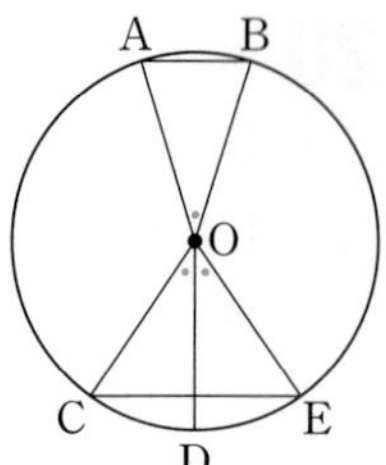

① $\overset{\frown}{AB}=\overset{\frown}{DE}$
② $\overline{AO}=\overline{DO}$
③ $\overset{\frown}{CD}=\overset{\frown}{DE}$
④ $\overset{\frown}{CE}=2\overset{\frown}{CD}$
⑤ $\overline{CE}=2\overline{AB}$

❷ 부채꼴의 성질

06 오른쪽 그림과 같은 반원 O에서 $\overline{OC} /\!/ \overline{BD}$일 때, $\overset{\frown}{AC}$의 길이는?

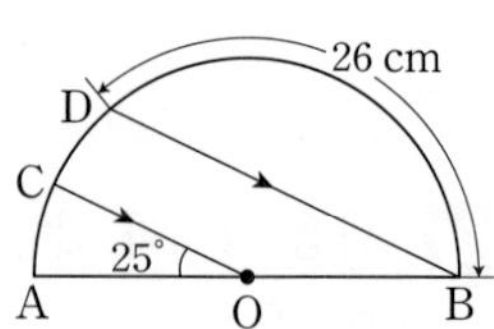

① 4 cm ② 5 cm
③ 6 cm ④ 7 cm
⑤ 8 cm

❸ 원의 둘레의 길이와 넓이

07 원의 둘레의 길이가 18π cm일 때, 이 원의 넓이는?

① $36\pi\ \text{cm}^2$ ② $49\pi\ \text{cm}^2$ ③ $64\pi\ \text{cm}^2$
④ $81\pi\ \text{cm}^2$ ⑤ $100\pi\ \text{cm}^2$

❹ 부채꼴의 호의 길이와 넓이

08 오른쪽 그림과 같이 반지름의 길이가 8 cm인 원 O에서 $\angle OAB=45°$일 때, 부채꼴 AOB의 호의 길이는?

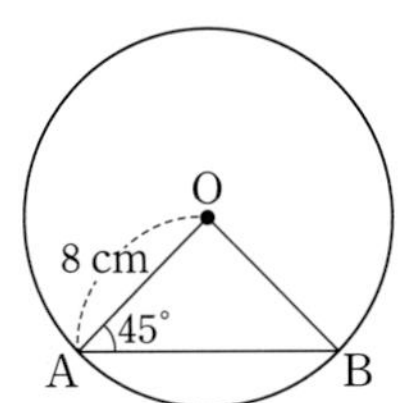

① 2π cm ② 4π cm
③ 6π cm ④ 8π cm
⑤ 10π cm

❹ 부채꼴의 호의 길이와 넓이

09 오른쪽 그림은 반지름의 길이가 6 cm인 부채꼴의 내부에 두 개의 반원을 그린 것이다. 색칠한 부분의 넓이를 구하시오.

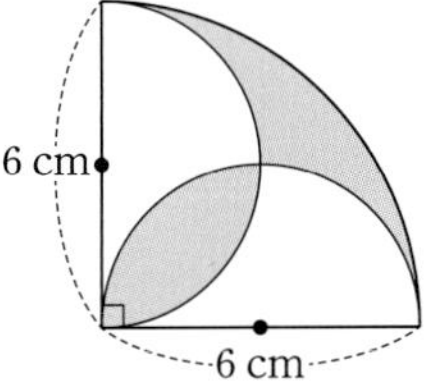

❹ 부채꼴의 호의 길이와 넓이

10 오른쪽 그림과 같이 반지름의 길이가 3 cm인 부채꼴의 넓이가 $4\pi\ \text{cm}^2$일 때, 이 부채꼴의 중심각의 크기는?

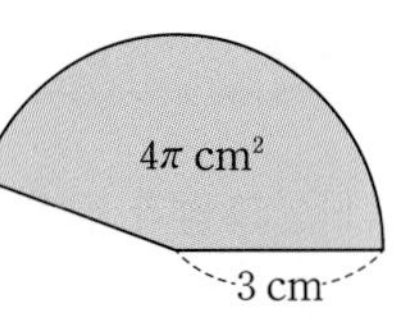

① 120° ② 130° ③ 140°
④ 150° ⑤ 160°

❹ 부채꼴의 호의 길이와 넓이

11 오른쪽 그림은 반지름의 길이가 2 cm인 원의 내부에 두 개의 반원을 그린 것이다. 색칠한 부분의 둘레의 길이는?

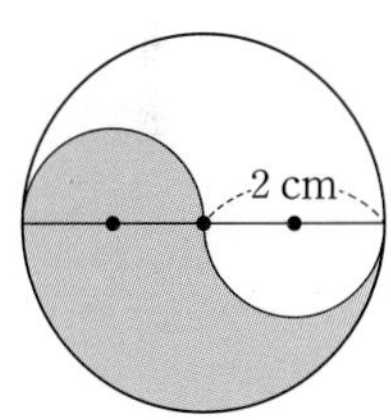

① 4π cm ② 5π cm
③ 6π cm ④ 7π cm
⑤ 8π cm

❹ 부채꼴의 호의 길이와 넓이

12 반지름의 길이가 16 cm이고 호의 길이가 9π cm인 부채꼴의 넓이는?

① $60\pi\ \text{cm}^2$ ② $66\pi\ \text{cm}^2$ ③ $72\pi\ \text{cm}^2$
④ $78\pi\ \text{cm}^2$ ⑤ $84\pi\ \text{cm}^2$

고난도 집중 연습

1

다음 그림과 같은 원 O에서 $\overline{BC} /\!/ \overline{OD}$일 때, $\angle AOB$의 크기를 구하시오.

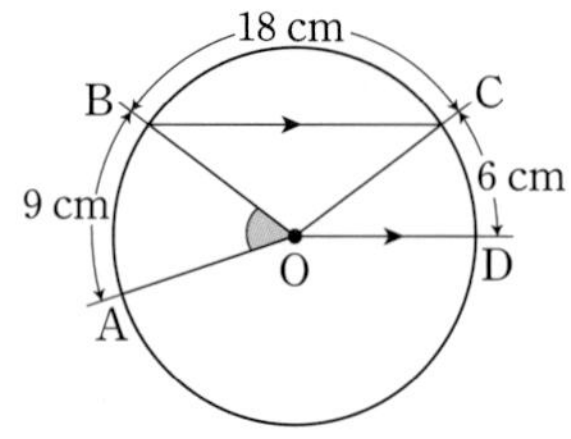

1-1

다음 그림과 같이 $\overline{AB}$를 지름으로 하는 원 O에서 $\overline{AB} /\!/ \overline{CD}$이고 $\angle AOC : \angle COD = 2 : 5$, $\widehat{AD} = 35\text{ cm}$일 때, 원 O의 둘레의 길이를 구하시오.

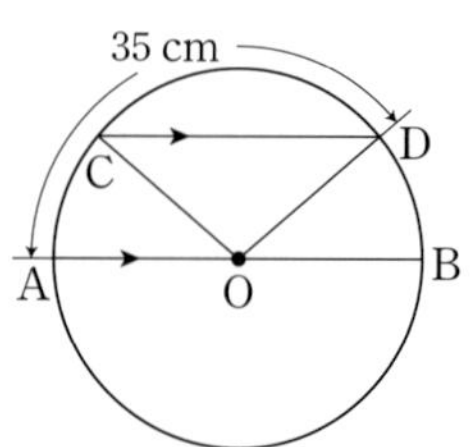

2

어느 가게에서는 그림과 같이 밑면의 반지름의 길이가 6 cm인 원기둥 모양의 통조림 4개를 테이프로 묶어서 팔려고 한다. 이때 사용되는 테이프의 최소 길이를 구하시오. (단, 테이프의 두께와 테이프가 겹쳐지는 부분은 생각하지 않는다.)

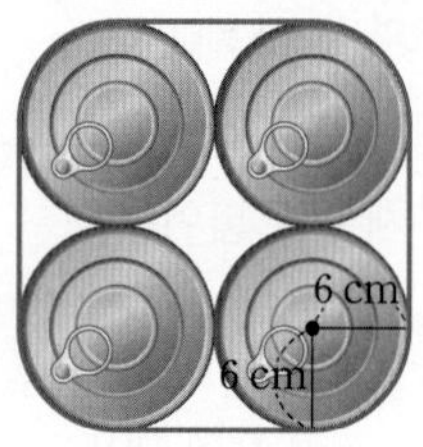

2-1

어느 가게에서는 그림과 같이 밑면의 반지름의 길이가 3 cm인 원기둥 모양의 통조림 3개를 테이프로 묶어서 팔려고 한다. 이때 사용되는 테이프의 최소 길이를 구하시오. (단, 테이프의 두께와 테이프가 겹쳐지는 부분은 생각하지 않는다.)

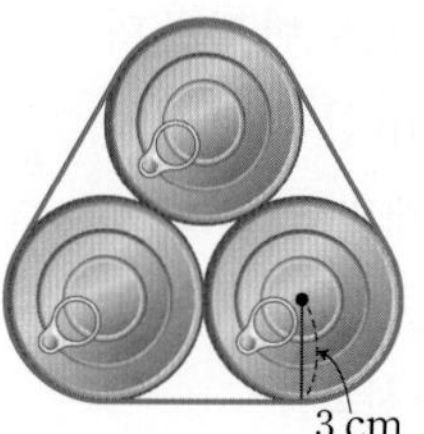

3

다음 그림은 지름의 길이가 8 cm인 반원과 반지름의 길이가 8 cm인 부채꼴 AOB를 겹쳐 놓은 것이다. 색칠한 두 부분의 넓이가 같을 때, $\overset{\frown}{AB}$의 길이를 구하시오.

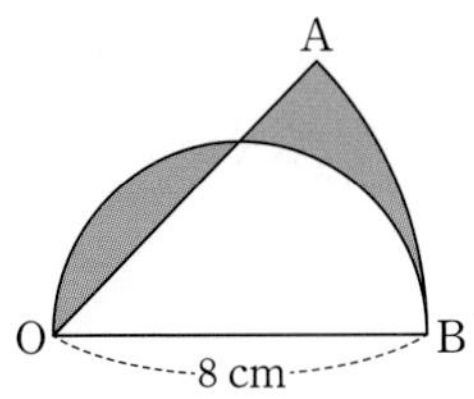

3-1

다음 그림과 같이 두 반원 O, O′이 있다. 색칠한 두 부분의 넓이가 같을 때, $\overset{\frown}{AB}$의 길이를 구하시오.

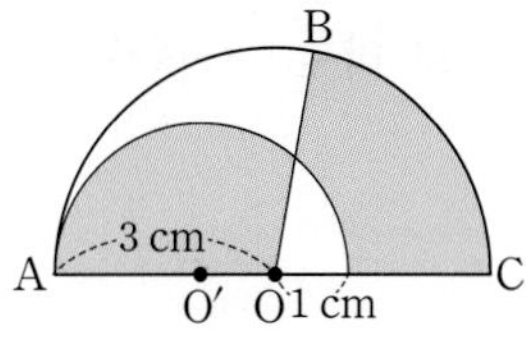

4

다음 그림과 같이 가로의 길이가 3 m, 세로의 길이가 4 m인 직사각형 모양의 울타리의 A 지점에 염소가 길이 5 m인 끈에 묶여 있다. 이 염소가 울타리 안으로는 들어갈 수 없을 때, 움직일 수 있는 영역의 최대 넓이를 구하시오. (단, 끈의 매듭의 길이와 염소의 크기는 생각하지 않는다.)

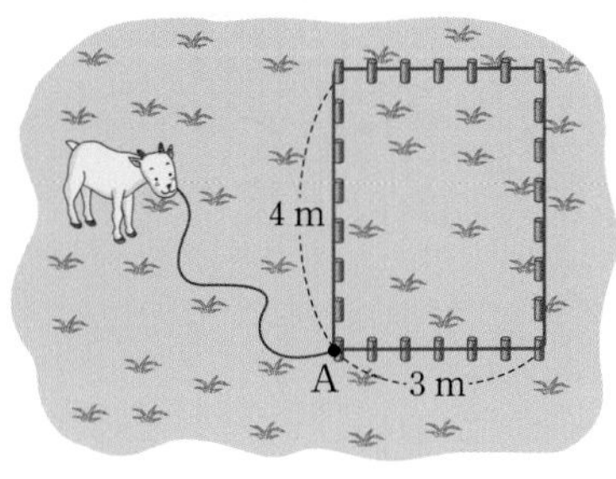

4-1

다음 그림과 같이 한 변의 길이가 5 m인 정오각형 모양의 울타리의 A 지점에 소가 길이 10 m인 끈에 묶여 있다. 이 소가 울타리 안으로는 들어갈 수 없을 때, 움직일 수 있는 영역의 최대 넓이를 구하시오. (단, 끈의 매듭의 길이와 소의 크기는 생각하지 않는다.)

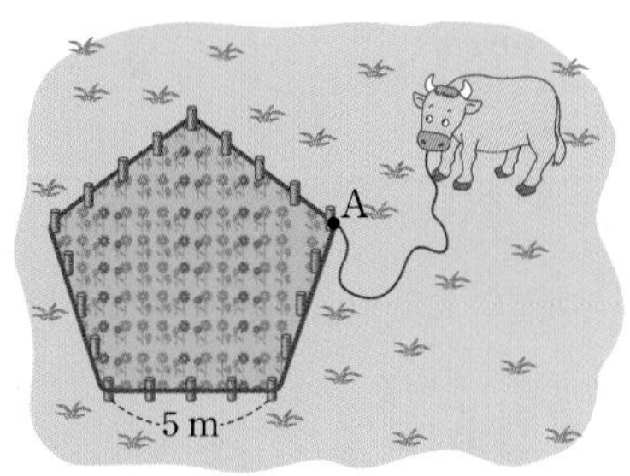

서술형 집중 연습

예제 1

오른쪽 그림의 원 O에서 $\angle OAB=40^\circ$일 때, 부채꼴 AOB의 넓이와 원 O의 넓이의 비를 가장 간단한 자연수의 비로 나타내시오.

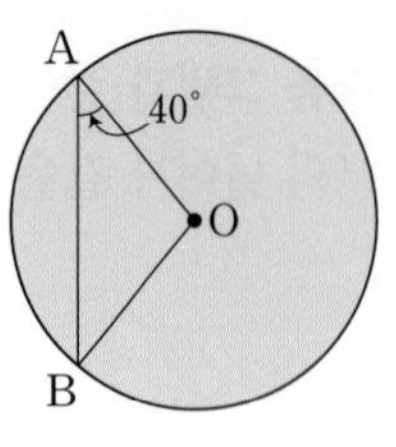

풀이 과정

$\triangle OAB$에서 $\overline{OA}=\overline{OB}$이므로

$\angle AOB=180^\circ-(40^\circ+\square^\circ)=\square^\circ$

한 원에서 부채꼴의 넓이는 중심각의 크기에 정비례하므로

(부채꼴 AOB의 넓이) : (원 O의 넓이)

$=\square : 360$

$=\square : \square$

유제 1

오른쪽 그림의 원 O에서 지름 BC와 현 AB가 이루는 각의 크기가 55°일 때, $\overset{\frown}{AC}$의 길이와 원 O의 둘레의 길이의 비를 가장 간단한 자연수의 비로 나타내시오.

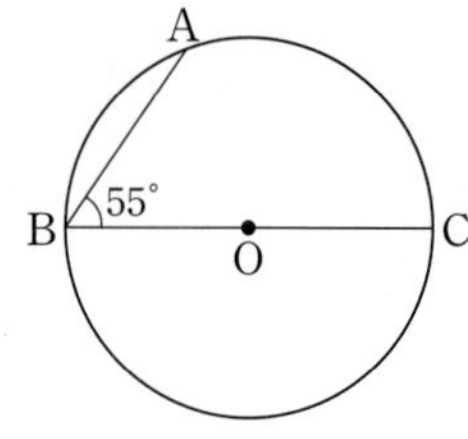

예제 2

다음 그림의 원 O에서 x, y의 값을 각각 구하시오.

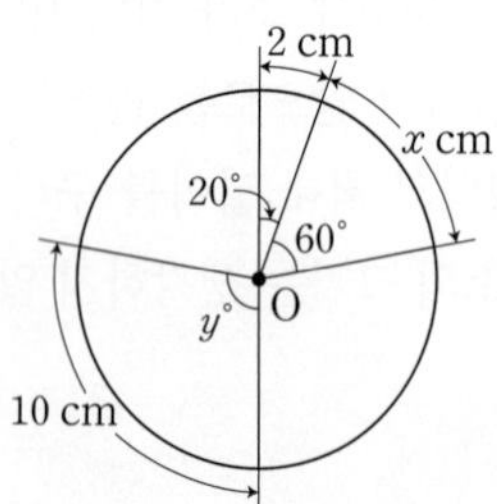

풀이 과정

한 원에서 부채꼴의 호의 길이는 중심각의 크기에 정비례하므로

$\square : 60=\square : x$

$20x=\square$

$\therefore x=\square$

$20 : y=\square : 10$

$2y=\square$

$\therefore y=\square$

유제 2

다음 그림과 같이 원 O 위에 열 개의 점이 일정한 간격으로 놓여 있다. $\overset{\frown}{AB}=12$ cm이고 부채꼴 AOB의 넓이가 60 cm²일 때, x, y의 값을 각각 구하시오.

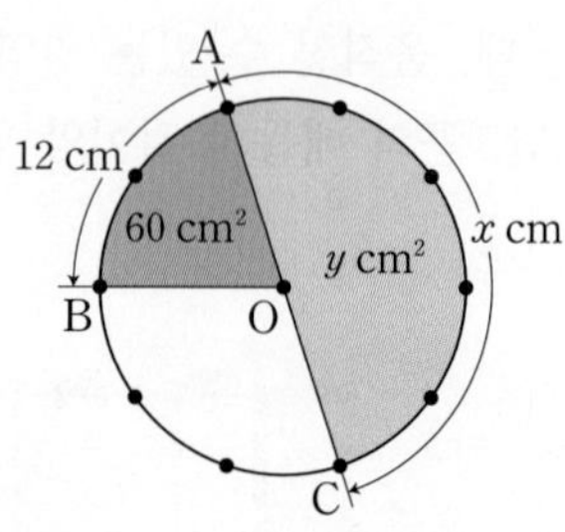

예제 3

오른쪽 그림과 같은 부채꼴에서 색칠한 부분의 넓이를 구하시오.

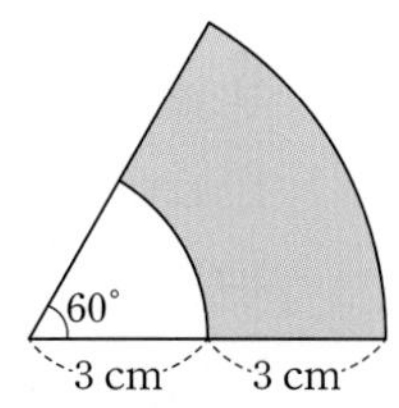

풀이 과정

(큰 부채꼴의 넓이)

$=\pi\times\square^2\times\frac{60}{360}$

$=\square\pi(\text{cm}^2)$

(작은 부채꼴의 넓이)

$=\pi\times\square^2\times\frac{60}{360}$

$=\frac{\square}{\square}\pi(\text{cm}^2)$

따라서

(색칠한 부분의 넓이)

=(큰 부채꼴의 넓이)−(작은 부채꼴의 넓이)

$=\frac{\square}{\square}\pi(\text{cm}^2)$

유제 3

다음 그림과 같은 부채꼴에서 색칠한 부분의 넓이를 구하시오.

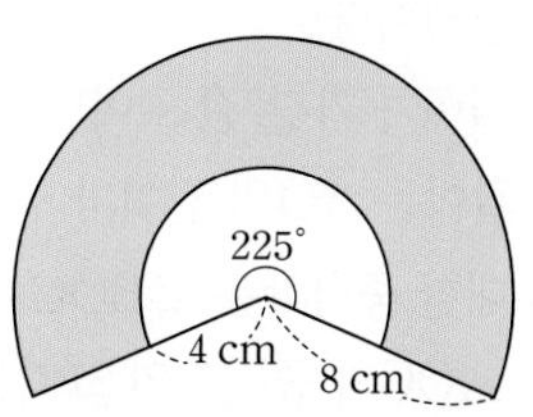

예제 4

반지름의 길이가 5 cm이고 넓이가 10π cm^{2}인 부채꼴의 둘레의 길이를 구하시오.

풀이 과정

부채꼴의 호의 길이를 l cm라고 하면

$\frac{1}{2}\times\square\times l=10\pi$

$\therefore l=\square$

따라서

(부채꼴의 둘레의 길이)

=(반지름의 길이)×2+(부채꼴의 호의 길이)

$=\square\times2+\square$

$=\square(\text{cm})$

유제 4

호의 길이가 5π cm이고 넓이가 15π cm^{2}인 부채꼴의 둘레의 길이를 구하시오.

01 다음 중 오른쪽 그림의 원 O에 대한 설명으로 옳은 것은?

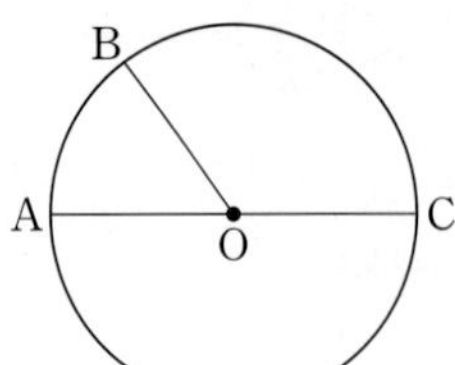

① $\overline{AC}$는 할선이다.
② $\widehat{AC}$는 길이가 가장 긴 호이다.
③ $\overline{BO}$의 길이는 $\overline{AO}$의 길이와 같다.
④ $\widehat{AB}$에 대한 중심각은 $\angle BOC$이다.
⑤ 부채꼴 AOC의 중심각의 크기는 360°이다.

02 오른쪽 그림과 같이 원 O에서 $\overline{AC}=\overline{BC}=\overline{OC}$일 때, $\widehat{AB}$에 대한 중심각의 크기는?

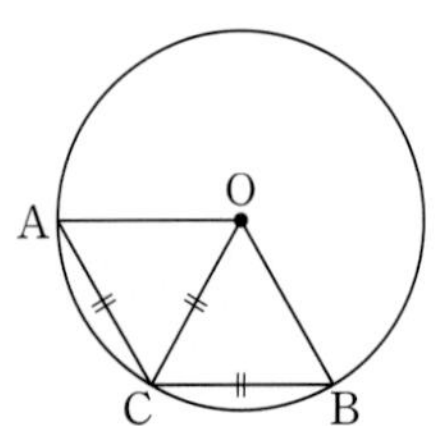

① 100° ② 110°
③ 120° ④ 130°
⑤ 140°

03 다음 그림의 원 O에서 x, y의 값은?

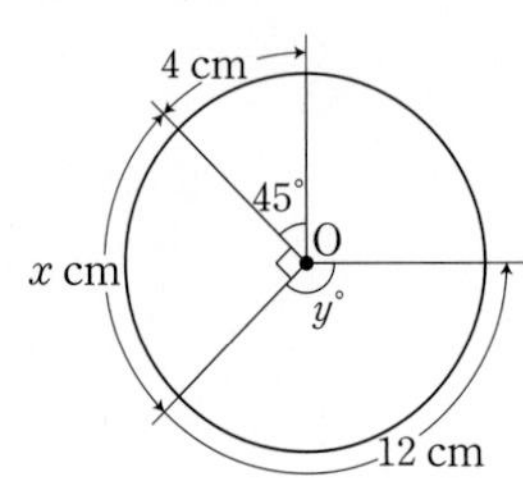

① $x=6$, $y=120$ ② $x=6$, $y=135$
③ $x=8$, $y=120$ ④ $x=8$, $y=125$
⑤ $x=8$, $y=135$

04 오른쪽 그림에서 $\widehat{AB} : \widehat{ACB}=4 : 11$이고 부채꼴 AOB의 넓이가 12 cm^2일 때, 원 O의 넓이는?

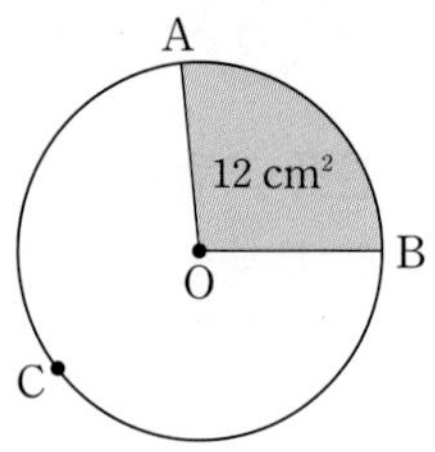

① 36 cm^2 ② 39 cm^2 ③ 42 cm^2
④ 45 cm^2 ⑤ 48 cm^2

05 오른쪽 그림의 원 O에서 $\angle OAB=45^\circ$이고 부채꼴 AOB의 호의 길이가 10 cm일 때, 원 O의 둘레의 길이는?

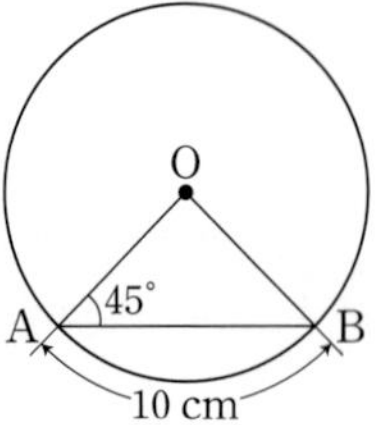

① 25 cm ② 30 cm ③ 35 cm
④ 40 cm ⑤ 45 cm

고난도

06 오른쪽 그림에서 부채꼴 AOB의 넓이는 $8\pi\text{ cm}^2$이고 원 O의 넓이는 $48\pi\text{ cm}^2$일 때, 삼각형 OCD에서 $\angle x+\angle y$의 크기는?

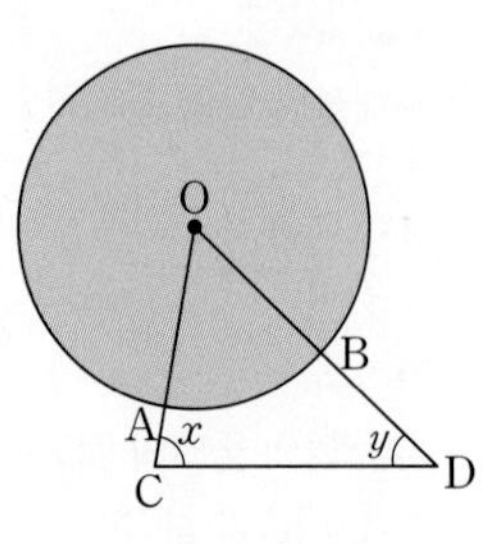

① 110° ② 120° ③ 130°
④ 140° ⑤ 150°

07 오른쪽 그림에서 색칠한 부분의 둘레의 길이는?

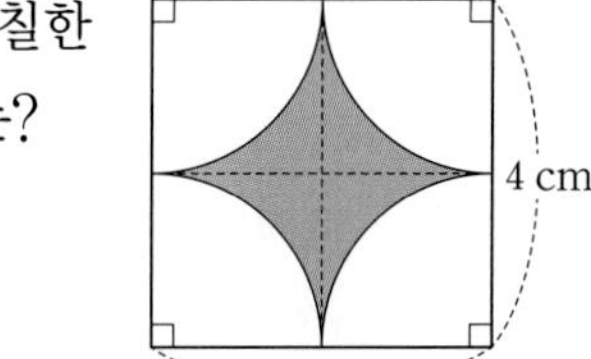

① 8 cm
② 16 cm
③ 4π cm
④ 8π cm
⑤ 16π cm

08 반지름의 길이가 6 cm이고 호의 길이가 9π cm인 부채꼴의 중심각의 크기는?

① 90°　② 135°　③ 180°
④ 225°　⑤ 270°

고난도

09 오른쪽 그림과 같이 한 변의 길이가 8 cm인 정팔각형에서 색칠한 부채꼴의 넓이는?

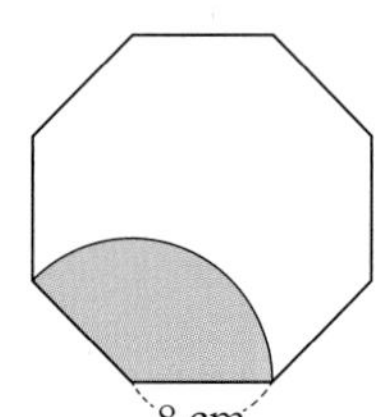

① 24π cm^2　② 28π cm^2
③ 32π cm^2　④ 36π cm^2
⑤ 40π cm^2

10 오른쪽 그림과 같은 원 O에서 길이가 가장 긴 현의 길이가 6 cm일 때, $\widehat{AB}$의 길이는?

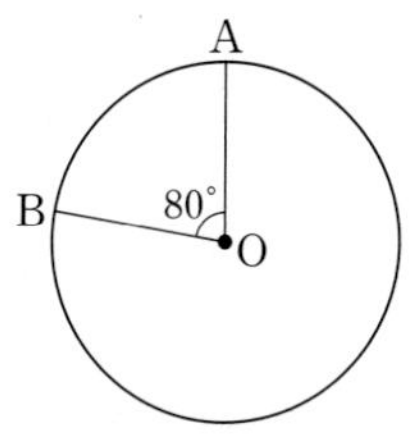

① $\frac{2}{3}\pi$ cm　② π cm
③ $\frac{4}{3}\pi$ cm　④ $\frac{5}{3}\pi$ cm
⑤ 2π cm

고난도

11 다음 그림은 반지름의 길이가 12 cm인 부채꼴과 한 변의 길이가 12 cm인 직각삼각형을 겹쳐 놓은 것이다. 색칠한 두 부분의 넓이가 같을 때, x의 값은?

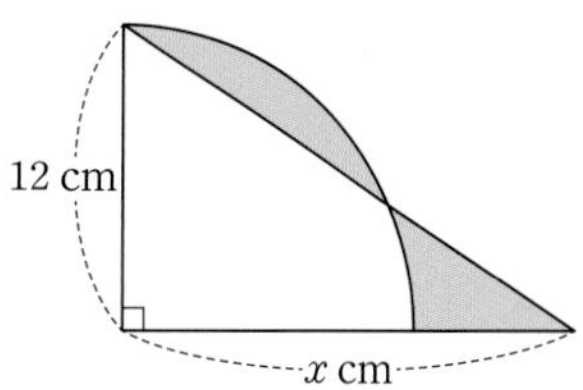

① π　② 2π　③ 4π
④ 6π　⑤ 8π

12 반지름의 길이가 2 cm이고 넓이가 π cm^{2}인 부채꼴의 호의 길이는?

① $\frac{1}{2}\pi$ cm　② π cm　③ $\frac{3}{2}\pi$ cm
④ 2π cm　⑤ $\frac{5}{2}\pi$ cm

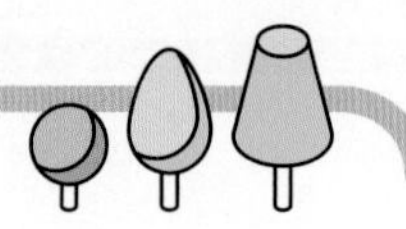

서술형

13 오른쪽 그림에서 $\overline{AB}$는 원 O의 지름이고 $\widehat{AC} : \widehat{BC}=4 : 5$일 때, $\angle OCB$의 크기를 구하시오.

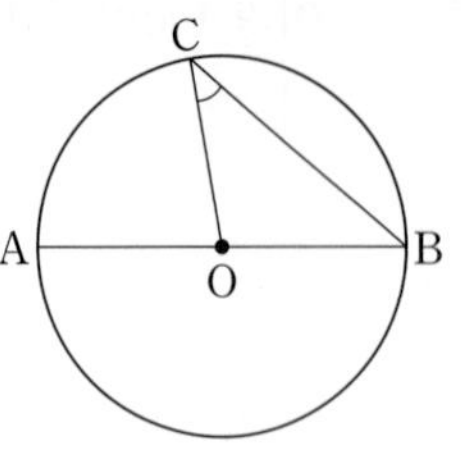

14 다음 그림의 원 O에서 $\overline{AD} /\!/ \overline{OC}$, $\angle BOC=30°$이고 $\widehat{BC}$의 길이가 3 cm일 때, x의 값을 구하시오.

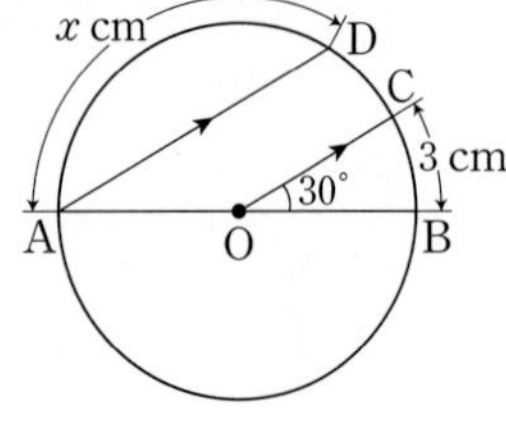

15 오른쪽 그림에서 색칠한 부분의 넓이와 둘레의 길이를 각각 구하시오.

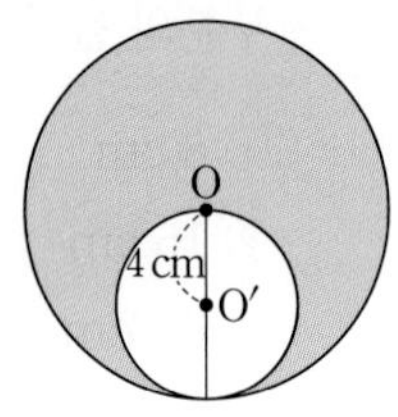

고난도

16 그림과 같이 밑면의 반지름의 길이가 3 cm인 원기둥 모양의 음료수 캔 5개를 테이프로 묶으려고 한다. 이때 사용되는 테이프의 최소 길이를 구하시오. (단, 테이프의 두께와 테이프가 겹쳐지는 부분은 생각하지 않는다.)

01 다음 중에서 한 원에 대한 설명으로 옳지 않은 것은?

① 원과 할선은 한 점에서 만난다.
② 활꼴은 호와 현으로 이루어진 도형이다.
③ 호의 길이는 중심각의 크기에 정비례한다.
④ 중심각의 크기가 180°이면 부채꼴과 활꼴은 같아진다.
⑤ 원 위의 두 점 A, B에 대하여 호 AB와 현 AB에 대한 중심각의 크기는 같다.

02 오른쪽 그림의 원 O에서 $\angle AOB = \angle BOC$일 때, □ 안에 =, <, > 중 알맞은 것을 써넣으시오.

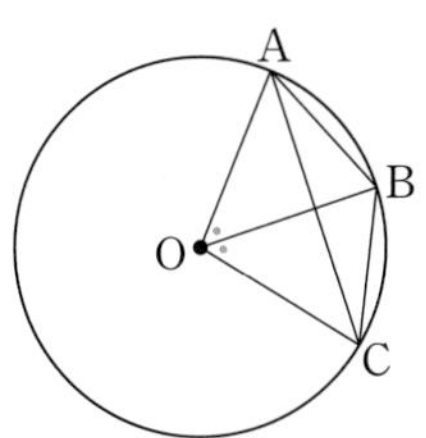

(1) $\overset{\frown}{AB}$ □ $\overset{\frown}{BC}$

(2) $\overset{\frown}{AC}$ □ $2\overset{\frown}{BC}$

(3) $\overline{AB}$ □ $\overline{BC}$

(4) $\overline{AC}$ □ $2\overline{AB}$

03 오른쪽 그림에서 $\overline{AF}$, $\overline{BE}$, $\overline{CD}$는 원 O의 지름이고, $\overline{AB} /\!/ \overline{CD} /\!/ \overline{EF}$일 때, $\overset{\frown}{AC}$와 길이가 같은 호를 모두 찾아 쓰시오.

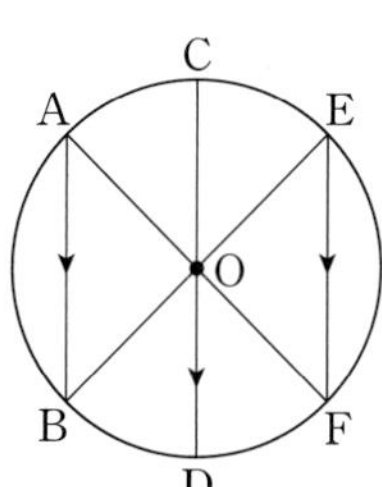

고난도

04 오른쪽 그림의 원 O에서 $\angle AOB = 2x° + 10°$, $\angle COD = x° - 10°$이고 $\overset{\frown}{CD} = 4\text{ cm}$일 때, $\overset{\frown}{AE}$의 길이는? (단, $\overline{AD}$, $\overline{BE}$는 원 O의 지름이다.)

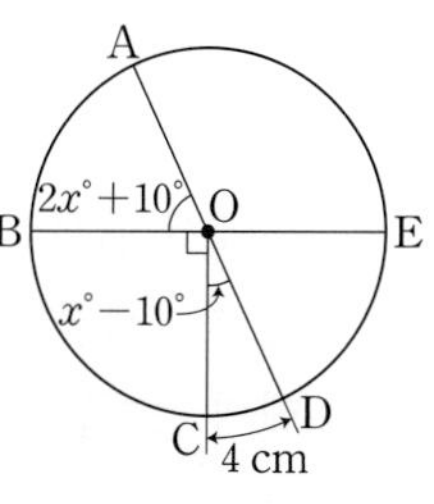

① 18 cm ② 20 cm ③ 22 cm
④ 24 cm ⑤ 26 cm

05 오른쪽 그림의 원 O에서 작은 부채꼴의 넓이가 $7\pi\text{ cm}^2$일 때, 큰 부채꼴의 넓이는?

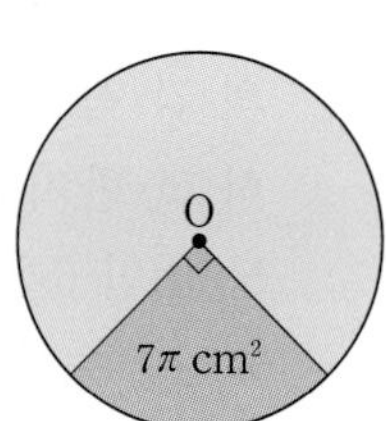

① $14\pi\text{ cm}^2$ ② $21\pi\text{ cm}^2$
③ $28\pi\text{ cm}^2$ ④ $35\pi\text{ cm}^2$
⑤ $42\pi\text{ cm}^2$

06 다음 그림의 반원 O에서 $\overline{AD} /\!/ \overline{BC}$이고, $\angle COD = 30°$, $\overset{\frown}{CD} = 2\text{ cm}$일 때, $\overset{\frown}{BC}$의 길이는?

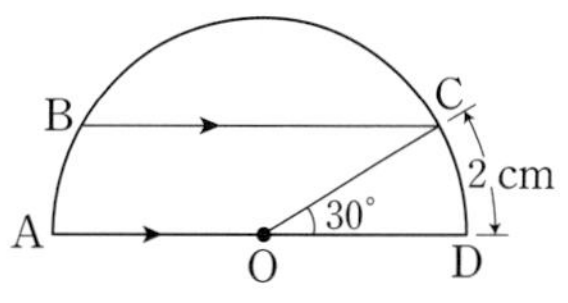

① 5 cm ② 6 cm ③ 7 cm
④ 8 cm ⑤ 9 cm

07 오른쪽 그림과 같이 지름 AD의 길이가 12 cm인 원에서 $\overline{AB}=\overline{BC}=\overline{CD}$일 때, 색칠한 부분의 둘레의 길이는?

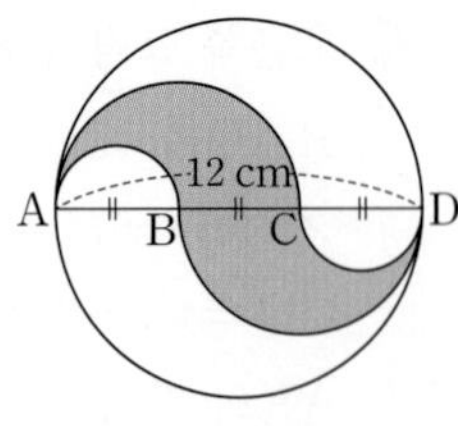

① 12π cm ② 14π cm ③ 16π cm
④ 18π cm ⑤ 20π cm

고난도

08 오른쪽 그림은 한 변의 길이가 10 cm인 정육각형의 각 꼭짓점을 중심으로 하고 반지름의 길이가 5 cm인 6개의 원으로 이루어진 도형이다. 이때 색칠한 부분의 넓이는?

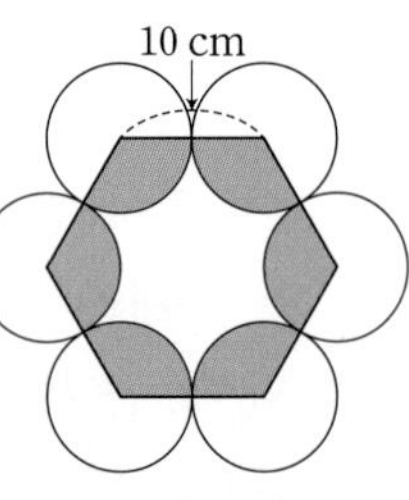

① 30π cm^2 ② 35π cm^2 ③ 40π cm^2
④ 45π cm^2 ⑤ 50π cm^2

09 오른쪽 그림과 같이 반지름의 길이가 3 cm인 원 O 위에 두 점 A, B가 있다. 현 AB의 길이가 원 O의 반지름의 길이와 같을 때, $\widehat{AB}$의 길이는?

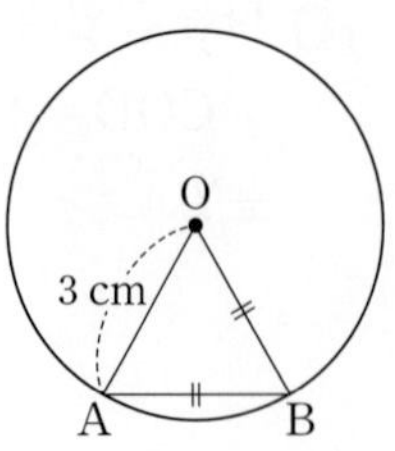

① π cm ② $\frac{3}{2}\pi$ cm ③ 2π cm
④ $\frac{5}{2}\pi$ cm ⑤ 3π cm

10 반지름의 길이가 8 cm이고 호의 길이가 2π cm인 부채꼴의 중심각의 크기와 넓이를 차례로 구한 것은?

① $30°$, 6π cm^2 ② $30°$, 8π cm^2
③ $45°$, 6π cm^2 ④ $45°$, 8π cm^2
⑤ $60°$, 6π cm^2

고난도

11 다음 그림의 원 O에서 지름 AB의 연장선과 현 CD의 연장선의 교점을 P라고 하자. $\overline{PC}=\overline{OC}$이고 $\angle OPC=25°$, $\overline{OD}=6$ cm일 때, 부채꼴 BOD의 넓이는?

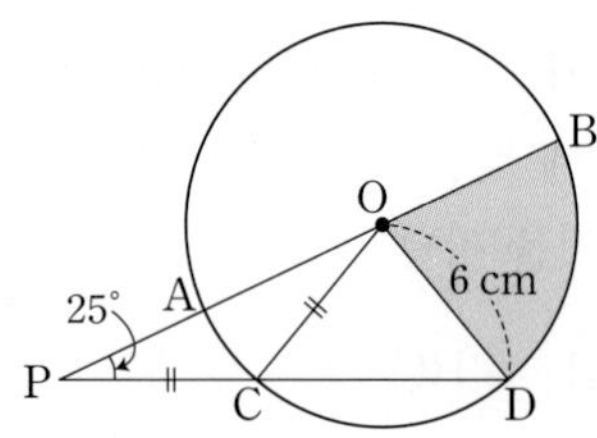

① 6π cm^2 ② $\frac{13}{2}\pi$ cm^2 ③ 7π cm^2
④ $\frac{15}{2}\pi$ cm^2 ⑤ 8π cm^2

12 오른쪽 그림과 같은 부채꼴의 넓이가 35π cm^{2}일 때, x의 값은?

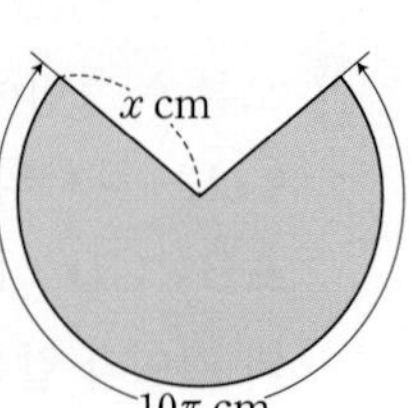

① 6 ② 7
③ 8 ④ 9
⑤ 10

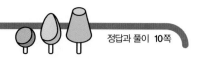

서술형

13 그림과 같이 원 O 위에 12개의 점이 일정한 간격으로 놓여 있다. $\widehat{AB}=6$ cm이고 부채꼴 AOB의 넓이가 18 cm²일 때, x, y의 값을 각각 구하시오.

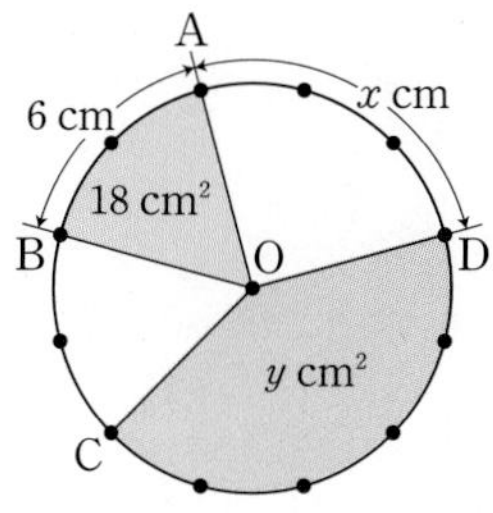

14 오른쪽 그림의 원 O에서 지름 AB와 현 BC가 이루는 각의 크기가 40°일 때, $\widehat{AC}$의 길이와 원 O의 둘레의 길이의 비를 가장 간단한 자연수의 비로 나타내시오.

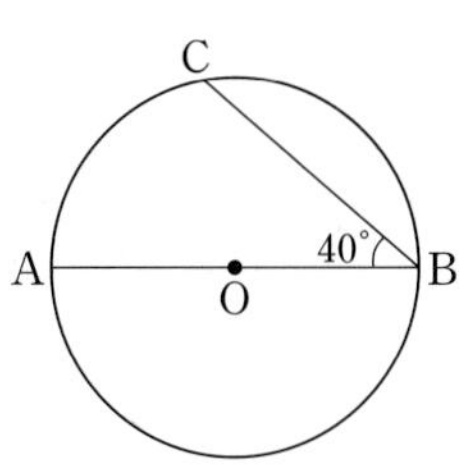

15 둘레의 길이가 20π cm인 원의 넓이를 구하시오.

고난도

16 그림과 같이 합동인 두 원 O, O′이 서로 다른 원의 중심을 지나고 두 점 A, B에서 만날 때, 색칠한 부분의 넓이를 구하시오.

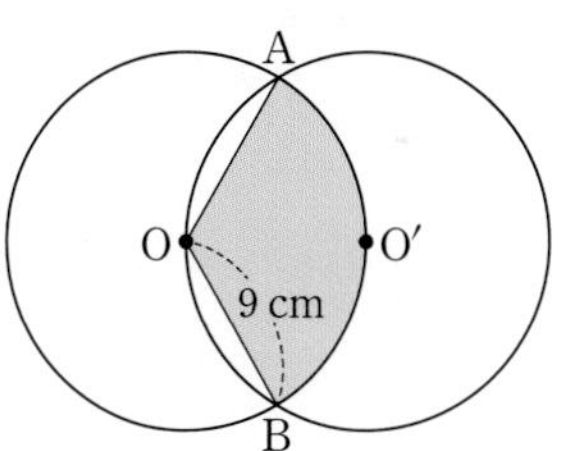

Ⅶ. 입체도형

1

다면체와 회전체

핵심 개념

1 다면체와 회전체

1 다면체

(1) **다면체**: 다각형인 면으로만 둘러싸인 입체도형

① **면**: 다면체를 둘러싸고 있는 다각형

② **모서리**: 다각형의 변

③ **꼭짓점**: 다각형의 꼭짓점

④ 다면체는 그 면의 개수에 따라 사면체, 오면체, 육면체, …라고 한다.

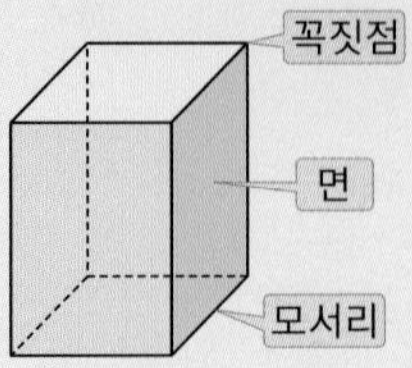

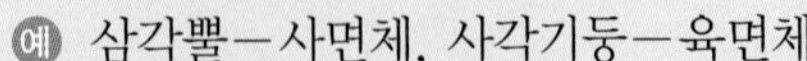

예 삼각뿔－사면체, 사각기둥－육면체

(2) **다면체의 종류**

① **각기둥**: 두 밑면은 서로 평행하며 합동인 다각형이고, 옆면은 모두 직사각형인 다면체

② **각뿔**: 밑면이 다각형이고 옆면이 모두 삼각형인 다면체

③ **각뿔대**: 각뿔을 밑면에 평행한 평면으로 잘라서 생기는 두 다면체 중에서 각뿔이 아닌 쪽의 다면체

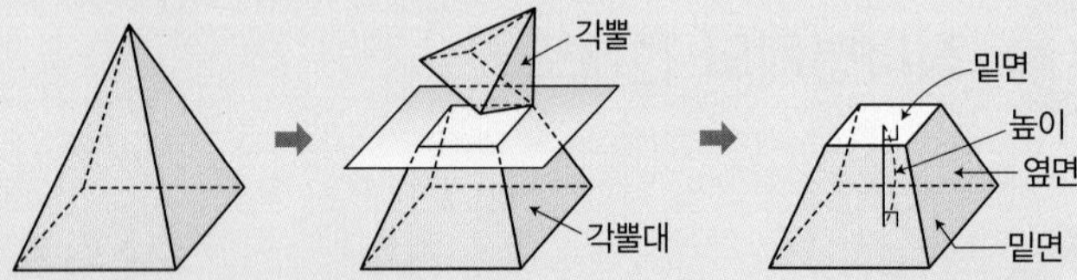

참고 각뿔대에서 평행한 두 면을 밑면, 두 밑면 사이의 거리를 높이라 하고 밑면이 아닌 면을 옆면이라고 한다. 이때 각뿔대의 옆면은 모두 사다리꼴이다.

2 정다면체

(1) **정다면체**: 각 면이 모두 합동인 정다각형이고, 각 꼭짓점에 모인 면의 개수가 모두 같은 다면체

(2) **정다면체의 종류**

정다면체는 정사면체, 정육면체, 정팔면체, 정십이면체, 정이십면체의 다섯 가지뿐이다.

정다면체	정사면체	정육면체	정팔면체	정십이면체	정이십면체
겨냥도	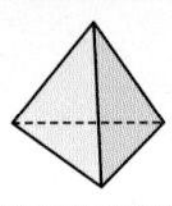	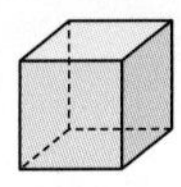	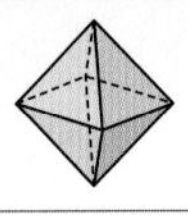	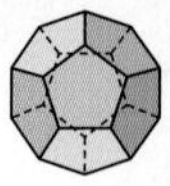	
면의 모양	정삼각형	정사각형	정삼각형	정오각형	정삼각형
한 꼭짓점에 모인 면의 개수	3	3	4	3	5
전개도	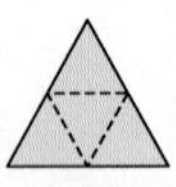	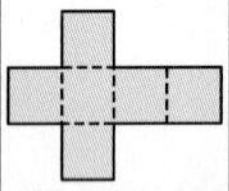	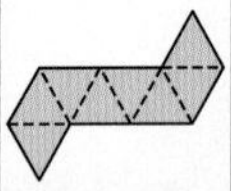	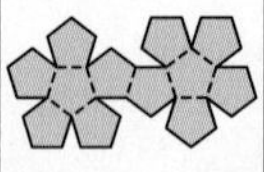	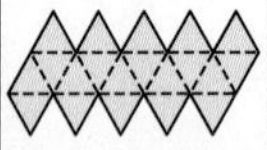

개념 체크

01

다음 입체도형은 몇 면체인지 구하시오.

(1) 육각뿔

(2) 오각기둥

(3) 정육면체

(4) 삼각뿔대

02

다음 입체도형의 모서리와 꼭짓점의 개수를 각각 구하시오.

(1) 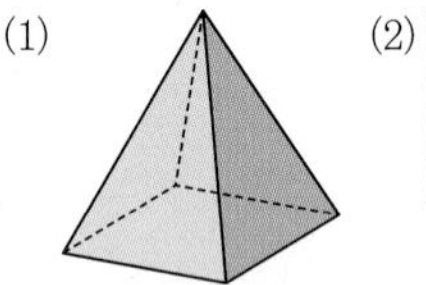 (2) 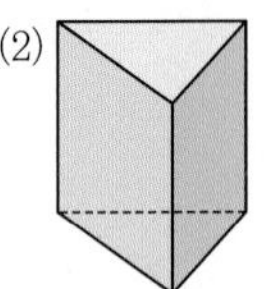

03

다음 〈조건〉을 모두 만족하는 입체도형을 구하시오.

조건

(가) 옆면은 사다리꼴이다.

(나) 두 밑면은 서로 평행하다.

(다) 팔면체이다.

04

면의 모양이 정삼각형인 정다면체를 모두 구하시오.

05

정다면체 중 한 꼭짓점에 모인 면의 개수가 4인 것은?

① 정사면체

② 정육면체

③ 정팔면체

④ 정십이면체

⑤ 정이십면체

Ⅶ. 입체도형

3 회전체

(1) **회전체:** 평면도형을 한 직선을 축으로 하여 1회전 시킬 때 생기는 입체도형

① **회전축:** 회전체에서 축으로 사용한 직선

② **모선:** 회전하면서 옆면을 만드는 선분

③ **원뿔대:** 원뿔을 밑면에 평행한 평면으로 잘라서 생기는 두 입체도형 중에서 원뿔이 아닌 쪽의 입체도형

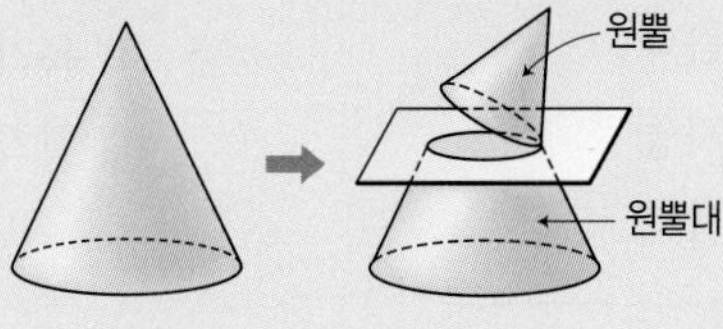

(2) **회전체의 종류**

원기둥, 원뿔, 원뿔대, 구 등이 있다.

회전체	원기둥	원뿔	원뿔대	구
겨냥도	l, 밑면, 모선, 옆면, 밑면, 회전축	l, 모선, 옆면, 밑면, 회전축	l, 밑면, 모선, 옆면, 밑면, 회전축	l, 구의 중심, 회전축, 구의 반지름
전개도	밑면, 모선, 옆면, 밑면	모선, 옆면, 밑면	밑면, 모선, 옆면, 밑면	

참고 구는 전개도를 그릴 수 없다.

(3) **회전체의 성질**

① 회전체를 회전축에 수직인 평면으로 자를 때 생기는 단면은 항상 원이다.

② 회전체를 회전축을 포함하는 평면으로 자를 때 생기는 단면은 모두 합동이고, 회전축에 대하여 선대칭도형이다.

회전체	원기둥	원뿔	원뿔대	구
회전축에 수직인 평면으로 자른 단면	원	원	원	원
회전축을 포함하는 평면으로 자른 단면	직사각형	이등변삼각형	사다리꼴	원

참고 입체도형을 평면으로 자를 때, 잘린 면을 단면이라고 한다.

개념 체크

06

다음 〈보기〉에서 회전체를 모두 고르시오.

보기

ㄱ. 원기둥　　ㄴ. 사각뿔대
ㄷ. 정사면체　　ㄹ. 원뿔대
ㅁ. 육각뿔　　ㅂ. 구

07

다음 평면도형을 직선 l을 회전축으로 하여 1회전 시킬 때 생기는 회전체를 그리시오.

(1)

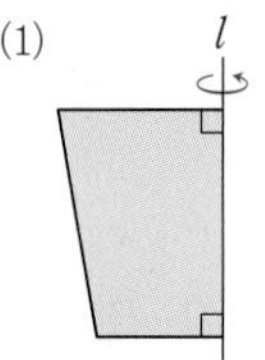

(2)

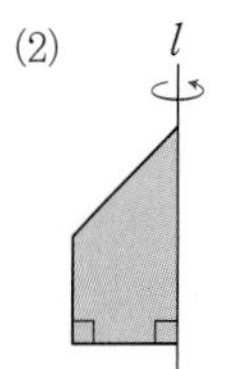

08

오른쪽 그림과 같이 반지름의 길이가 5 cm인 반원을 직선 l을 축으로 하여 1회전 시킨 회전체를 한 평면으로 자르려고 한다. 이때 생기는 단면 중 그 넓이가 최대인 단면의 넓이를 구하시오.

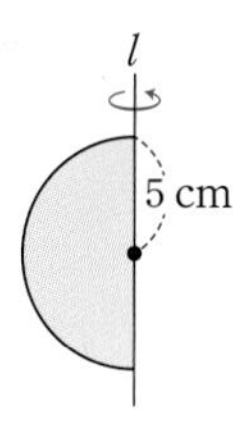

09

다음 그림은 어떤 회전체를 회전축에 수직인 평면으로 자른 단면의 모양과 회전축을 포함하는 평면으로 자른 단면의 모양을 차례로 나타낸 것이다. 이 회전체의 이름을 구하시오.

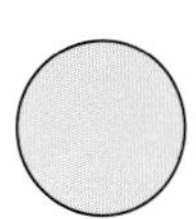

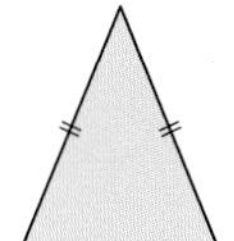

대표유형

유형 1 다면체

01 다음 <보기>의 입체도형 중 팔면체인 것을 모두 고른 것은?

보기

ㄱ. 사각기둥	ㄴ. 오각뿔대
ㄷ. 육각뿔	ㄹ. 육각기둥
ㅁ. 칠각뿔	ㅂ. 칠각뿔대

① ㄱ, ㅂ ② ㄴ, ㄹ
③ ㄷ, ㅁ ④ ㄹ, ㅁ
⑤ ㅁ, ㅂ

풀이 전략 각 다면체의 면의 개수를 구한다.

02 오른쪽 그림과 같은 육각뿔대에 대한 설명으로 옳은 것은?

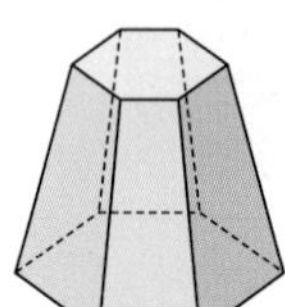

① 육면체이다.
② 모서리의 개수는 12이다.
③ 꼭짓점의 개수는 18이다.
④ 두 밑면은 서로 평행하다.
⑤ 옆면의 모양은 직사각형이다.

03 다음 다면체 중 모서리의 개수가 가장 많은 것은?

① 삼각뿔 ② 사각기둥
③ 오각뿔대 ④ 육각뿔
⑤ 칠각뿔

04 다음 중 다면체와 그 옆면의 모양을 바르게 짝 지은 것은?

① 삼각기둥 — 삼각형
② 사각뿔 — 사다리꼴
③ 오각뿔대 — 직사각형
④ 육각뿔 — 삼각형
⑤ 칠각기둥 — 칠각형

05 다음 <조건>을 모두 만족하는 입체도형의 이름을 구하시오.

조건

(가) 십면체이다.
(나) 두 밑면은 서로 평행하고 합동이다.
(다) 옆면은 모두 직사각형이다.

06 다음 중 오른쪽 다면체와 꼭짓점의 개수가 같은 다면체는?

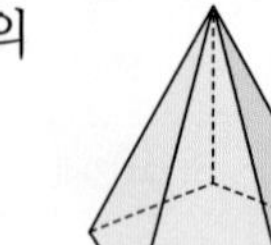

① 삼각뿔대 ② 사각뿔
③ 사각기둥 ④ 육각뿔
⑤ 칠각기둥

유형 2 정다면체

07 다음 중 정다면체에 대한 설명으로 옳지 않은 것은?

① 정다면체의 종류는 무수히 많다.
② 모든 면은 합동인 정다각형이다.
③ 각 꼭짓점에 모인 면의 개수가 같다.
④ 정다면체의 면의 모양은 3가지뿐이다.
⑤ 정사면체와 정이십면체는 면의 모양이 같다.

풀이 전략 정다면체는 정사면체, 정육면체, 정팔면체, 정십이면체, 정이십면체의 다섯 가지뿐이다.

08 다음 중 정다면체의 면의 모양이 될 수 없는 것을 모두 고르면? (정답 2개)

① 정삼각형　② 정사각형
③ 정오각형　④ 정육각형
⑤ 정팔각형

09 다음 중 정다면체와 한 꼭짓점에 모인 면의 개수가 바르게 짝 지어진 것은?

① 정사면체 − 4
② 정육면체 − 4
③ 정팔면체 − 3
④ 정십이면체 − 3
⑤ 정이십면체 − 4

10 다음 중 모든 면의 모양이 정오각형인 다면체는?

① 정사면체　② 정육면체
③ 정팔면체　④ 정십이면체
⑤ 정이십면체

11 한 꼭짓점에 모인 면의 개수가 4인 정다면체의 꼭짓점의 개수는?

① 4　② 6　③ 8
④ 12　⑤ 20

유형 3 정다면체의 전개도

12 다음 그림과 같은 전개도로 만들어지는 정다면체의 모서리의 개수는?

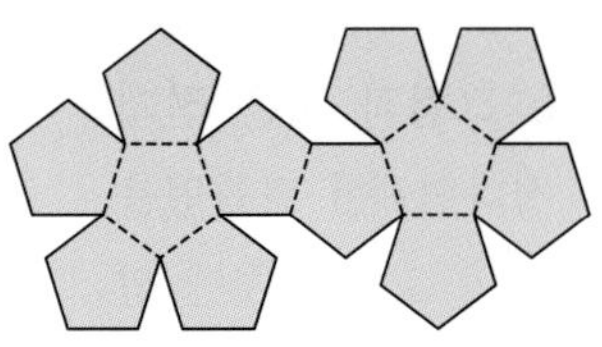

① 6　② 12　③ 15
④ 20　⑤ 30

풀이 전략 정오각형으로 만들 수 있는 정다면체는 정십이면체이다.

13 오른쪽 그림과 같은 전개도로 정다면체를 만들었을 때, 모서리 AB와 겹쳐지는 모서리는?

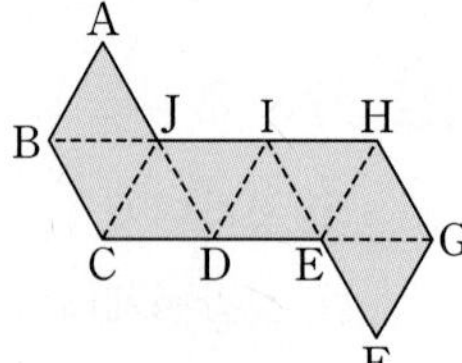

① $\overline{CD}$ ② $\overline{EF}$
③ $\overline{FG}$ ④ $\overline{GH}$
⑤ $\overline{HI}$

14 오른쪽 그림과 같은 전개도로 정육면체를 만들었을 때, 점 A와 겹치는 꼭짓점을 모두 구하시오.

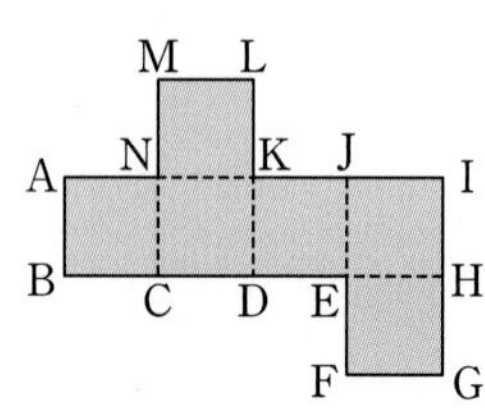

15 오른쪽 그림과 같은 전개도로 정다면체를 만들었을 때, $\overline{AB}$와 꼬인 위치에 있는 모서리는?

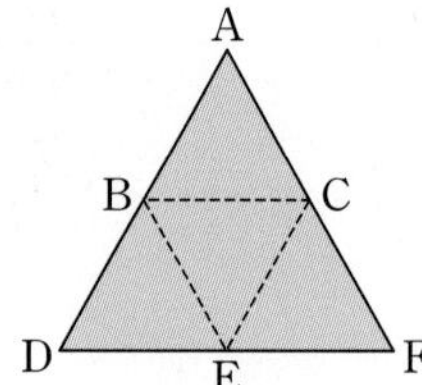

① $\overline{BD}$ ② $\overline{CE}$
③ $\overline{CF}$ ④ $\overline{DE}$
⑤ $\overline{EF}$

유형 4 회전체

16 다음 입체도형 중 회전체가 아닌 것은?

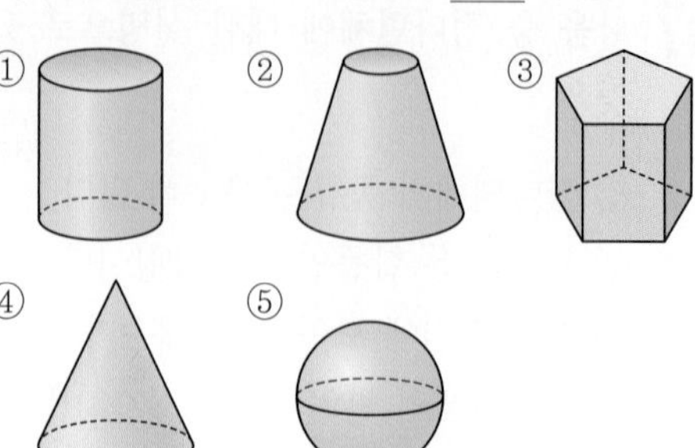

풀이 전략 회전체는 평면도형을 한 직선을 회전축으로 하여 1회전 시킬 때 생기는 입체도형이다.

17 다음 중에서 오른쪽 그림과 같은 직사각형을 직선 l을 축으로 하여 1회전 시킬 때 생기는 회전체는?

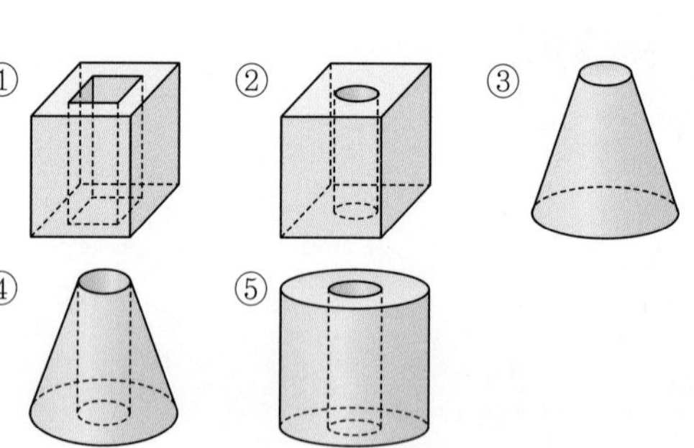

18 다음 회전체 중 회전축을 포함하는 평면으로 자르거나 회전축에 수직인 평면으로 자를 때 생기는 단면의 모양이 같은 것은?

① 구 ② 반구
③ 원뿔 ④ 원뿔대
⑤ 원기둥

19 오른쪽 그림과 같은 직각삼각형을 직선 l을 축으로 하여 1회전 시킬 때 생기는 회전체의 모선의 길이는?

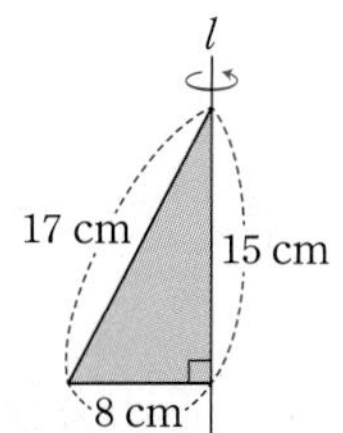

① 8 cm ② 10 cm
③ 15 cm ④ 16 cm
⑤ 17 cm

20 다음 중 회전축을 포함하는 평면으로 자를 때 생기는 단면이 사다리꼴인 회전체는?

① 구 ② 반구
③ 원뿔 ④ 원뿔대
⑤ 원기둥

21 오른쪽 그림과 같은 원기둥을 회전축에 수직인 평면으로 자를 때 생기는 단면의 넓이는?

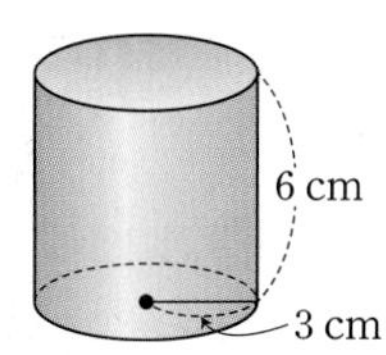

① $3\pi\ \text{cm}^2$ ② $6\pi\ \text{cm}^2$
③ $9\pi\ \text{cm}^2$ ④ $18\ \text{cm}^2$
⑤ $36\ \text{cm}^2$

유형 5 회전체의 전개도

22 원기둥의 전개도에서 옆면의 모양은?

① 원 ② 부채꼴
③ 직사각형 ④ 사다리꼴
⑤ 직각삼각형

풀이 전략 원기둥의 전개도는 원 모양의 밑면 2개와 직사각형 모양의 옆면 1개로 이루어져 있다.

23 오른쪽 그림과 같은 전개도를 갖는 입체도형은 어떤 도형을 회전시킨 것인가?

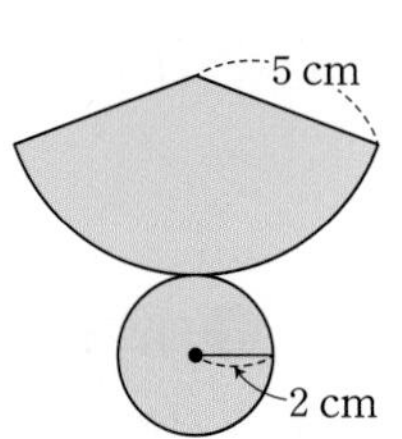

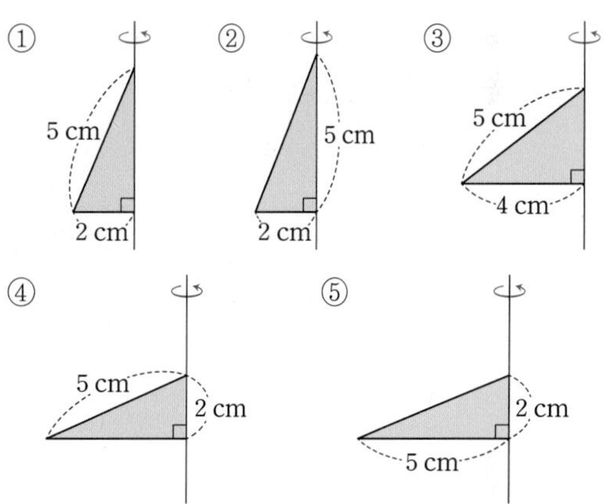

24 다음은 원뿔대와 그 전개도이다. 전개도에서 x의 값은?

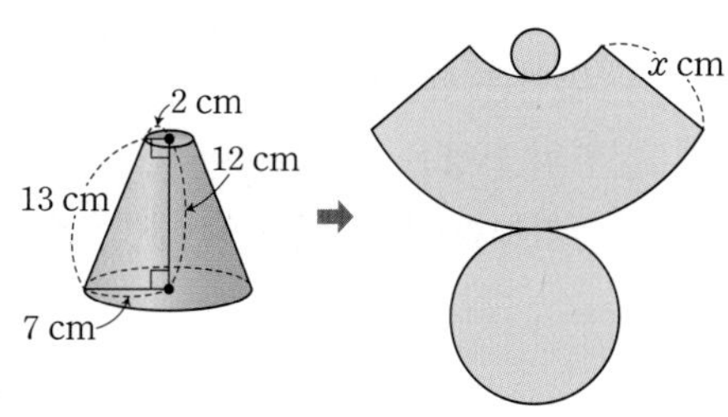

① 2π ② 4π ③ 9
④ 12 ⑤ 13

기출 예상 문제

❶ 다면체

01 다음 다면체 중 칠면체인 것을 모두 고르면? (정답 2개)

① 사각기둥 ② 오각뿔
③ 오각뿔대 ④ 육각뿔
⑤ 육각기둥

❶ 다면체

02 모서리가 18개인 각기둥의 면의 개수는?

① 6 ② 8 ③ 10
④ 12 ⑤ 14

❶ 다면체

03 다음 중 사각뿔대에 대한 설명으로 옳지 <u>않은</u> 것은?

① 다면체이다.
② 두 밑면은 서로 평행하다.
③ 두 밑면은 서로 합동이다.
④ 옆면의 모양은 사다리꼴이다.
⑤ 사각기둥과 면의 개수가 같다.

❶ 다면체

04 다음 다면체 중 꼭짓점의 개수와 면의 개수가 같은 것은?

① 삼각뿔 ② 사각기둥
③ 오각뿔대 ④ 육각기둥
⑤ 칠각뿔대

❷ 정다면체

05 다음 〈조건〉을 모두 만족하는 입체도형은?

> 조건
> (가) 모든 면이 합동인 정삼각형이다.
> (나) 각 꼭짓점에 모인 면의 개수는 5이다.

① 정사면체 ② 정육면체
③ 정팔면체 ④ 정십이면체
⑤ 정이십면체

❷ 정다면체

06 오른쪽 그림은 각 면이 모두 합동인 정삼각형으로 이루어진 입체도형이다. 이 입체도형이 정다면체가 <u>아닌</u> 이유를 설명하시오.

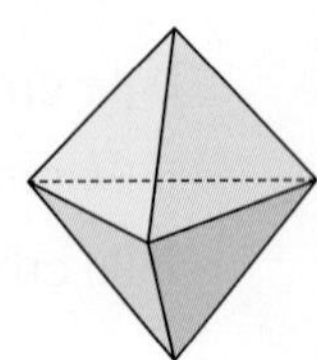

❸ 정다면체의 전개도

07 오른쪽 그림과 같은 전개도로 만들어지는 정다면체의 꼭짓점의 개수는?

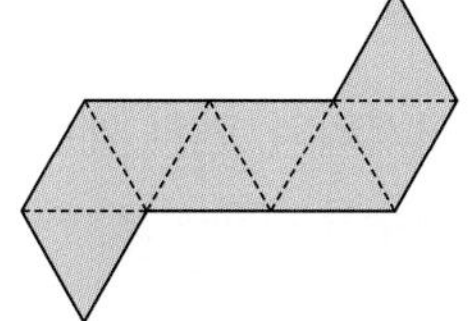

① 4 ② 6
③ 8 ④ 12
⑤ 20

❹ 회전체

08 오른쪽 입체도형은 어떤 도형을 회전시킨 것인가?

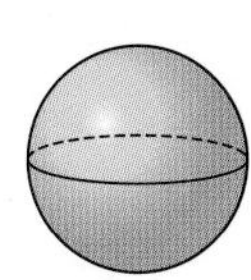

① 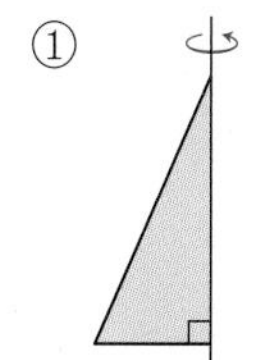 ② 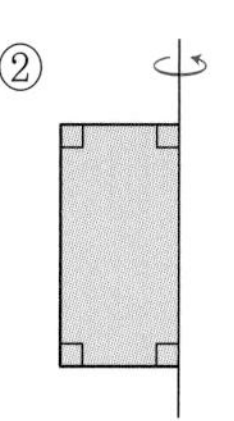 ③ 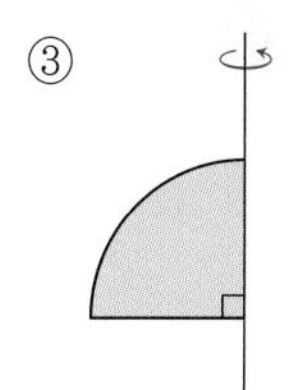
④ 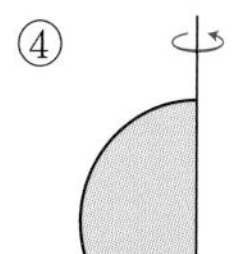 ⑤ 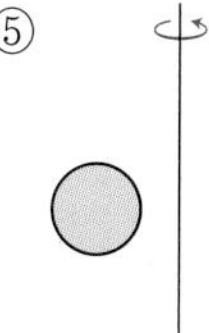

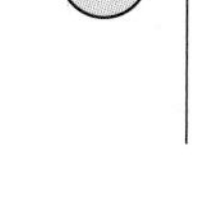

❹ 회전체

09 오른쪽 그림과 같은 평면도형을 어느 한 변을 회전축으로 하여 1회전 시켜서 원뿔대를 만들려고 한다. 어느 변을 회전축으로 하여야 하는지 쓰시오.

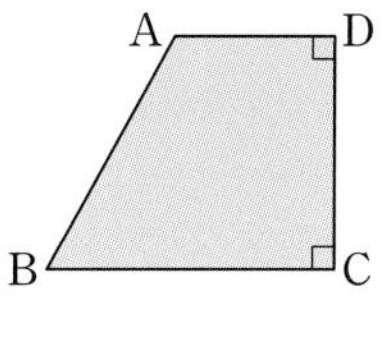

❹ 회전체

10 오른쪽 그림과 같은 평면도형을 직선 l을 회전축으로 하여 1회전 시킬 때 생기는 회전체를 회전축을 포함하는 평면으로 자른 단면의 모양은?

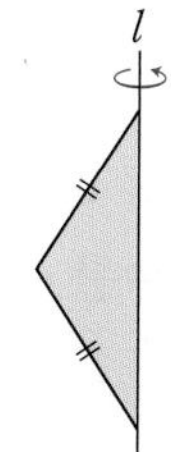

① 원
② 직각삼각형
③ 이등변삼각형
④ 마름모
⑤ 정사각형

❹ 회전체

11 오른쪽 그림의 평면도형을 직선 l을 회전축으로 하여 1회전 시킬 때 생기는 회전체를 회전축을 포함하는 평면으로 자른 단면의 넓이는?

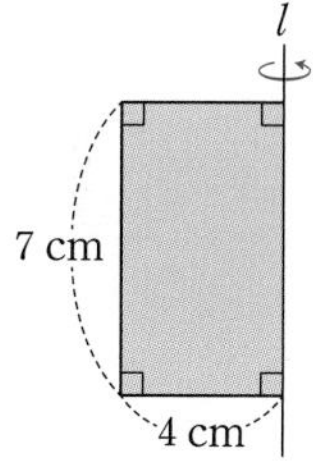

① 8π cm^2 ② 16π cm^2
③ 28 cm^2 ④ 49 cm^2
⑤ 56 cm^2

❺ 회전체의 전개도

12 아래 그림은 원뿔과 그 전개도를 나타낸 것이다. 다음 중 색칠한 밑면의 둘레의 길이와 길이가 같은 것은?

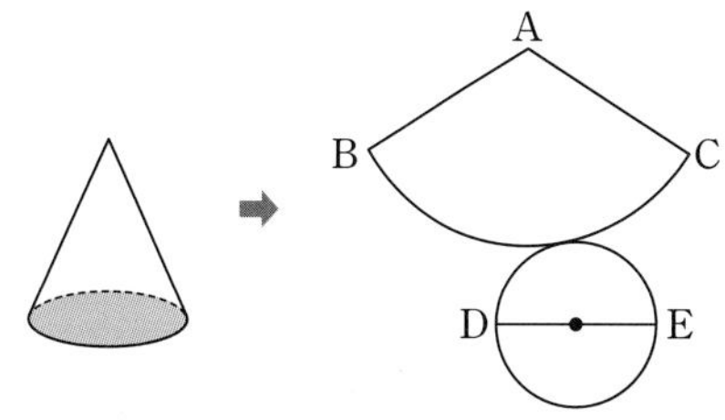

① $\overline{AB}$ ② $\overline{BC}$ ③ $\overset{\frown}{BC}$
④ $\overline{DE}$ ⑤ $2\overline{DE}$

고난도 집중 연습

1

꼭짓점과 면의 개수의 차가 5인 각뿔대의 모서리의 개수를 구하시오.

1-1

모서리와 면의 개수의 합이 26인 각기둥의 꼭짓점의 개수를 구하시오.

2

다음 그림과 같은 전개도로 만들어지는 정육면체에서 서로 평행한 두 면에 적힌 수의 합이 모두 같을 때, $a-b+c$의 값을 구하시오.

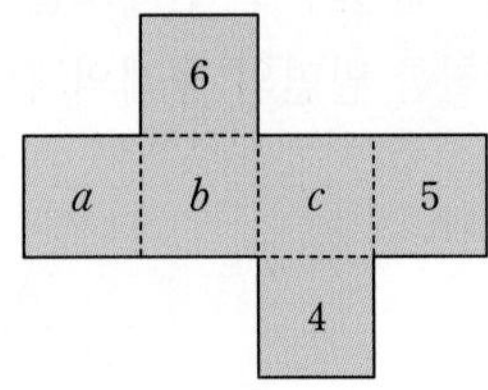

2-1

다음 그림과 같은 전개도로 만들어지는 정팔면체에서 서로 평행한 두 면에 적힌 수의 합이 모두 7이 될 때, $a+b-c+d$의 값을 모두 구하시오.

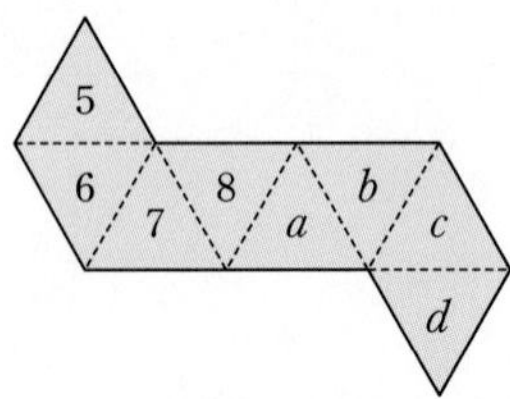

3

오른쪽 그림의 색칠한 부분을 직선 l을 회전축으로 하여 1회전 시킬 때 생기는 회전체를 회전축을 포함하는 평면으로 잘랐다. 이때 생기는 단면의 넓이를 구하시오.

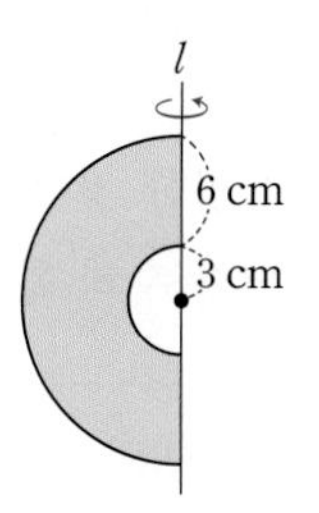

3-1

오른쪽 그림과 같은 직사각형을 직선 l을 회전축으로 하여 1회전 시킬 때 생기는 회전체를 회전축에 수직인 평면으로 잘랐다. 이때 생기는 단면의 넓이를 구하시오.

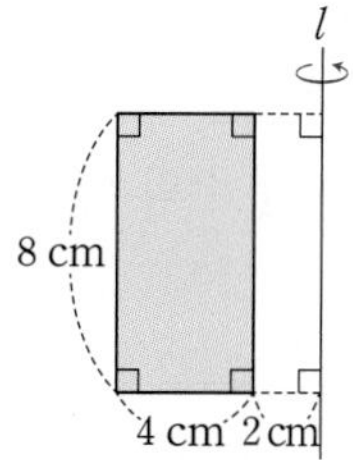

4

오른쪽 그림과 같은 원뿔대의 전개도에서 옆면의 둘레의 길이를 구하시오.

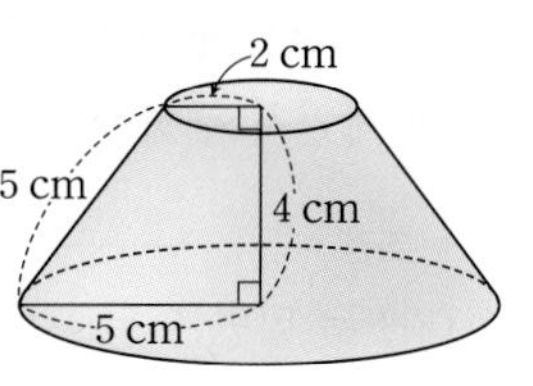

4-1

오른쪽 그림과 같은 원뿔의 전개도에서 옆면의 둘레의 길이를 구하시오.

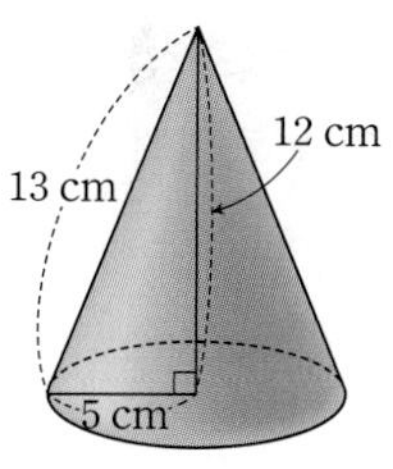

서술형 집중 연습

예제 1

다음은 오른쪽 그림과 같은 각뿔대를 설명한 것이다. (가), (나), (다)에 들어갈 수의 합을 구하시오.

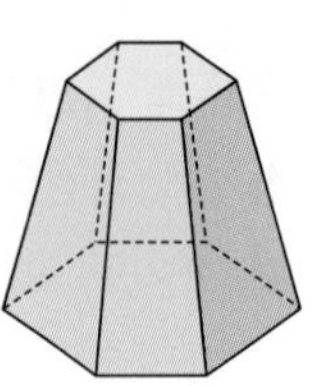

- 면의 개수가 [(가)]인 다면체이다.
- 모서리의 개수는 [(나)]이다.
- 꼭짓점의 개수는 [(다)]이다.

풀이 과정

육각뿔대의 면의 개수는 [ ]이므로
(가)=[ ]
모서리의 개수는 [ ]이므로
(나)=[ ]
꼭짓점의 개수는 [ ]이므로
(다)=[ ]
따라서 (가), (나), (다)에 들어갈 수의 합은 [ ]이다.

유제 1

다음은 오른쪽 그림과 같이 정육면체의 일부를 잘라내고 남은 입체도형을 설명한 것이다. (가), (나), (다)에 들어갈 수의 합을 구하시오.

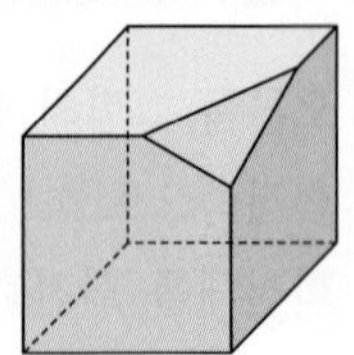

- 면의 개수가 [(가)]인 다면체이다.
- 모서리의 개수는 [(나)]이다.
- 꼭짓점의 개수는 [(다)]이다.

예제 2

다음 〈조건〉을 모두 만족하는 다면체의 이름을 쓰고, 몇 면체인지 구하시오.

조건

(가) 밑면의 개수는 1이다.
(나) 옆면의 모양은 모두 삼각형이다.
(다) 꼭짓점의 개수는 10이다.

풀이 과정

조건 (가), (나)를 만족하는 다면체는 [ ]이다.
그런데 n각뿔의 꼭짓점의 개수는 [ ]이므로
조건 (다)에서
$n=$[ ], 즉 [ ]이다.
따라서 이 다면체의 면의 개수는 [ ]이므로 주어진 조건을 모두 만족하는 다면체는 [ ]이다.

유제 2

다음 〈조건〉을 모두 만족하는 다면체의 이름을 쓰고, 몇 면체인지 구하시오.

조건

(가) 두 밑면은 서로 평행하다.
(나) 밑면에 포함되지 않은 모든 모서리를 연장한 직선은 한 점에서 만난다.
(다) 꼭짓점의 개수는 10이다.

예제 3

오른쪽 그림과 같은 원기둥을 회전축에 수직인 평면으로 자를 때 생기는 단면의 모양을 그리고, 그 넓이를 구하시오.

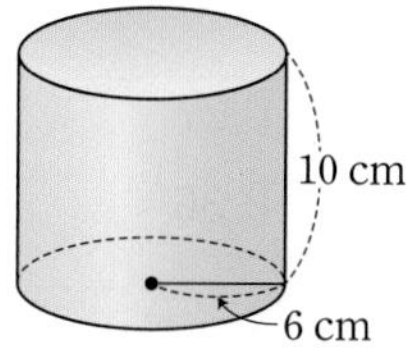

풀이 과정

주어진 원기둥을 회전축에 수직인 평면으로 자른 단면의 모양은 오른쪽 그림과 같이 반지름의 길이가 □ cm인 □이다. 따라서

(단면의 넓이)$=\pi\times\square^2$

$=\square\pi(\text{cm}^2)$

유제 3

오른쪽 그림과 같은 원뿔을 회전축을 포함하는 평면으로 자를 때 생기는 단면의 모양을 그리고, 그 넓이를 구하시오.

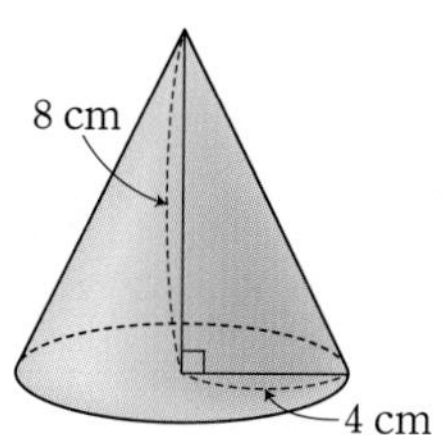

예제 4

오른쪽 그림과 같은 전개도로 만들어지는 원기둥에서 높이와 밑면인 원의 반지름의 길이를 각각 구하시오.

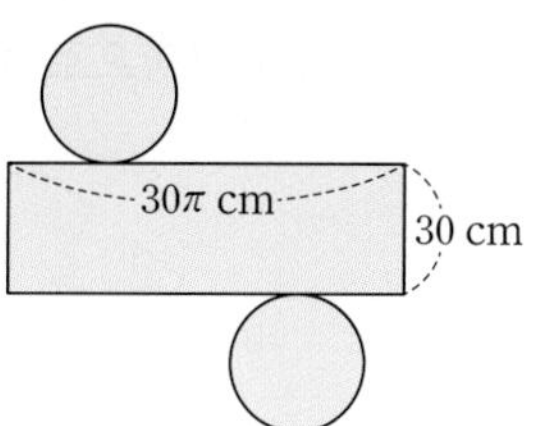

풀이 과정

전개도에서 옆면인 직사각형의 세로의 길이는 원기둥의 높이와 같으므로

(원기둥의 높이)$=\square$ cm

전개도에서 밑면인 원의 둘레의 길이와 옆면인 직사각형의 가로의 길이는 서로 같으므로 원의 반지름의 길이를 r cm라고 하면

$2\pi\times r=\square$

$\therefore r=\square$

따라서 원기둥의 높이와 원의 반지름의 길이는 각각 □ cm, □ cm이다.

유제 4

오른쪽 그림과 같은 전개도로 만들어지는 원뿔에서 모선의 길이와 밑면인 원의 반지름의 길이를 각각 구하시오.

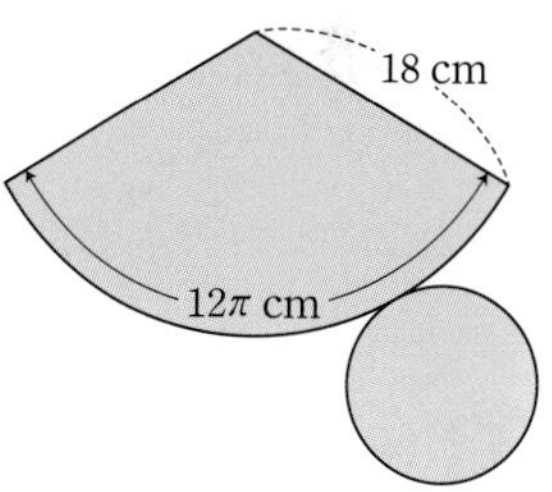

01 다음 〈보기〉 중 다면체의 개수는?

> **보기**
> ㄱ. 반구　　　　ㄴ. 사각뿔
> ㄷ. 원기둥　　　ㄹ. 원뿔대
> ㅁ. 십각기둥　　ㅂ. 정이십면체

① 2　② 3　③ 4　④ 5　⑤ 6

02 다음 다면체 중 면의 개수가 가장 많은 것은?

① 삼각뿔대　② 사각뿔　③ 사각기둥　④ 오각뿔　⑤ 오각뿔대

03 다음 중 오른쪽 다면체와 모서리의 개수가 같은 다면체는?

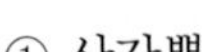
① 삼각뿔　② 오각뿔대
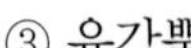
③ 육각뿔　④ 칠각뿔대
⑤ 팔각뿔

04 꼭짓점과 면의 개수의 차가 10인 각뿔대의 모서리의 개수는?

① 27　② 30　③ 33　④ 36　⑤ 39

05 오른쪽 그림과 같은 전개도로 정다면체를 만들었을 때, 점 A와 겹치는 점을 모두 구하시오.

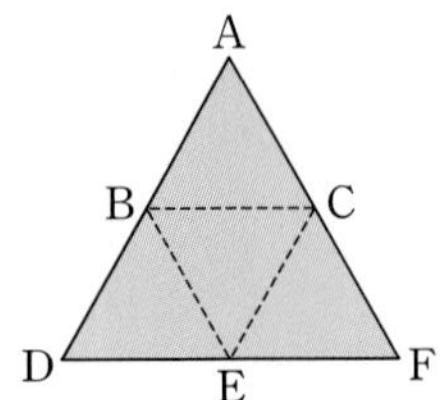

06 다음 그림과 같은 전개도로 만들어지는 정다면체에 대한 설명으로 옳지 않은 것은?

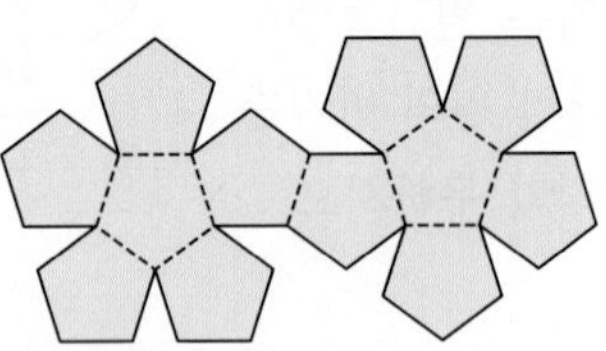

① 모서리의 개수는 30이다.
② 꼭짓점의 개수는 20이다.
③ 각 면은 모두 합동인 다각형이다.
④ 각 면의 모양은 정이십면체와 같다.
⑤ 한 꼭짓점에 모이는 면의 개수는 3이다.

07 정팔면체의 모서리의 개수를 a, 꼭짓점의 개수를 b라고 할 때, $a-b$의 값은?

① 6　② 7　③ 8
④ 9　⑤ 10

08 다음 중 직선 l을 축으로 하여 1회전 시킬 때 생기는 입체도형이 원뿔대인 평면도형은?

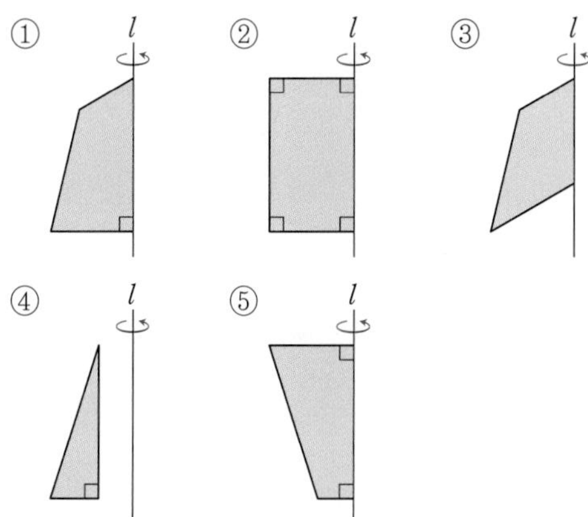

09 오른쪽 그림의 직각삼각형 ABC에서 변 AC를 회전축으로 하여 1회전 시킬 때 생기는 회전체는?

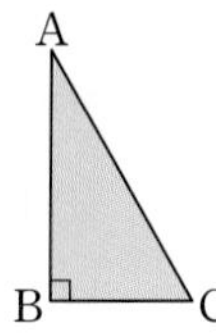

①
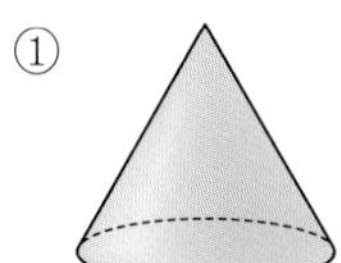

②
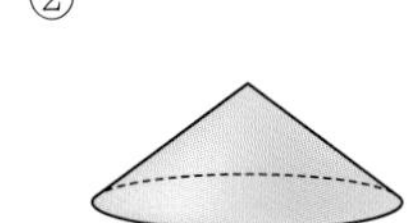
③
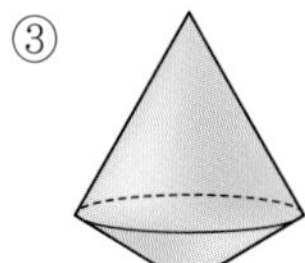
④
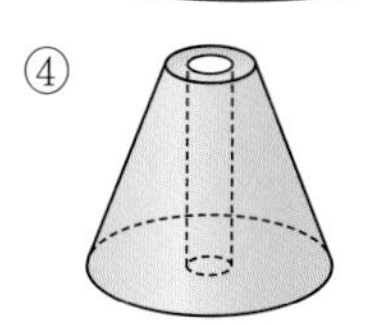
⑤
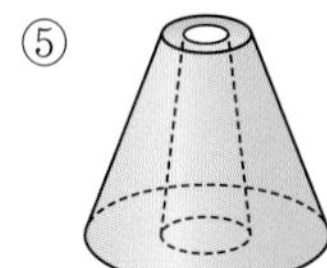

고난도

10 다음 중 원뿔을 한 평면으로 자를 때 생기는 단면의 모양이 아닌 것은?

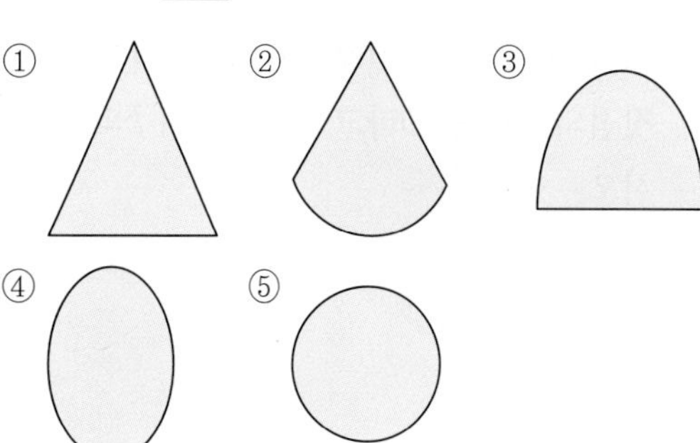

11 오른쪽 그림과 같이 반지름의 길이가 8 cm인 구를 한 평면으로 자를 때, 그 넓이가 최대인 단면의 넓이는?

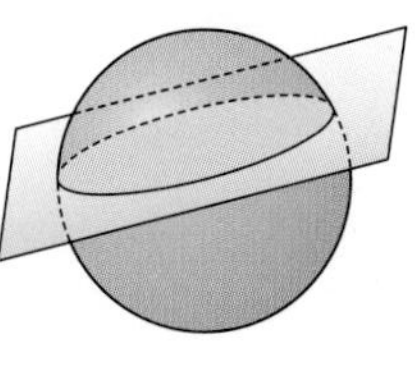

① $16\pi\text{ cm}^2$　② $32\pi\text{ cm}^2$
③ $48\pi\text{ cm}^2$　④ $64\pi\text{ cm}^2$
⑤ $80\pi\text{ cm}^2$

12 다음은 원뿔대와 그 전개도이다. 전개도에서 작은 원의 둘레의 길이와 같은 것은?

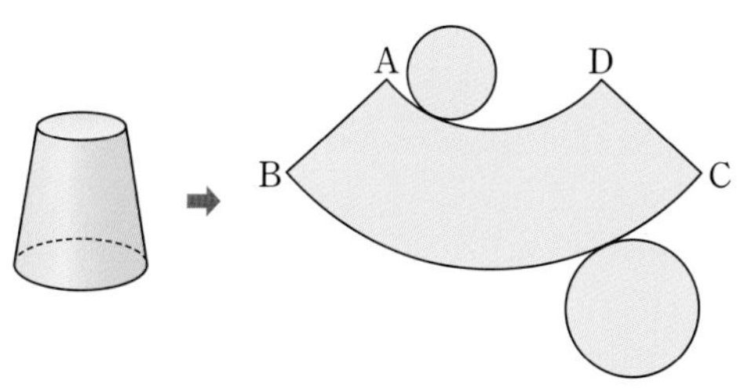

① $\overline{AB}$　② $\overline{AD}$　③ $\overset{\frown}{AD}$
④ $\overline{BC}$　⑤ $\overset{\frown}{BC}$

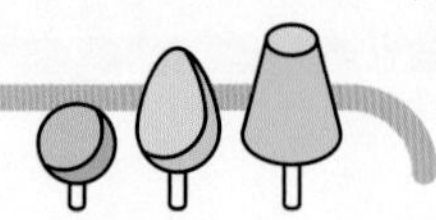

서술형

13 모서리의 개수가 10인 각뿔의 면의 개수를 a, 꼭짓점의 개수를 b라고 할 때, $a+b$의 값을 구하시오.

14 다음 〈조건〉을 모두 만족하는 다면체의 모서리의 개수를 구하시오.

> **조건**
> (가) 두 밑면은 서로 평행하고 합동인 다각형이다.
> (나) 옆면의 모양은 모두 직사각형이다.
> (다) 꼭짓점의 개수는 16이다.

15 다음 그림과 같은 원뿔대를 회전축을 포함하는 평면으로 자를 때 생기는 단면의 모양을 그리고, 그 넓이를 구하시오.

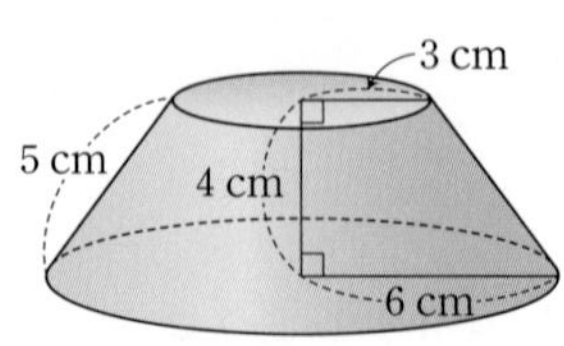

고난도

16 오른쪽 그림과 같은 원뿔의 전개도에서 옆면의 둘레의 길이를 구하시오.

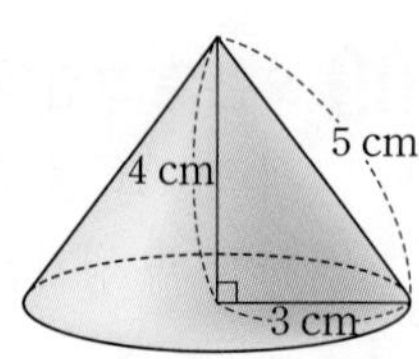

01 다음 중 육면체가 아닌 것은?

① 오각뿔 ② 삼각뿔대
③ 사각기둥 ④ 사각뿔대
⑤ 정육면체

02 다음 다면체 중 꼭짓점의 개수가 가장 많은 것은?

① 삼각뿔 ② 사각기둥
③ 오각뿔 ④ 오각뿔대
⑤ 육각기둥

03 팔면체인 각기둥, 각뿔, 각뿔대의 밑면의 모양을 각각 구하시오.

04 다음 입체도형 중 〈조건〉을 모두 만족하는 것은?

조건
(가) 칠면체이다.
(나) 두 밑면은 서로 평행하다.
(다) 옆면의 모양은 모두 사다리꼴이다.

① 오각뿔 ② 오각뿔대
③ 육각뿔 ④ 육각기둥
⑤ 칠각뿔

05 다음 중 정다면체와 그 면의 모양이 바르게 짝 지어진 것은?

① 정사면체—정사각형
② 정육면체—정육각형
③ 정팔면체—정삼각형
④ 정십이면체—정사각형
⑤ 정이십면체—정오각형

고난도
06 오른쪽 그림과 같은 전개도를 이용하여 정다면체를 만들 때, $\overline{ML}$과 꼬인 위치에 있는 선분은?

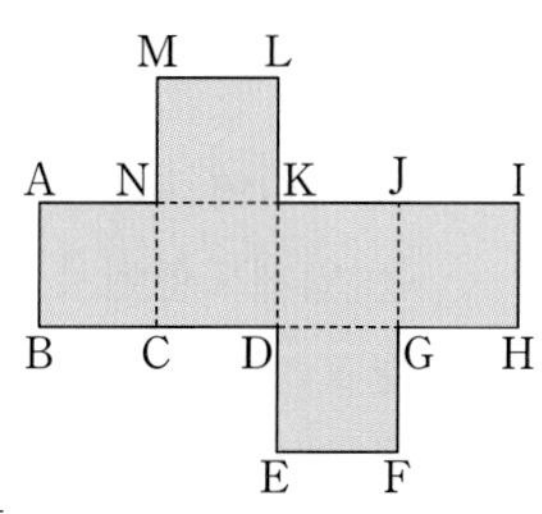

① $\overline{AN}$ ② $\overline{BM}$
③ $\overline{CD}$ ④ $\overline{DG}$
⑤ $\overline{FI}$

07 다음 중 회전체에 대한 설명으로 옳은 것은?

① 모든 회전체는 전개도를 그릴 수 있다.
② 모든 회전체는 하나 이상의 밑면을 갖고 있다.
③ 구를 평면으로 자른 단면의 모양은 항상 합동인 원이다.
④ 원뿔을 회전축에 수직인 평면으로 자른 단면의 모양은 원이다.
⑤ 회전체를 회전축을 포함하는 평면으로 자를 때 생기는 단면의 모양은 원이다.

08 오른쪽 그림과 같은 사다리꼴 ABCD를 회전시켜 원뿔대를 만들려고 한다. 이때 그 회전축이 될 수 있는 것은?

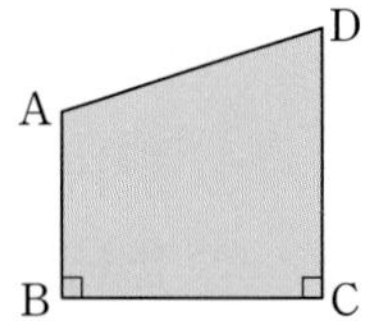

① $\overline{AB}$ ② $\overline{AC}$ ③ $\overline{BC}$
④ $\overline{BD}$ ⑤ $\overline{CD}$

09 오른쪽 평면도형을 직선 l을 축으로 하여 1회전 시킬 때 생기는 입체도형에서 모선의 길이를 a cm, 높이를 b cm라고 할 때, $a+b$의 값은?

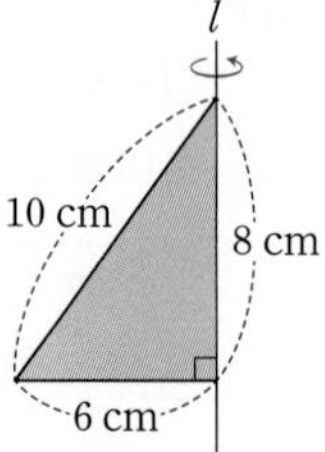

① 12 ② 14 ③ 16
④ 18 ⑤ 20

10 다음 중 회전체와 그 회전체를 회전축을 포함하는 평면으로 자를 때 생기는 단면의 모양을 연결한 것으로 옳은 것은?

① 구—정삼각형
② 반구—이등변삼각형
③ 원뿔—직사각형
④ 원기둥—반원
⑤ 원뿔대—사다리꼴

고난도

11 오른쪽 그림과 같은 직사각형을 직선 l을 회전축으로 하여 1회전 시킬 때 생기는 회전체를 회전축에 수직인 평면으로 잘랐다. 이때 생기는 단면의 넓이는?

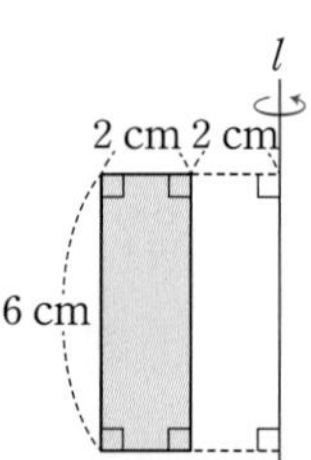

① $12\pi\ \text{cm}^2$ ② $14\pi\ \text{cm}^2$
③ $16\pi\ \text{cm}^2$ ④ $18\pi\ \text{cm}^2$
⑤ $20\pi\ \text{cm}^2$

고난도

12 오른쪽 그림과 같은 전개도를 갖는 회전체의 높이가 12 cm이다. 이 회전체를 회전축을 포함하는 평면으로 자를 때 생기는 단면의 넓이는?

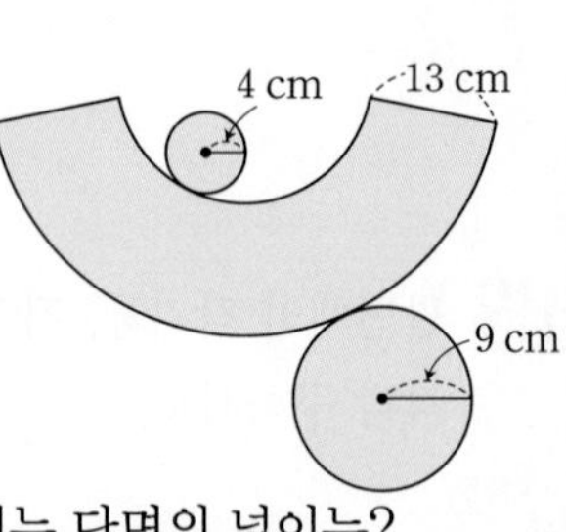

① $140\ \text{cm}^2$ ② $156\ \text{cm}^2$
③ $52\pi\ \text{cm}^2$ ④ $58\pi\ \text{cm}^2$
⑤ $64\pi\ \text{cm}^2$

서술형

13 정육면체의 모서리의 개수를 a, 꼭짓점의 개수를 b, 한 꼭짓점에 모인 면의 개수를 c라고 할 때, $a+b+c$의 값을 구하시오.

고난도

14 다음 그림과 같은 전개도로 만들어지는 정다면체에서 서로 평행한 두 면에 적힌 수의 합이 모두 같을 때, $a+b-c$의 값을 구하시오.

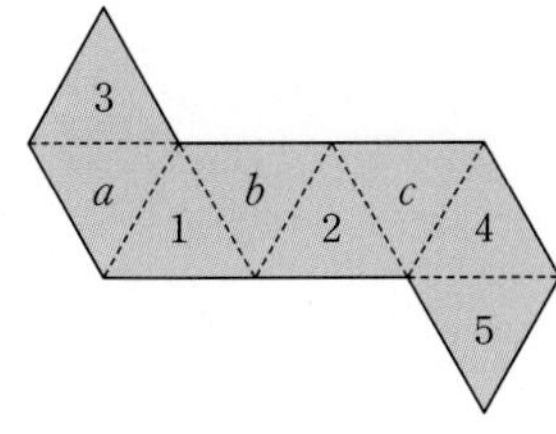

15 오른쪽 그림과 같은 회전체를 회전축을 포함하는 평면으로 자를 때 생기는 단면의 모양을 그리고, 그 넓이를 구하시오.

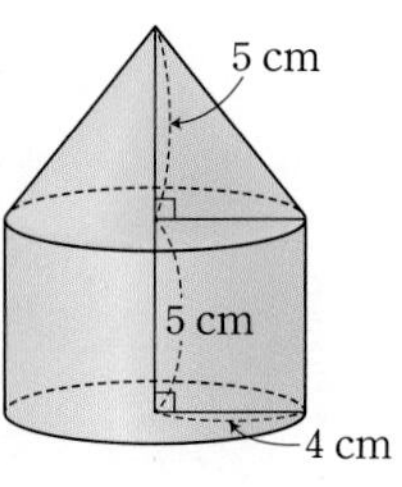

16 다음 그림과 같은 전개도로 만들어지는 원기둥에서 높이와 밑면인 원의 반지름의 길이를 각각 구하시오.

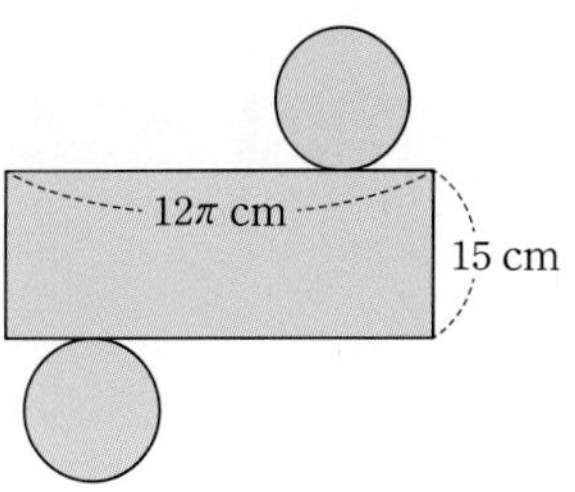

Ⅶ. 입체도형

2

입체도형의 겉넓이와 부피

2 입체도형의 겉넓이와 부피

1 기둥의 겉넓이

(1) 기둥의 겉넓이는 전개도를 이용하여 구한다.

(2) (기둥의 겉넓이) = (밑넓이) × 2 + (옆넓이)

(3) 각기둥의 겉넓이

① 각기둥의 두 밑면은 서로 합동인 다각형이고 옆면은 모두 직사각형이다.

② n각기둥의 옆면의 개수는 n이다.

예

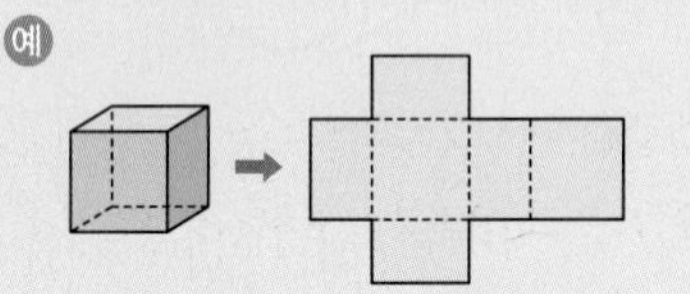

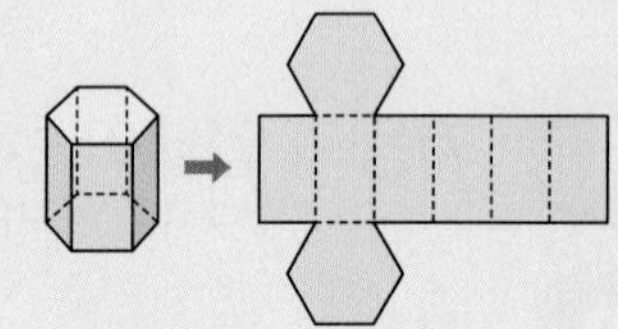

(4) 원기둥의 겉넓이

① 원기둥의 전개도에서 두 밑면은 서로 합동인 원이고 옆면은 1개의 직사각형이다.

② 밑면의 반지름의 길이가 r이고, 높이가 h인 원기둥에 대하여

(원기둥의 겉넓이) $= 2\pi r^2 + 2\pi rh$

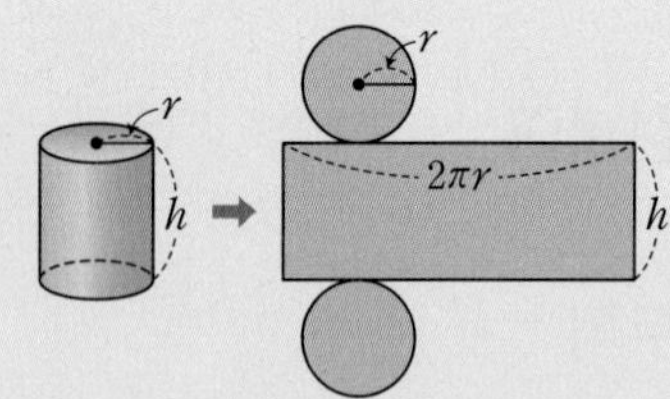

2 기둥의 부피

(1) (기둥의 부피) = (밑넓이) × (높이)

(2) 각기둥의 부피

각기둥의 밑넓이는 밑면을 삼각형이나 사각형으로 나누어 구한다.

예

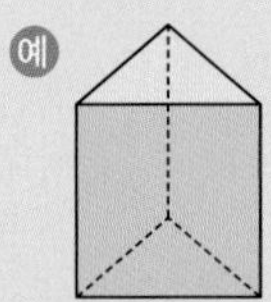

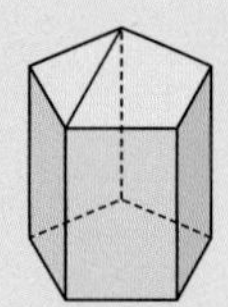

(3) 원기둥의 부피

밑면의 반지름의 길이가 r이고, 높이가 h인 원기둥에 대하여

(원기둥의 부피) $= \pi r^2 h$

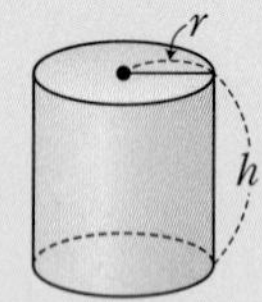

개념 체크

01

그림과 같은 사각기둥에 대해 다음을 구하시오.

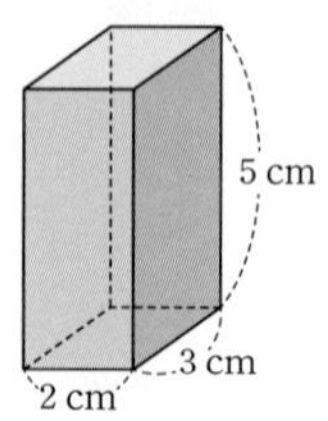

(1) 밑넓이

(2) 옆넓이

(3) 겉넓이

(4) 부피

02

그림과 같은 전개도로 만들어지는 원기둥에 대해 다음을 구하시오.

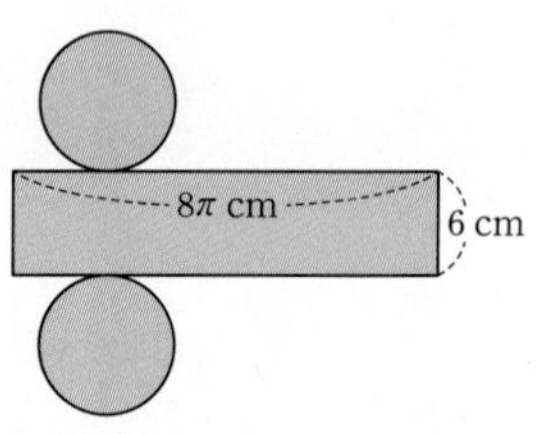

(1) 밑면의 반지름의 길이

(2) 밑넓이

(3) 옆넓이

(4) 겉넓이

(5) 원기둥의 높이

(6) 부피

Ⅶ. 입체도형

3 뿔의 겉넓이

(1) (뿔의 겉넓이)=(밑넓이)+(옆넓이)

(2) **각뿔의 겉넓이**

① 각뿔의 밑면은 1개의 다각형이고 옆면은 모두 삼각형이다.

② n각뿔의 옆면의 개수는 n이다.

예

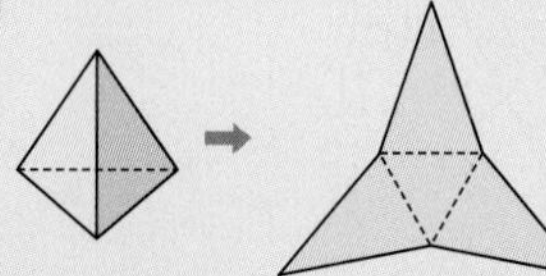

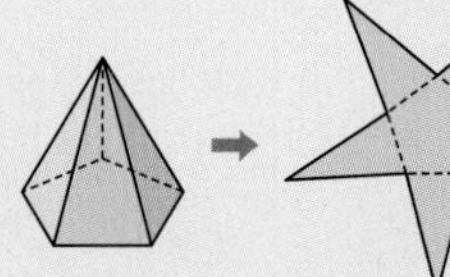

(3) **원뿔의 겉넓이**

① 원뿔의 전개도에서 밑면은 1개의 원이고 옆면은 부채꼴이다.

② 밑면의 반지름의 길이가 r이고, 모선의 길이가 l인 원뿔에 대하여

(원뿔의 겉넓이)$=\pi r^2+\frac{1}{2}\times 2\pi r\times l=\pi r^2+\pi rl$

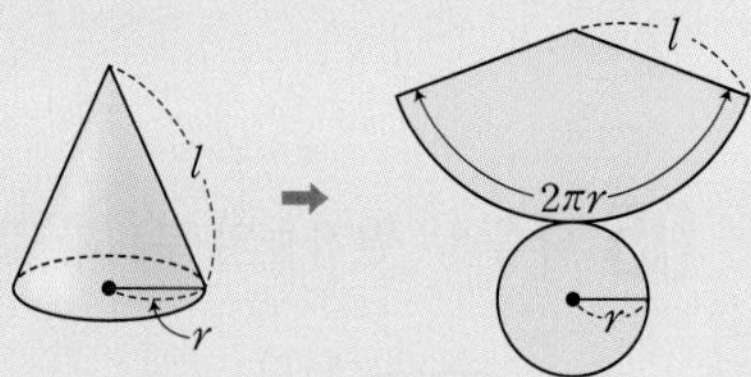

4 뿔의 부피

(1) (뿔의 부피)$=\frac{1}{3}\times$(밑넓이)$\times$(높이)

(2) **각뿔의 부피**

밑넓이가 S이고, 높이가 h인 각뿔에 대하여

(각뿔의 부피)$=\frac{1}{3}Sh$

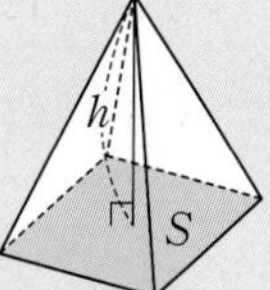

(3) **원뿔의 부피**

밑면의 반지름의 길이가 r이고, 높이가 h인 원뿔에 대하여

(원뿔의 부피)$=\frac{1}{3}\pi r^2h$

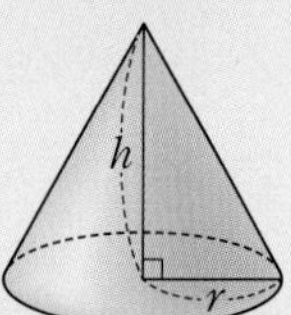

5 구의 겉넓이

반지름의 길이가 r인 구의 겉넓이는 $4\pi r^2$이다.

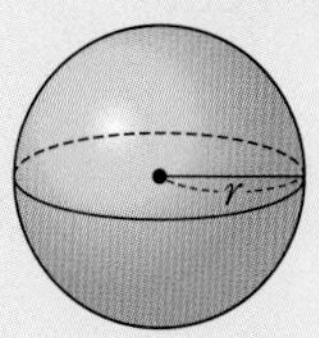

6 구의 부피

반지름의 길이가 r인 구의 부피는 $\frac{4}{3}\pi r^3$이다.

개념 체크

03

그림과 같은 직각삼각형을 직선 l을 회전축으로 하여 1회전 시킬 때 생기는 원뿔에 대해 다음을 구하시오.

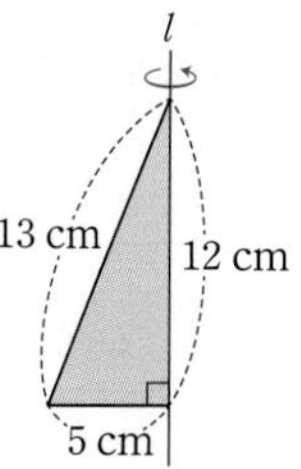

(1) 밑면의 반지름의 길이

(2) 밑넓이

(3) 옆넓이

(4) 겉넓이

(5) 원뿔의 높이

(6) 부피

04

반지름의 길이가 5 cm인 구의 겉넓이를 구하시오.

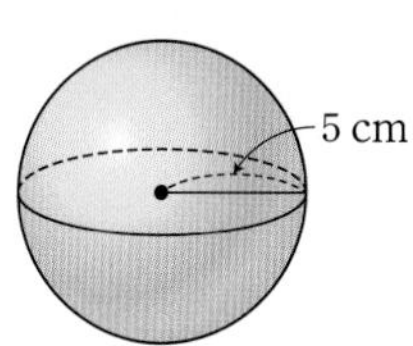

05

반지름의 길이가 3 cm인 반구의 부피를 구하시오.

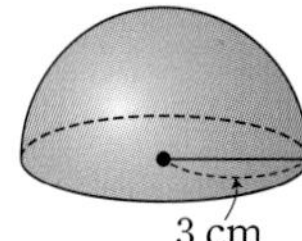

대표유형

유형 1 기둥의 겉넓이

01 다음 기둥의 겉넓이를 구하시오.

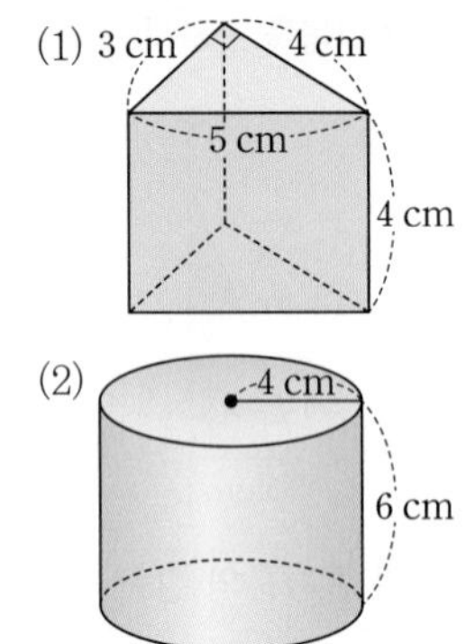

풀이 전략 (기둥의 겉넓이)=(밑넓이)×2+(옆넓이)

02 다음 사각기둥의 겉넓이를 구하시오.

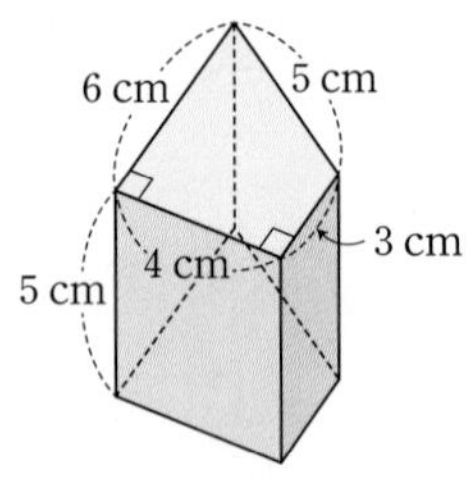

03 밑면의 반지름의 길이가 5 cm인 원기둥의 겉넓이가 80π cm^2일 때, 이 원기둥의 높이는?

① 2 cm ② 3 cm ③ 4 cm
④ 5 cm ⑤ 6 cm

유형 2 기둥의 부피

04 다음 기둥의 부피를 구하시오.

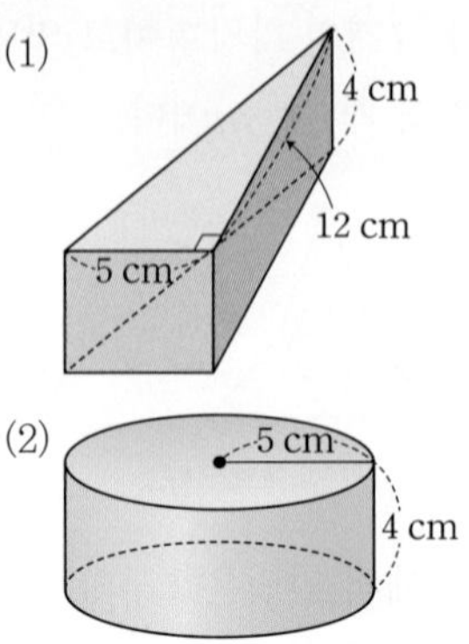

풀이 전략 기둥의 부피는 기둥의 밑넓이와 높이를 알면 구할 수 있다.

05 다음 두 원기둥의 부피가 같을 때, h의 값은?

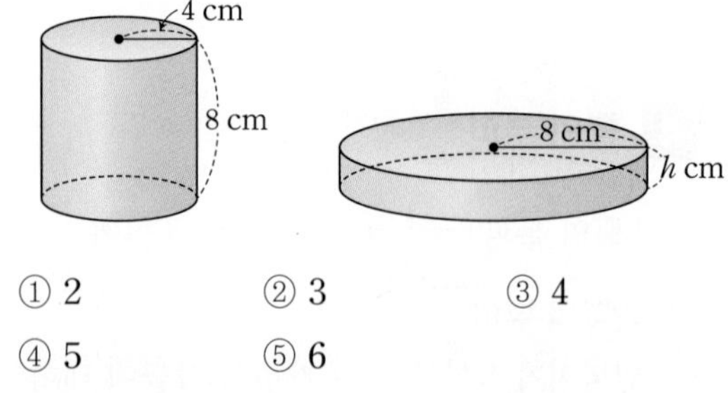

① 2 ② 3 ③ 4
④ 5 ⑤ 6

06 밑면이 다음 그림과 같은 사다리꼴이고, 높이가 3 cm인 사각기둥의 부피는?

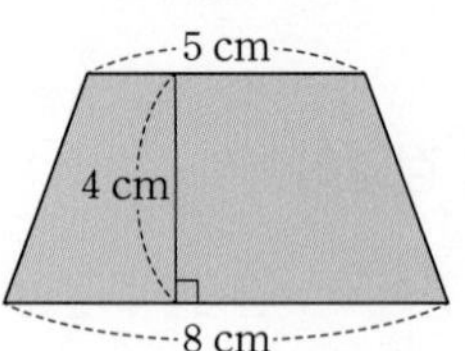

① 78 cm^3 ② 96 cm^3
③ 156 cm^3 ④ 240 cm^3
⑤ 480 cm^3

유형 3 뿔의 겉넓이

07 다음 뿔의 겉넓이를 구하시오. (단, 사각뿔의 옆면은 모두 합동이다.)

(1)

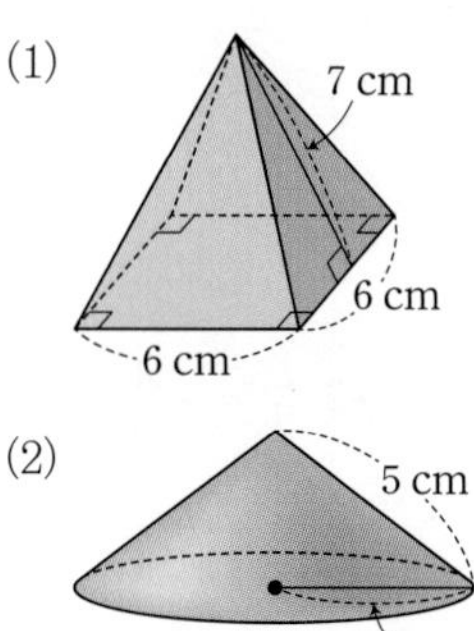

(2)

5 cm
4 cm

풀이 전략 뿔의 겉넓이를 구할 때에는 그 전개도를 이용하면 편리하다.

08 다음 그림과 같은 전개도로 만들어지는 각뿔의 겉넓이는? (단, 각뿔의 옆면은 모두 합동이다.)

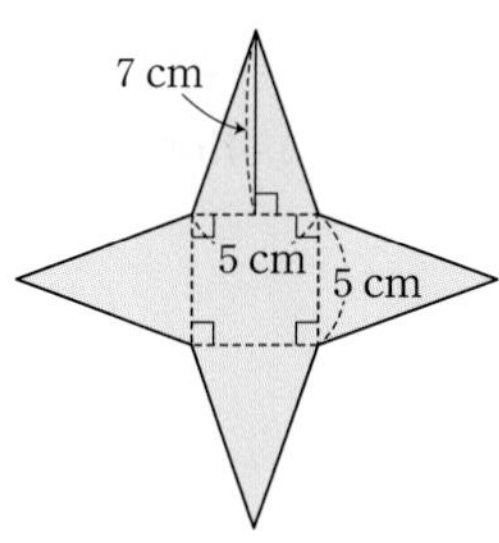

① 80 cm^2 ② 95 cm^2 ③ 100 cm^2
④ 105 cm^2 ⑤ 120 cm^2

09 반지름의 길이가 6 cm, 중심각의 크기가 120°인 부채꼴을 옆면으로 갖는 전개도로 만들어지는 원뿔의 겉넓이는?

① 9π cm^2 ② 12π cm^2 ③ 15π cm^2
④ 16π cm^2 ⑤ 20π cm^2

유형 4 뿔의 부피

10 다음 뿔의 부피를 구하시오.

(1)

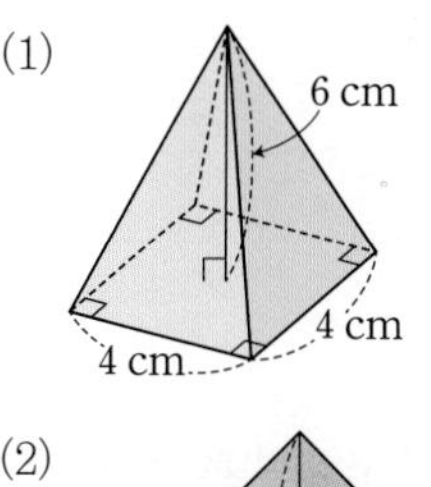

(2)

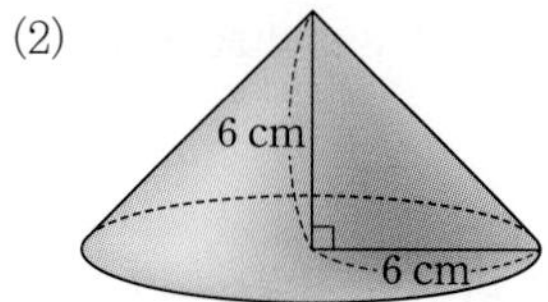

풀이 전략 뿔의 부피는 밑넓이와 높이가 같은 기둥의 부피의 $\frac{1}{3}$배이다.

11 밑면이 다음 그림과 같은 직각삼각형이고, 높이가 7 cm인 삼각뿔의 부피는?

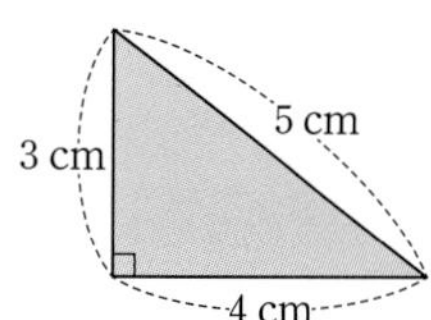

① 14 cm^3 ② 28 cm^3 ③ 35 cm^3
④ 84 cm^3 ⑤ 105 cm^3

12 밑면인 원의 반지름의 길이가 4 cm인 원뿔의 부피가 16π cm^3일 때, 이 원뿔의 높이는?

① 1 cm ② 2 cm ③ 3 cm
④ 4 cm ⑤ 5 cm

대표유형

유형 5 구의 겉넓이

13 다음 구의 겉넓이를 구하시오.

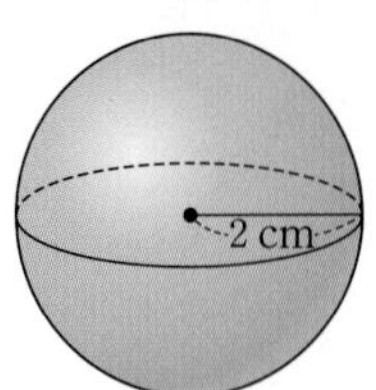

풀이 전략 반지름의 길이가 r인 구의 겉넓이는 $4\pi r^2$이다.

14 다음 그림과 같은 반구의 겉넓이는?

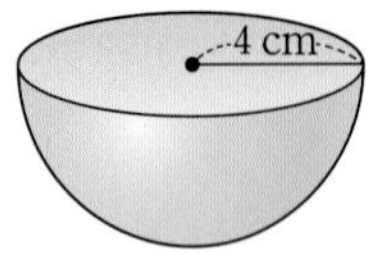

① 16π cm^2 ② 32π cm^2 ③ 48π cm^2
④ 64π cm^2 ⑤ 80π cm^2

15 다음 그림과 같은 원기둥의 겉넓이와 구의 겉넓이가 서로 같을 때, 원기둥의 높이는?

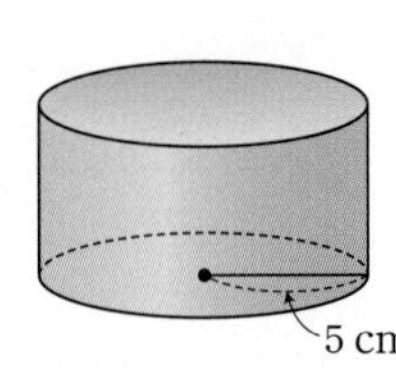

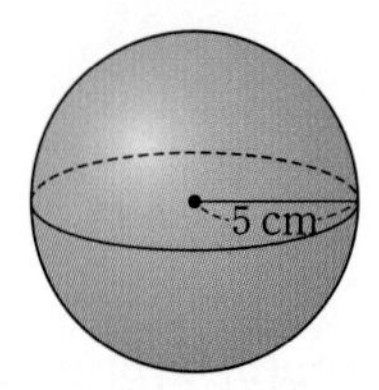

① 1 cm ② 2 cm ③ 3 cm
④ 4 cm ⑤ 5 cm

유형 6 구의 부피

16 다음 구의 부피를 구하시오.

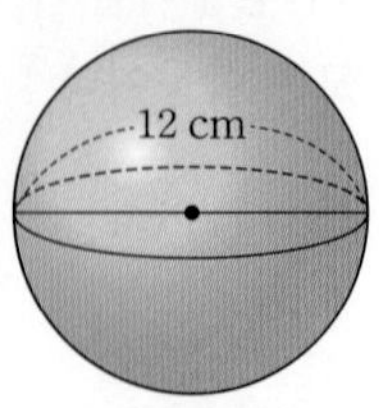

풀이 전략 반지름의 길이가 r인 구의 부피는 $\frac{4}{3}\pi r^3$이다.

17 다음 그림은 반지름의 길이가 3 cm인 구의 $\frac{1}{4}$을 잘라낸 것이다. 이 입체도형의 부피는?

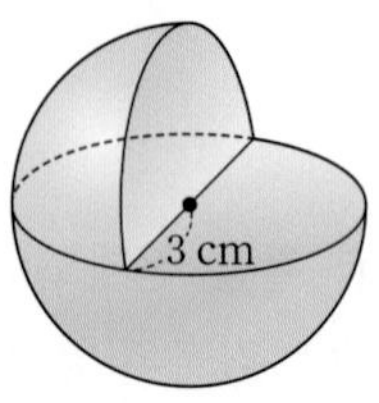

① 9π cm^3 ② 18π cm^3 ③ 27π cm^3
④ 36π cm^3 ⑤ 45π cm^3

18 다음 그림과 같은 반구의 겉넓이가 108π cm^{2}일 때, 이 반구의 부피는?

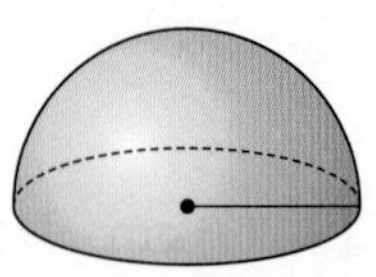

① 36π cm^3 ② 72π cm^3 ③ 144π cm^3
④ 216π cm^3 ⑤ 288π cm^3

유형 7 여러 가지 입체도형의 겉넓이

19 다음 입체도형의 겉넓이를 구하시오.

(1)

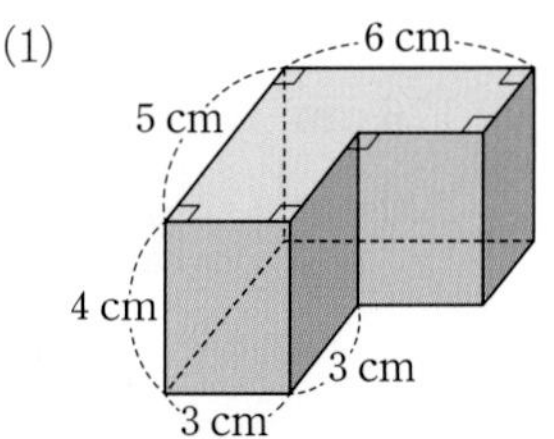

(2)

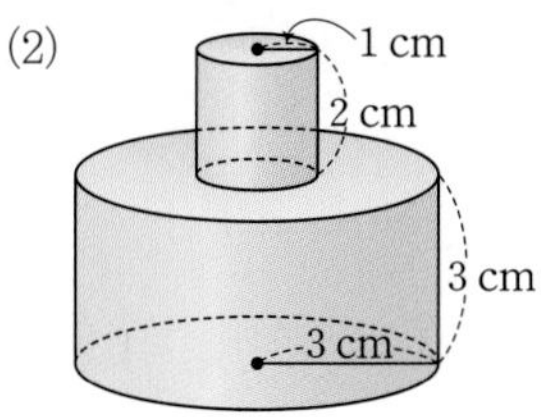

풀이 전략 여러 가지 입체도형의 겉넓이는 부분으로 나누어서 넓이를 구한다.

20 다음 그림은 원기둥과 반구 2개를 붙여서 만든 입체도형이다. 이 입체도형의 겉넓이는?

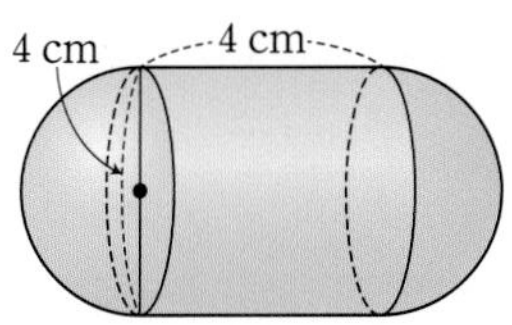

① 16π cm^2 ② 32π cm^2 ③ 48π cm^2
④ 64π cm^2 ⑤ 96π cm^2

21 오른쪽 그림과 같은 직사각형을 직선 l을 회전축으로 하여 1회전 시킬 때 생기는 입체도형의 겉넓이를 구하시오.

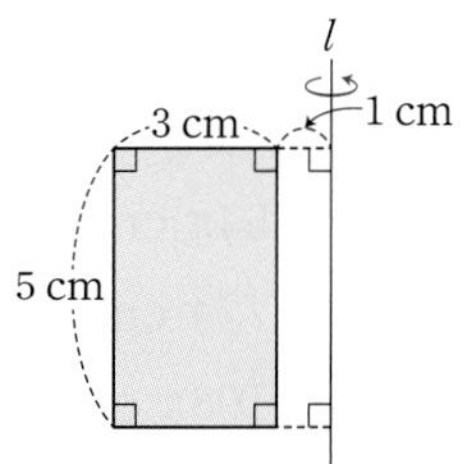

유형 8 여러 가지 입체도형의 부피

22 다음 입체도형의 부피를 구하시오.

(1)

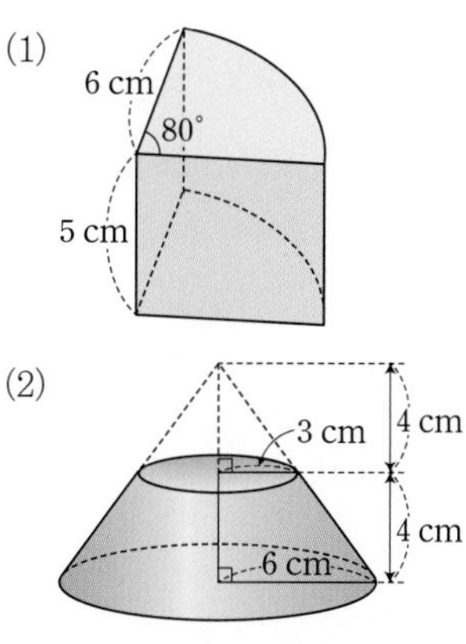

(2)

풀이 전략 여러 가지 입체도형의 부피는 밑넓이와 높이를 이용하거나 입체도형을 나누어서 부피의 합 또는 차를 이용한다.

23 다음 그림과 같이 원뿔에 원기둥 모양의 구멍을 뚫은 입체도형의 부피를 구하시오.

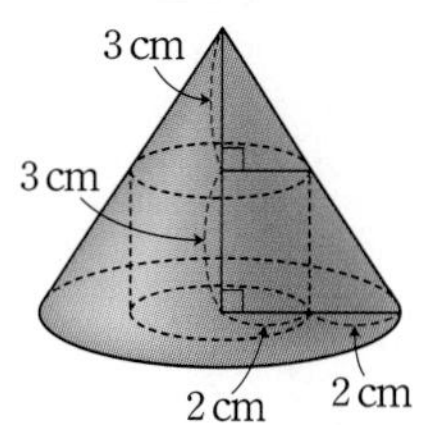

24 오른쪽 그림과 같이 원기둥에 꼭 맞게 반지름의 길이가 6 cm인 구가 들어 있다. 원기둥의 부피와 구의 부피의 차는?

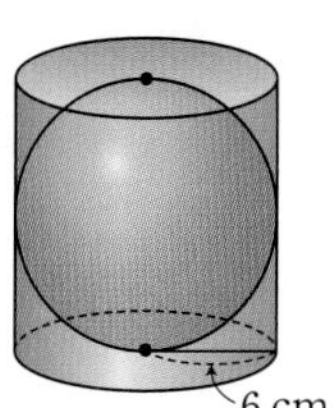

① 36π cm^3 ② 72π cm^3
③ 144π cm^3 ④ 216π cm^3
⑤ 288π cm^3

기출 예상 문제

❶ 기둥의 겉넓이

01 오른쪽 그림과 같은 직육면체의 겉넓이가 66 cm^{2}일 때, x의 값은?

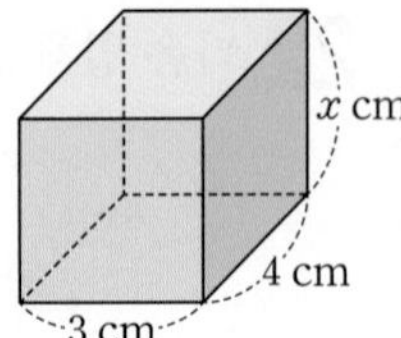

① 1　　② 2
③ 3　　④ 4
⑤ 5

❶ 기둥의 겉넓이

02 다음 그림과 같은 전개도로 만들어지는 입체도형의 겉넓이는?

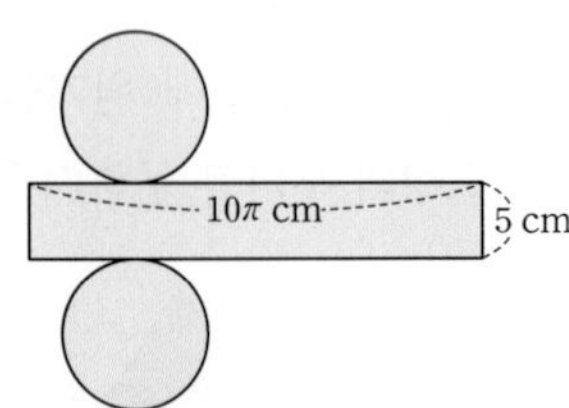

① 60π cm^2　　② 70π cm^2
③ 80π cm^2　　④ 90π cm^2
⑤ 100π cm^2

❶ 기둥의 겉넓이

03 오른쪽 그림과 같이 밑면이 부채꼴인 기둥의 겉넓이는?

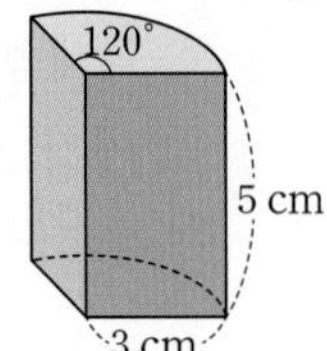

① $(10\pi+15)$cm^2
② $(10\pi+30)$cm^2
③ $(12\pi+30)$cm^2
④ $(16\pi+15)$cm^2
⑤ $(16\pi+30)$cm^2

❷ 기둥의 부피

04 오른쪽 그림과 같은 사각기둥의 부피는?

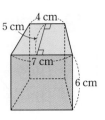

① 165 cm^3　　② 176 cm^3
③ 198 cm^3　　④ 220 cm^3
⑤ 330 cm^3

❷ 기둥의 부피

05 밑면의 지름의 길이가 4 cm, 높이가 5 cm인 원기둥의 부피는?

① 20π cm^3　　② 40π cm^3
③ 60π cm^3　　④ 80π cm^3
⑤ 100π cm^3

❷ 기둥의 부피

06 다음 그림은 밑면인 원의 반지름의 길이가 3 cm인 원기둥을 비스듬히 자른 것이다. 이 입체도형의 부피는?

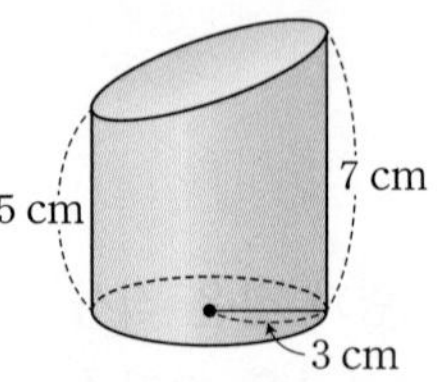

① 54π cm^3　　② 63π cm^3
③ 72π cm^3　　④ 81π cm^3
⑤ 108π cm^3

❸ 뿔의 겉넓이

07 다음 그림과 같이 옆면이 모두 합동인 삼각형으로 이루어진 사각뿔의 겉넓이는?

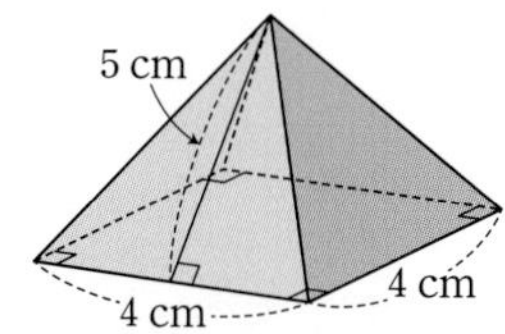

① 36 cm^2 ② 48 cm^2 ③ 56 cm^2
④ 72 cm^2 ⑤ 96 cm^2

❸ 뿔의 겉넓이

08 다음 그림과 같은 원뿔의 옆넓이는?

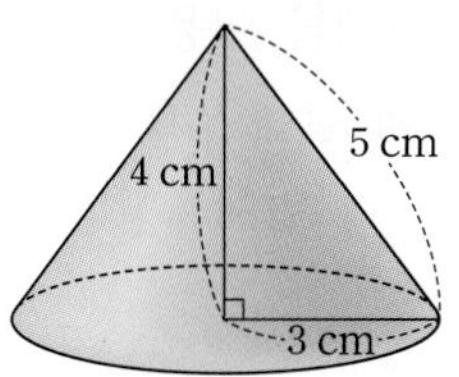

① $15\pi\text{ cm}^2$ ② $24\pi\text{ cm}^2$
③ $30\pi\text{ cm}^2$ ④ $36\pi\text{ cm}^2$
⑤ $45\pi\text{ cm}^2$

❸ 뿔의 겉넓이

09 다음 그림과 같은 전개도로 만들어지는 원뿔의 겉넓이가 $33\pi\text{ cm}^2$일 때, 이 원뿔의 전개도에서 부채꼴의 중심각의 크기를 구하시오.

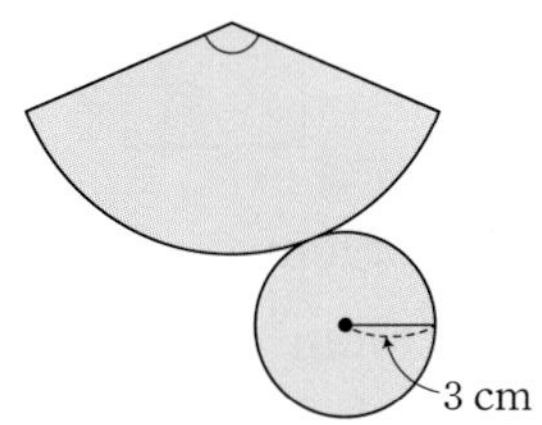

❹ 뿔의 부피

10 밑넓이가 36 cm^2이고 부피가 144 cm^3인 오각뿔의 높이는?

① 4 cm ② 6 cm ③ 8 cm
④ 10 cm ⑤ 12 cm

❹ 뿔의 부피

11 오른쪽 그림과 같은 직각삼각형을 직선 l을 회전축으로 하여 1회전 시킬 때 생기는 입체도형의 부피는?

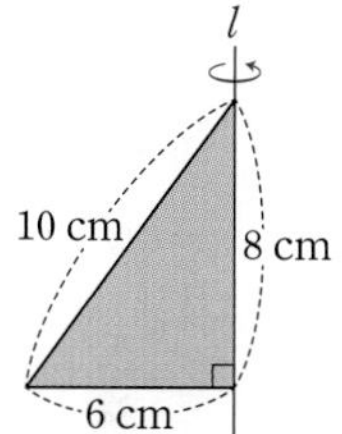

① $96\pi\text{ cm}^3$ ② $120\pi\text{ cm}^3$
③ $144\pi\text{ cm}^3$ ④ $288\pi\text{ cm}^3$
⑤ $360\pi\text{ cm}^3$

❹ 뿔의 부피

12 다음 그림과 같이 직육면체 모양의 그릇을 기울여 물을 담았다. 물의 부피는?

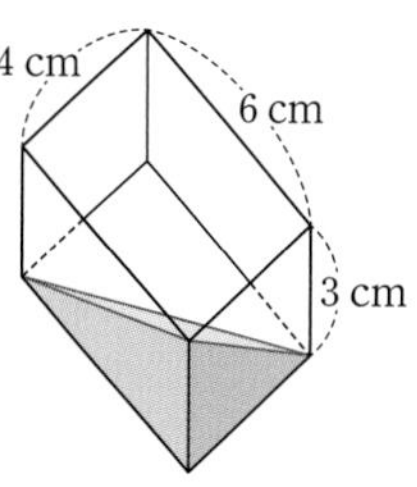

① 12 cm^3 ② 18 cm^3 ③ 24 cm^3
④ 30 cm^3 ⑤ 36 cm^3

❺ 구의 겉넓이

13 지름의 길이가 6 cm인 구의 겉넓이는?

① 24π cm^2 ② 36π cm^2 ③ 48π cm^2
④ 72π cm^2 ⑤ 144π cm^2

❺ 구의 겉넓이

14 오른쪽 그림은 반지름의 길이가 2 cm인 구의 $\frac{1}{4}$을 잘라 낸 도형이다. 이 입체도형의 겉넓이는?

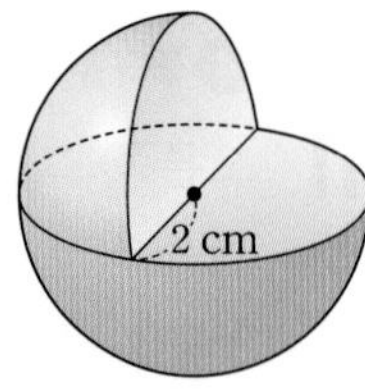

① 4π cm^2 ② 8π cm^2 ③ 12π cm^2
④ 16π cm^2 ⑤ 20π cm^2

❻ 구의 부피

15 다음 그림과 같이 반지름의 길이가 각각 2 cm, 6 cm인 두 구가 있다. 반지름의 길이가 6 cm인 구의 부피는 반지름의 길이가 2 cm인 구의 부피의 몇 배인가?

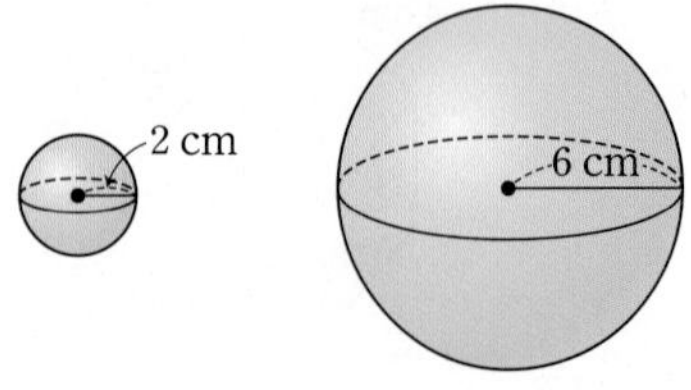

① 2배 ② 3배 ③ 4배
④ 9배 ⑤ 27배

❻ 구의 부피

16 다음 그림과 같이 한 모서리의 길이가 4 cm인 정육면체 안에 구가 꼭 맞게 들어 있다. 구와 정육면체의 부피의 비는?

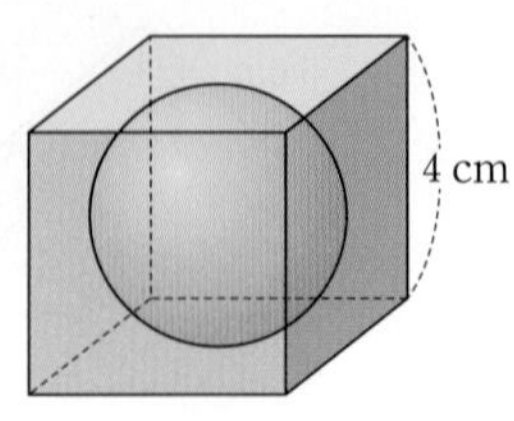

① $\pi : 1$ ② $\pi : 4$ ③ $\pi : 6$
④ $2\pi : 3$ ⑤ $4\pi : 3$

❼ 여러 가지 입체도형의 겉넓이

17 한 모서리의 길이가 1 cm인 정육면체 4개를 이용하여 오른쪽 그림과 같은 입체도형을 만들었다. 이 입체도형의 겉넓이는?

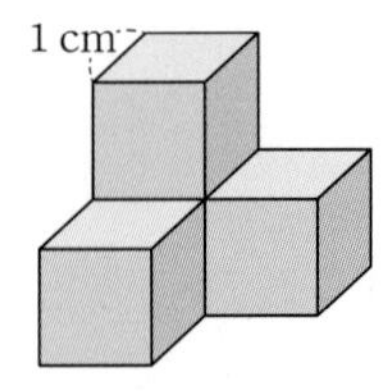

① 12 cm^2 ② 15 cm^2 ③ 18 cm^2
④ 21 cm^2 ⑤ 24 cm^2

❼ 여러 가지 입체도형의 겉넓이

18 다음 그림과 같이 사각기둥에 원기둥 모양의 구멍을 뚫은 입체도형의 겉넓이는?

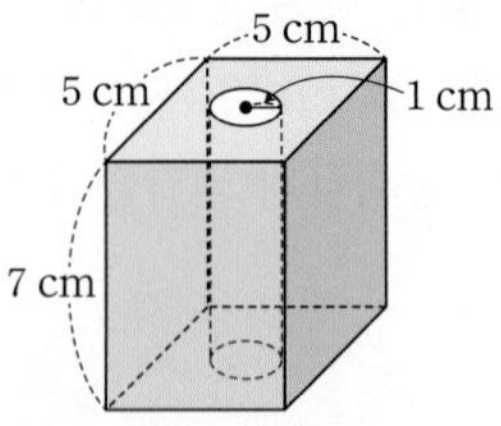

① $(188+12\pi)$cm^2 ② $(188+14\pi)$cm^2
③ $(190-2\pi)$cm^2 ④ $(190+12\pi)$cm^2
⑤ $(190+14\pi)$cm^2

❼ 여러 가지 입체도형의 겉넓이

19 오른쪽 그림과 같은 사각형을 직선 l을 회전축으로 하여 1회전 시킬 때 생기는 입체도형의 겉넓이는?

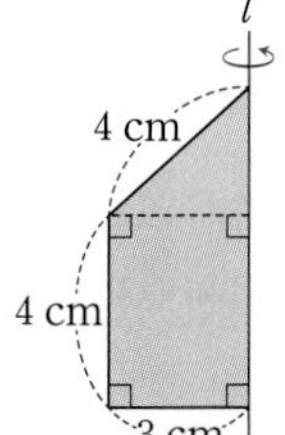

① $36\pi\ \text{cm}^2$ ② $45\pi\ \text{cm}^2$
③ $54\pi\ \text{cm}^2$ ④ $63\pi\ \text{cm}^2$
⑤ $81\pi\ \text{cm}^2$

❼ 여러 가지 입체도형의 겉넓이

20 오른쪽 그림과 같은 원뿔대의 겉넓이는?

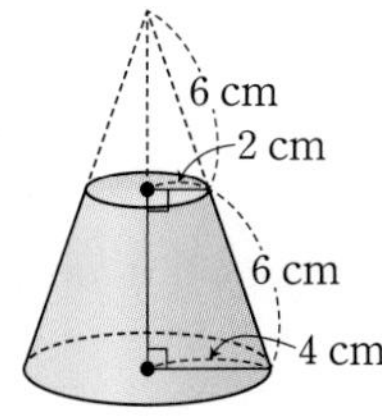

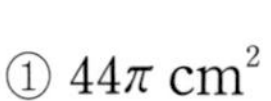

① $44\pi\ \text{cm}^2$ ② $48\pi\ \text{cm}^2$
③ $56\pi\ \text{cm}^2$ ④ $92\pi\ \text{cm}^2$
⑤ $96\pi\ \text{cm}^2$

❽ 여러 가지 입체도형의 부피

21 다음 그림은 직육면체의 일부를 잘라낸 입체도형이다. 이 입체도형의 부피는?

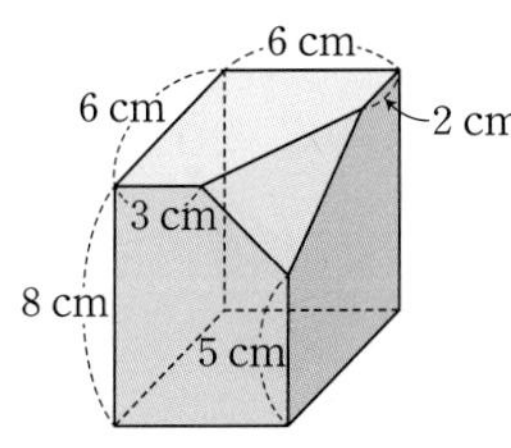

① $274\ \text{cm}^3$ ② $276\ \text{cm}^3$ ③ $278\ \text{cm}^3$
④ $280\ \text{cm}^3$ ⑤ $282\ \text{cm}^3$

❽ 여러 가지 입체도형의 부피

22 오른쪽 그림은 반구와 원뿔을 붙여서 만든 입체도형이다. 이 입체도형의 부피는?

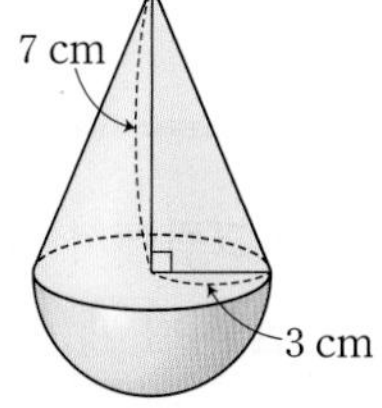

① $18\pi\ \text{cm}^3$ ② $21\pi\ \text{cm}^3$
③ $30\pi\ \text{cm}^3$ ④ $39\pi\ \text{cm}^3$
⑤ $57\pi\ \text{cm}^3$

❽ 여러 가지 입체도형의 부피

23 오른쪽 그림에서 색칠한 부분을 직선 l을 회전축으로 하여 1회전 시킬 때 생기는 입체도형의 부피는?

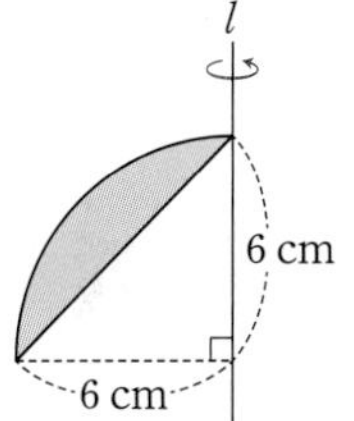

① $36\pi\ \text{cm}^3$ ② $48\pi\ \text{cm}^3$
③ $60\pi\ \text{cm}^3$ ④ $72\pi\ \text{cm}^3$
⑤ $84\pi\ \text{cm}^3$

❽ 여러 가지 입체도형의 부피

24 오른쪽 그림과 같이 반지름의 길이가 3 cm인 구 모양의 똑같은 크기의 공 2개가 원기둥 모양의 통 안에 꼭 맞게 들어 있다. 통에서 공 2개를 제외한 빈 공간의 부피는?

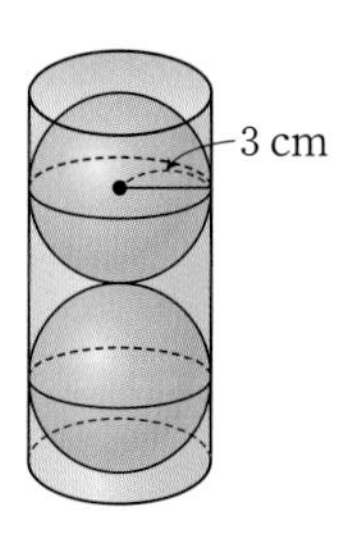

① $20\pi\ \text{cm}^3$ ② $24\pi\ \text{cm}^3$ ③ $28\pi\ \text{cm}^3$
④ $32\pi\ \text{cm}^3$ ⑤ $36\pi\ \text{cm}^3$

고난도 집중 연습

1

다음 그림에서 사다리꼴을 직선 l을 회전축으로 하여 1회전 시킬 때 생기는 입체도형의 겉넓이를 구하시오.

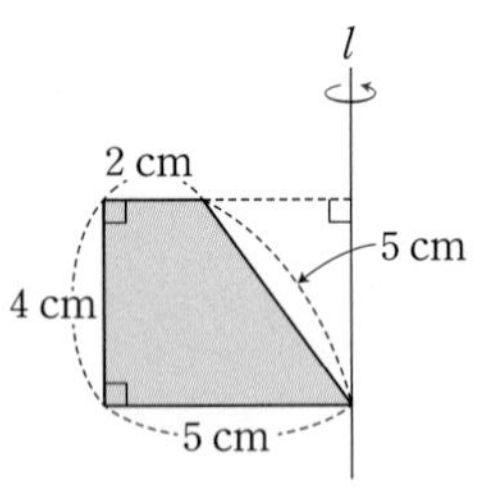

1-1

다음 그림에서 오각형을 직선 l을 회전축으로 하여 1회전 시킬 때 생기는 입체도형의 겉넓이를 구하시오.

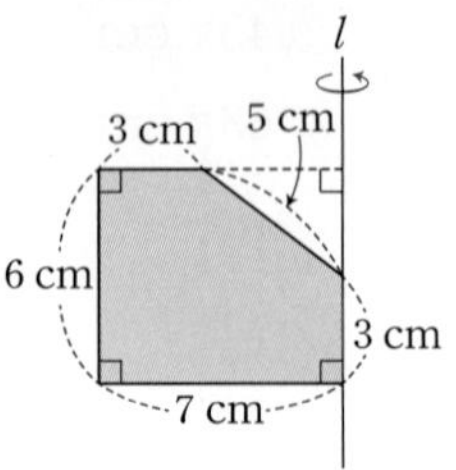

2

다음 그림과 같이 반지름의 길이가 6 cm인 원 O에 원뿔의 꼭짓점이 놓여 있다. 원뿔을 점 O를 중심으로 하여 4바퀴를 굴렸더니 원래의 자리로 돌아왔다. 이 원뿔의 밑면의 반지름의 길이를 구하시오.

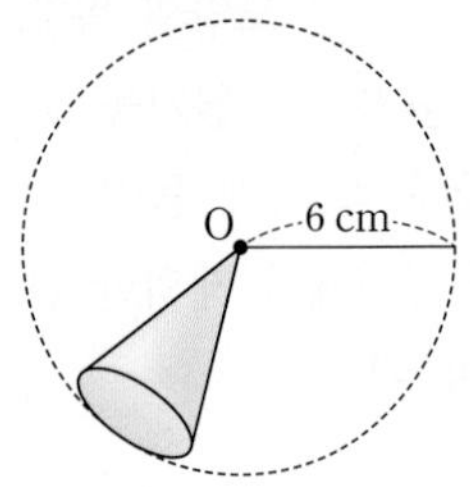

2-1

다음 그림과 같이 원 O에 원뿔의 꼭짓점이 놓여 있다. 원뿔을 점 O를 중심으로 하여 5바퀴를 굴렸더니 원래의 자리로 돌아왔다. 이 원뿔의 겉넓이를 구하시오.

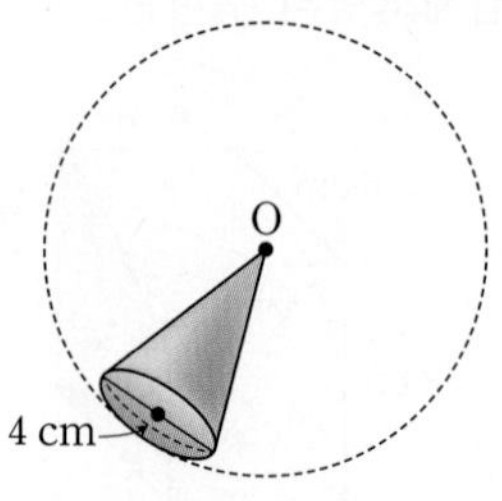

다음 그림과 같이 한 변의 길이가 8 cm인 정사각형 모양을 점선을 따라 접었을 때 만들어지는 삼각뿔의 부피를 구하시오.

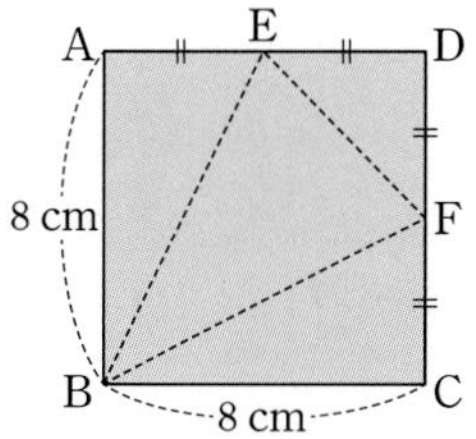

다음 그림과 같이 한 변의 길이가 6 cm인 정사각형 모양을 점선을 따라 접었을 때 만들어지는 삼각뿔의 부피를 구하시오.

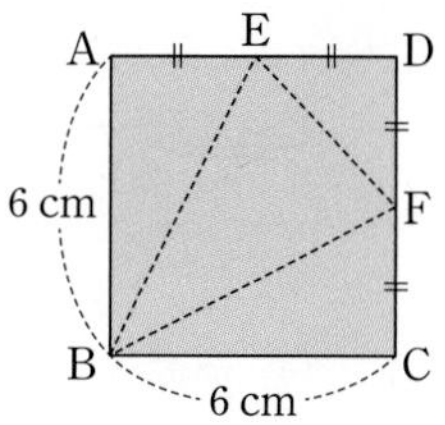

다음 그림과 같이 물이 가득 차 있는 원기둥 모양의 그릇이 있다. 반지름의 길이가 3 cm인 구 모양의 공 1개를 넣었다가 다시 꺼내었을 때, 원기둥 모양의 그릇에 남아 있는 물의 높이를 구하시오.

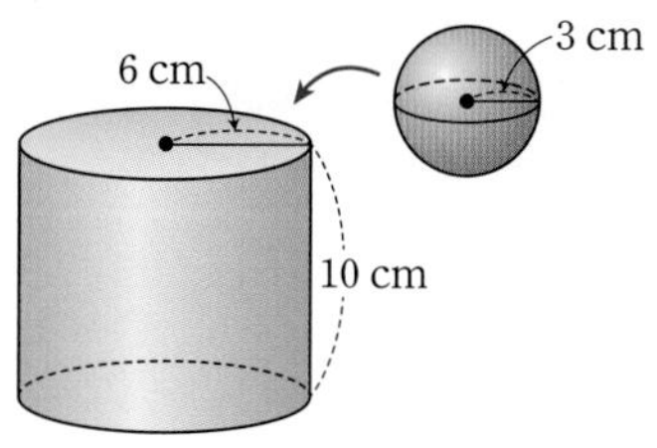

4-1

다음 그림과 같이 물이 가득 차 있는 원기둥 모양의 그릇이 있다. 반지름의 길이가 2 cm인 구 모양의 공 3개를 넣었다가 다시 꺼내었을 때, 원기둥 모양의 그릇에 남아 있는 물의 높이를 구하시오.

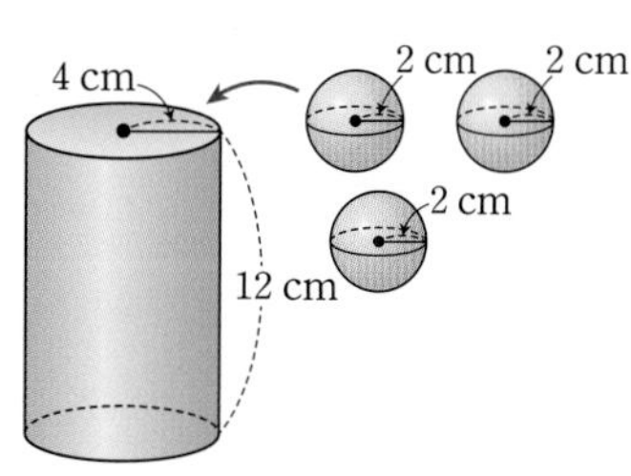

서술형 집중 연습

예제 1

다음 그림과 같은 전개도로 만들어지는 원뿔의 겉넓이를 구하시오.

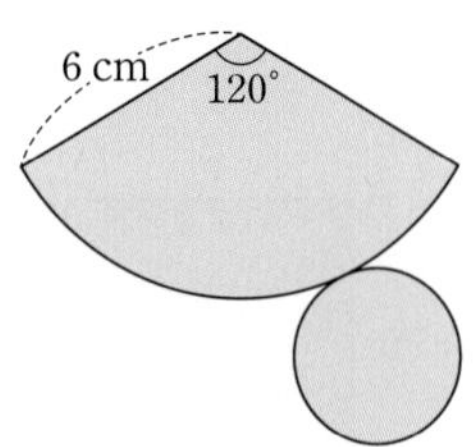

풀이 과정

원뿔의 전개도에서 부채꼴의 호의 길이는

$2\pi \times 6 \times \frac{\square}{360} = \square$(cm)이다.

이때 부채꼴의 호의 길이는 원뿔의 밑면인 원의 둘레의 길이와 같다.

따라서 원뿔의 밑면의 반지름의 길이는 $\square$ cm이다.

(원뿔의 밑넓이)$=\pi \times \square^2 = \square\pi(\text{cm}^2)$

(원뿔의 옆넓이)$=\pi \times 6^2 \times \frac{\square}{360} = \square\pi(\text{cm}^2)$

$\therefore$ (원뿔의 겉넓이)$=\square\pi(\text{cm}^2)$

유제 1

다음 그림과 같은 전개도로 만들어지는 원뿔의 겉넓이를 구하시오.

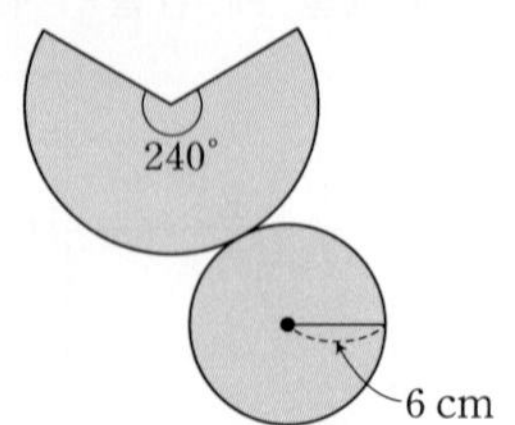

예제 2

오른쪽 그림은 반구와 원기둥을 붙여 만든 입체도형이다. 이 입체도형의 겉넓이를 구하시오.

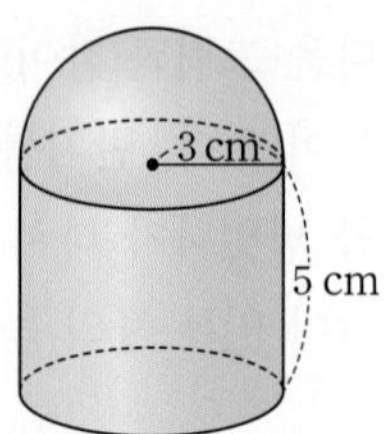

풀이 과정

(반구의 겉넓이)$=\frac{\square}{\square} \times 4\pi \times 3^2$

$=\square\pi(\text{cm}^2)$

(원기둥의 옆넓이)$=(2\pi \times \square) \times 5 = \square\pi(\text{cm}^2)$

(원기둥의 밑넓이)$=\pi \times \square^2 = \square\pi(\text{cm}^2)$

$\therefore$ (입체도형의 겉넓이)$=\square\pi(\text{cm}^2)$

유제 2

다음 그림은 원뿔과 원기둥을 붙여 만든 입체도형이다. 이 입체도형의 겉넓이를 구하시오.

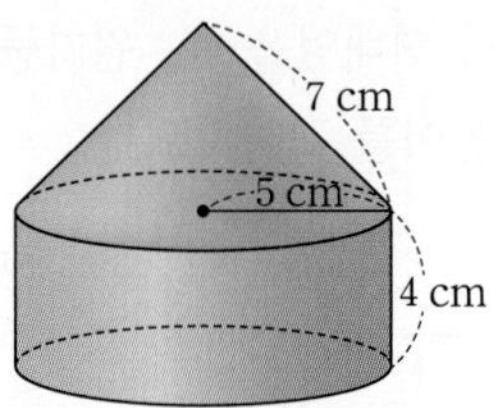

예제 3

다음 그림과 같은 사각뿔대의 부피를 구하시오.

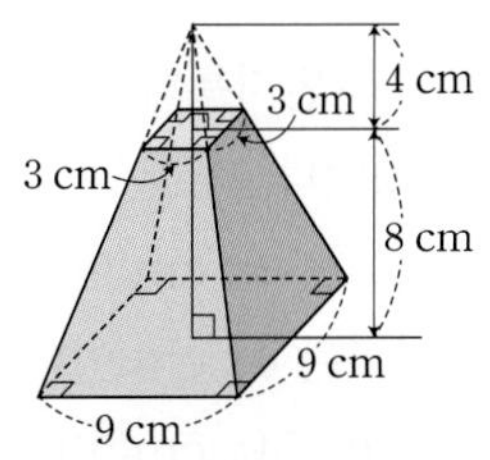

풀이 과정

사각뿔대의 부피는 큰 사각뿔의 부피에서 작은 사각뿔의 부피를 빼면 된다.

(큰 사각뿔의 부피)$=\frac{1}{\square}\times9\times9\times\square$

$=\square(\text{cm}^3)$

(작은 사각뿔의 부피)$=\frac{1}{\square}\times3\times3\times\square$

$=\square(\text{cm}^3)$

∴ (사각뿔대의 부피)$=\square(\text{cm}^3)$

유제 3

다음 그림과 같은 사각뿔대의 부피를 구하시오.

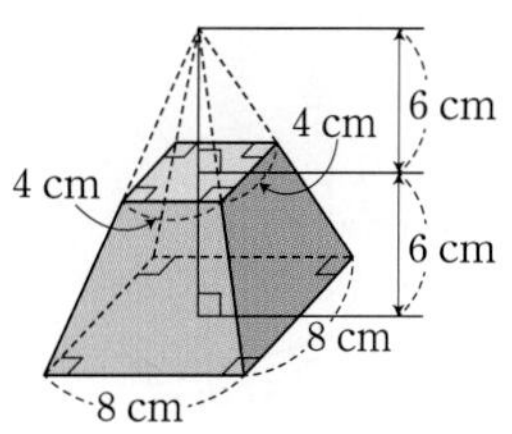

예제 4

오른쪽 그림과 같이 높이가 12 cm인 원기둥 안에 구와 원뿔이 꼭 맞게 들어 있다. 이때 구와 원뿔의 부피의 차를 구하시오.

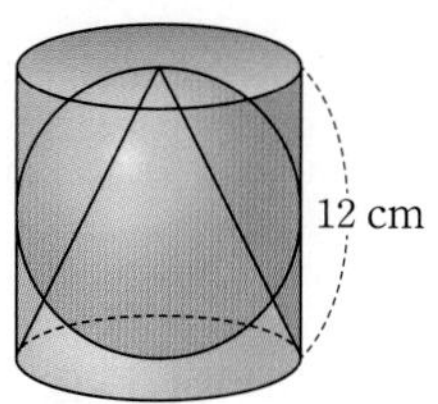

풀이 과정

구의 지름의 길이가 $\square$ cm이므로 구의 반지름의 길이는 $\square$ cm이다.

(구의 부피)$=\frac{\square}{\square}\pi\times6^3=\square(\text{cm}^3)$

원뿔의 밑면의 반지름의 길이는 $\square$ cm, 높이는 $\square$ cm이므로

(원뿔의 부피)$=\frac{\square}{\square}\times\pi\times6^2\times12=\square(\text{cm}^3)$

∴ (두 입체도형의 부피의 차)$=\square(\text{cm}^3)$

유제 4

오른쪽 그림과 같이 높이가 12 cm인 원기둥 안에 원뿔과 똑같은 크기의 구 2개가 꼭 맞게 들어 있다. 이때 구 1개와 원뿔의 부피의 비를 가장 간단한 자연수의 비로 나타내시오.

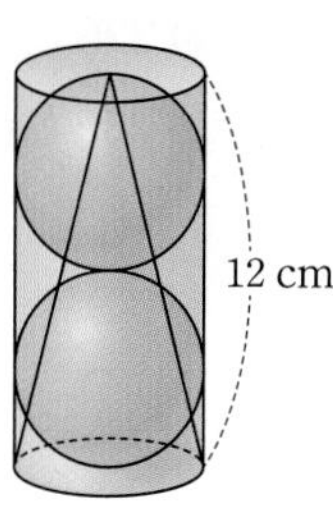

01 다음 그림과 같은 오각기둥의 겉넓이는?

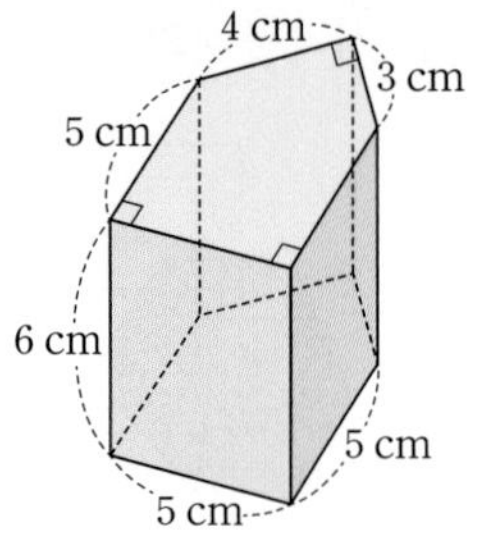

① 132 cm^2 ② 163 cm^2
③ 194 cm^2 ④ 206 cm^2
⑤ 224 cm^2

02 오른쪽 그림은 옆면이 모두 합동인 사각뿔과 사각기둥을 붙여서 만든 입체도형이다. 이 입체도형의 겉넓이는?

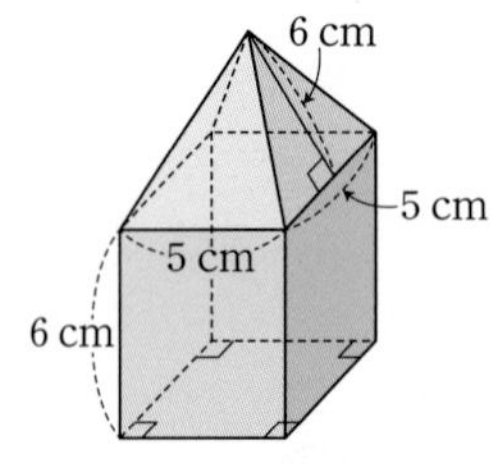

① 205 cm^2 ② 220 cm^2
③ 225 cm^2 ④ 230 cm^2
⑤ 235 cm^2

03 높이가 12 cm이고 부피가 48π cm^3인 원뿔의 밑넓이는?

① 4π cm^2 ② 8π cm^2
③ 12π cm^2 ④ 16π cm^2
⑤ 20π cm^2

04 오른쪽 그림과 같은 전개도로 만들어지는 원뿔에 대한 설명 중 옳은 것은?

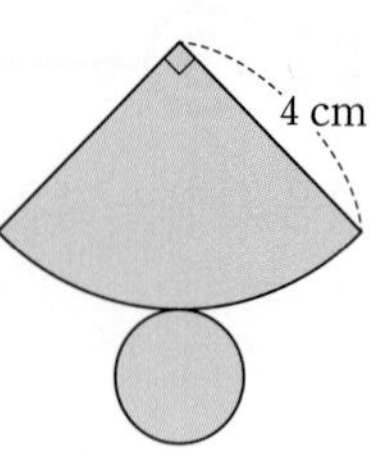

① 원뿔의 밑면의 반지름의 길이는 2 cm이다.
② 원뿔의 밑넓이는 2π cm^2이다.
③ 원뿔의 옆넓이는 4π cm^2이다.
④ 원뿔의 겉넓이는 4π cm^2이다.
⑤ 원뿔의 높이는 4 cm이다.

고난도

05 오른쪽 그림은 밑면인 원의 반지름의 길이가 4 cm인 원기둥을 비스듬히 자른 것이다. 이 입체도형의 부피가 120π cm^3일 때, x의 값은?

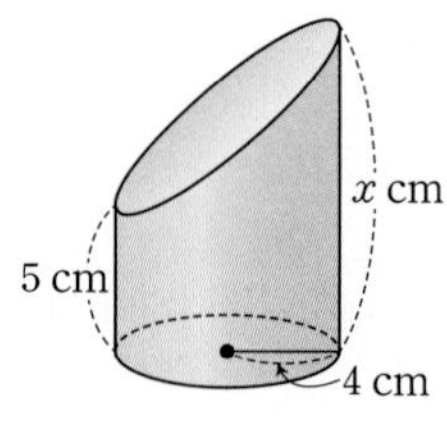

① 6 ② 7 ③ 8
④ 9 ⑤ 10

06 밑면이 다음 그림과 같은 사다리꼴이고, 높이가 5 cm인 사각기둥의 겉넓이는?

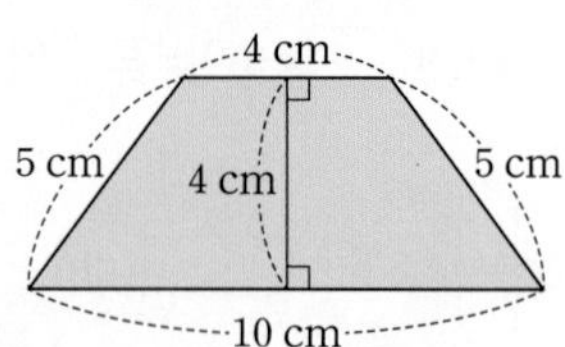

① 148 cm^2 ② 176 cm^2 ③ 196 cm^2
④ 216 cm^2 ⑤ 280 cm^2

07 다음 그림에서 구의 부피와 원뿔의 부피가 같을 때, x의 값은?

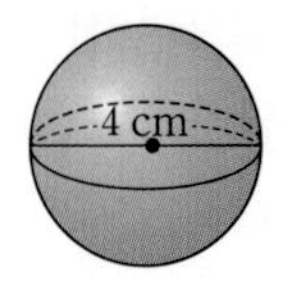

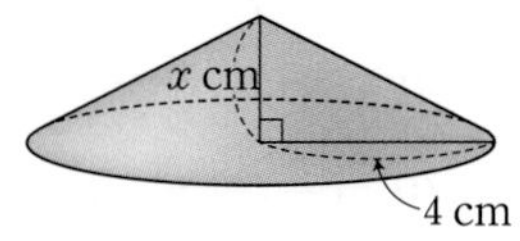

① 1 ② 2 ③ 3
④ 4 ⑤ 5

08 다음 그림과 같은 원뿔대의 겉넓이는?

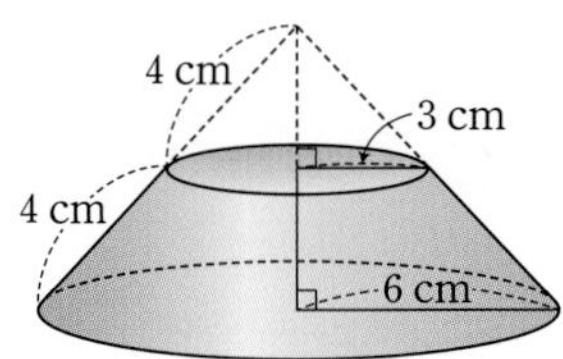

① 81π cm^2 ② 105π cm^2
③ 117π cm^2 ④ 153π cm^2
⑤ 165π cm^2

고난도

09 오른쪽 그림에서 색칠한 부분을 직선 l을 회전축으로 하여 1회전 시킬 때 생기는 입체도형의 부피는?

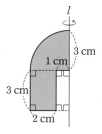

① 26π cm^3 ② 30π cm^3
③ 42π cm^3 ④ 54π cm^3
⑤ 60π cm^3

10 오른쪽 그림과 같이 밑면이 부채꼴인 기둥의 겉넓이는?

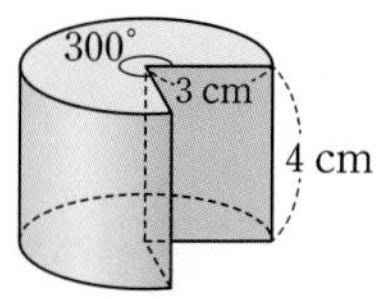

① $(20\pi+12)$cm^2
② $(20\pi+24)$cm^2
③ $(35\pi+12)$cm^2
④ $(35\pi+24)$cm^2
⑤ $(50\pi+24)$cm^2

고난도

11 오른쪽 그림과 같이 한 모서리의 길이가 6 cm인 정육면체에 정팔면체가 꼭 맞게 들어 있다. 정팔면체의 부피는?

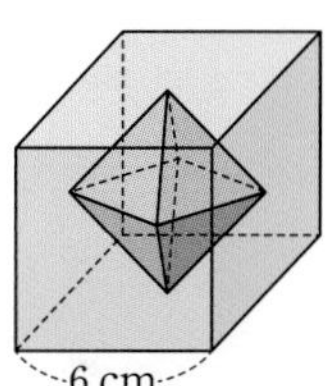

① 36 cm^3 ② 54 cm^3
③ 72 cm^3 ④ 90 cm^3
⑤ 108 cm^3

12 다음 그림은 정육면체 2개를 붙여서 만든 입체도형이다. 이 입체도형의 겉넓이는?

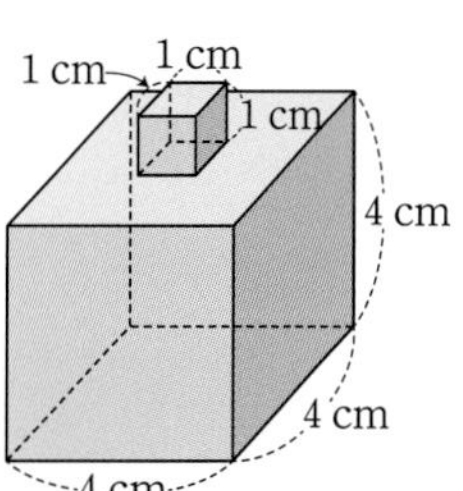

① 96 cm^2 ② 97 cm^2 ③ 100 cm^2
④ 101 cm^2 ⑤ 102 cm^2

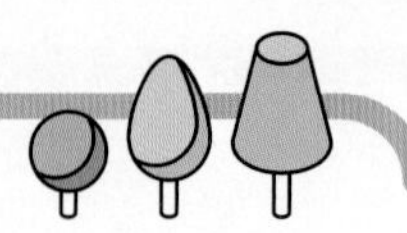

서술형

13 다음 전개도로 만든 입체도형의 겉넓이를 구하시오.

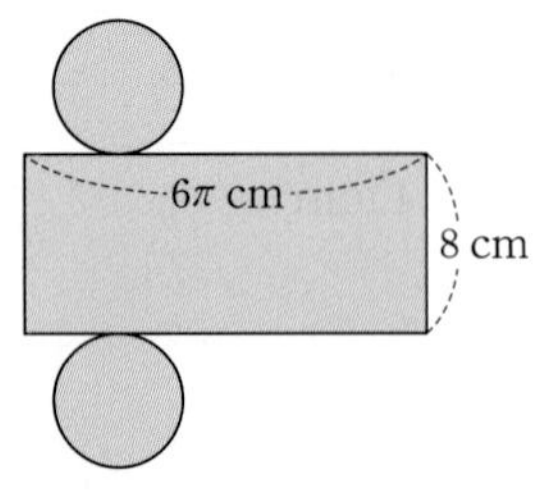

14 다음 그림과 같이 밑면의 반지름의 길이가 6 cm인 원뿔의 겉넓이가 84π cm^{2}일 때, 이 원뿔의 모선의 길이를 구하시오.

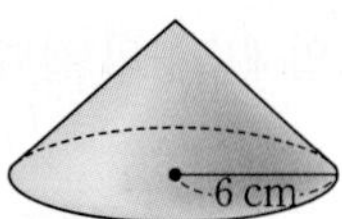

고난도

15 다음 그림과 같이 한 변의 길이가 12 cm인 정사각형 모양을 점선을 따라 접으면 삼각뿔이 만들어진다. 이때 삼각뿔의 겉넓이를 a cm^2, 부피를 b cm^{3}라고 할 때, $a-b$의 값을 구하시오.

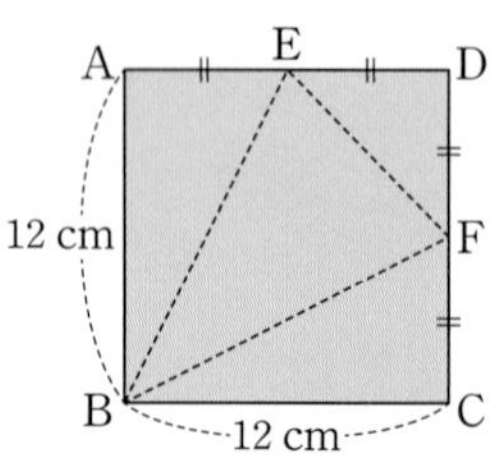

16 다음 그림에서 색칠한 부분을 직선 l을 회전축으로 하여 1회전 시킬 때 생기는 입체도형의 부피를 구하시오.

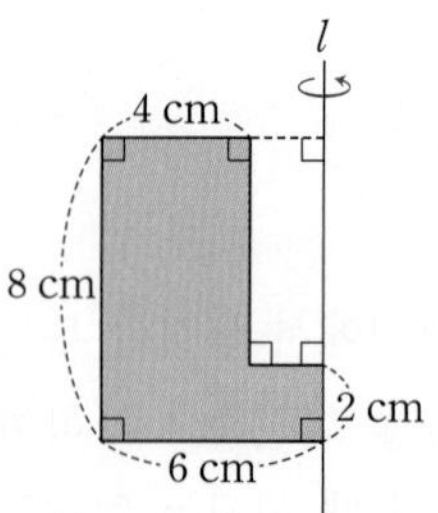

01 다음 그림과 같이 밑면은 한 변의 길이가 4 cm인 정육각형이고, 옆면은 높이가 6 cm인 이등변삼각형으로 이루어진 육각뿔의 옆넓이는?

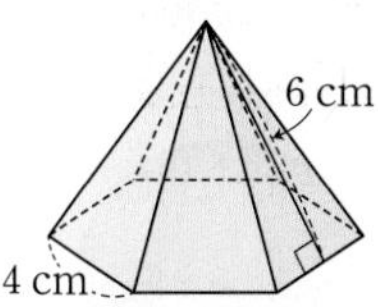

① 12 cm^2 ② 24 cm^2 ③ 36 cm^2
④ 72 cm^2 ⑤ 144 cm^2

02 반지름의 길이가 2 cm인 구를 절반으로 잘랐을 때 생기는 반구의 겉넓이는?

① 4π cm^2 ② 8π cm^2
③ 12π cm^2 ④ 16π cm^2
⑤ 20π cm^2

03 다음 그림과 같은 전개도로 만들어지는 입체도형의 부피는?

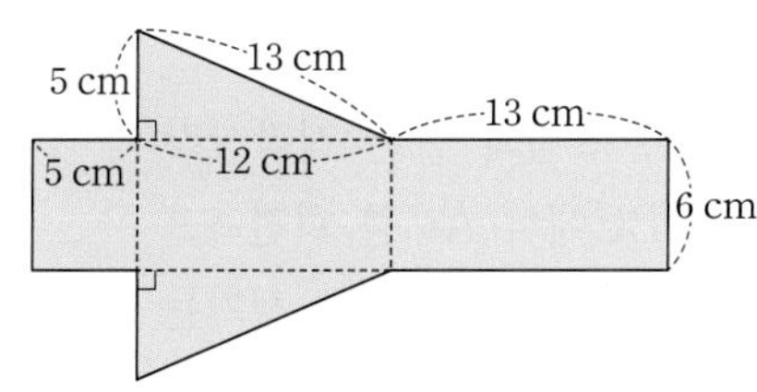

① 60 cm^3 ② 120 cm^3 ③ 180 cm^3
④ 240 cm^3 ⑤ 360 cm^3

04 겉넓이가 12 cm^2인 정사면체 두 개를 다음 그림과 같이 한 면을 붙여 육면체를 만들었다. 이 육면체의 겉넓이는?

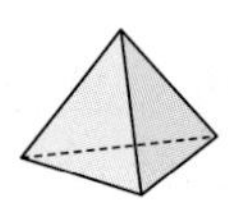 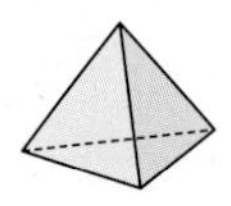 ➡ 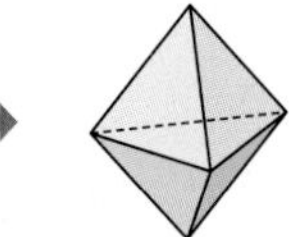

① 16 cm^2 ② 18 cm^2 ③ 21 cm^2
④ 24 cm^2 ⑤ 28 cm^2

고난도

05 다음 그림과 같이 지름의 길이가 10 cm인 원 O에 원뿔의 꼭짓점이 놓여 있다. 원뿔을 점 O를 중심으로 하여 5바퀴를 굴렸더니 원래의 자리로 돌아왔다. 이 원뿔의 밑면의 반지름의 길이는?

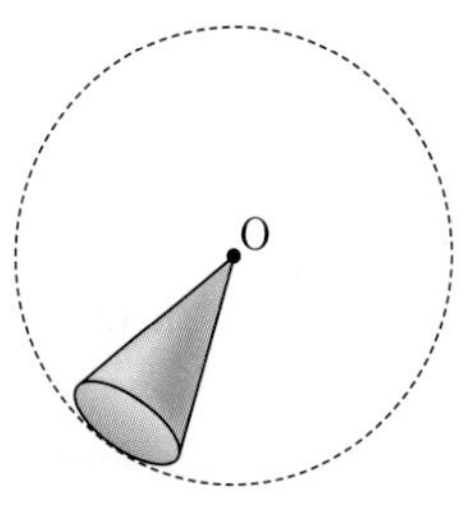

① 1 cm ② 2 cm ③ 3 cm
④ 4 cm ⑤ 5 cm

06 오른쪽 그림은 반지름의 길이가 6 cm인 구의 일부분이다. 이 입체도형의 부피는?

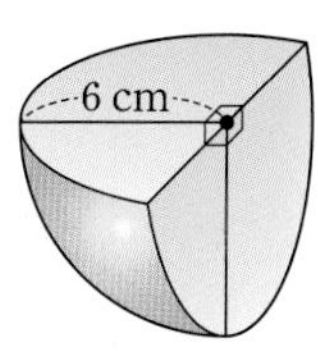

① 36π cm^3 ② 72π cm^3
③ 96π cm^3 ④ 144π cm^3
⑤ 216π cm^3

고난도

07 다음 그림은 한 모서리의 길이가 8 cm인 정육면체의 일부를 잘라내고 남은 부분이다. 이 입체도형의 부피는?

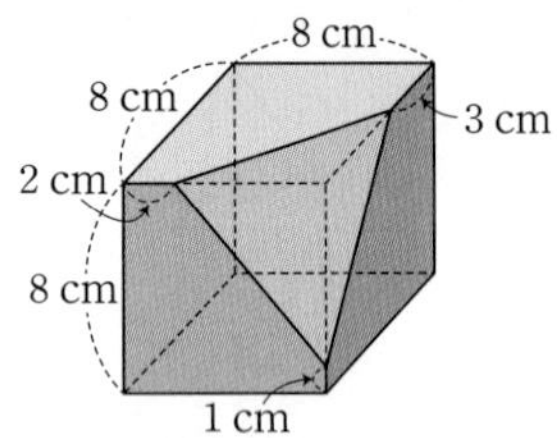

① 302 cm^3 ② 407 cm^3 ③ 442 cm^3
④ 477 cm^3 ⑤ 511 cm^3

08 오른쪽 그림에서 색칠한 부분을 직선 l을 회전축으로 하여 1회전 시킬 때 생기는 입체도형의 부피는?

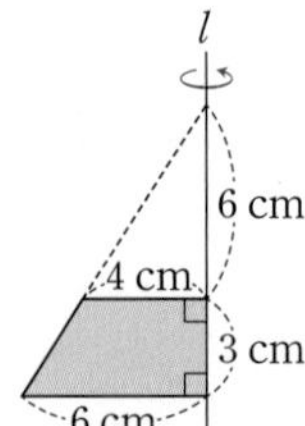

① 4π cm^3 ② 20π cm^3
③ 40π cm^3 ④ 72π cm^3
⑤ 76π cm^3

09 밑면이 다음 그림과 같은 부채꼴이고, 높이가 3 cm인 기둥의 겉넓이는?

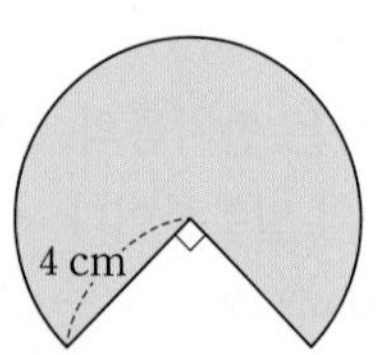

① $(30\pi+24)cm^2$ ② $(42\pi+12)cm^2$
③ $(42\pi+24)cm^2$ ④ $(48\pi+12)cm^2$
⑤ $(48\pi+24)cm^2$

10 반지름의 길이가 4 cm인 구 모양의 쇠공을 녹여서 반지름의 길이가 1 cm인 구 모양의 쇠공을 만들려고 한다. 이때 반지름의 길이가 1 cm인 구 모양의 쇠공을 최대 몇 개 만들 수 있는가?

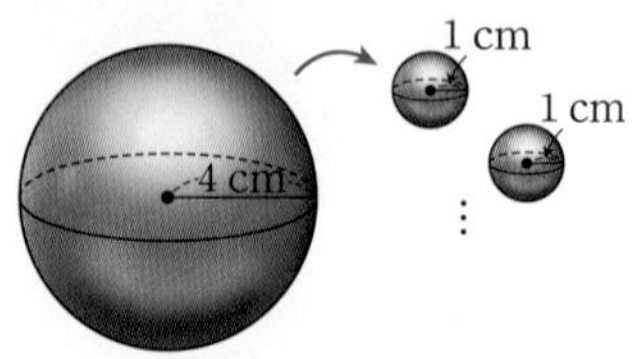

① 4개 ② 8개 ③ 16개
④ 32개 ⑤ 64개

11 다음 그림과 같은 원기둥 모양의 롤러를 사용하여 벽에 페인트칠을 하려고 한다. 롤러를 5바퀴 굴렸을 때, 페인트가 칠해진 면의 넓이는?
(단, 페인트를 겹치지 않고 칠한다.)

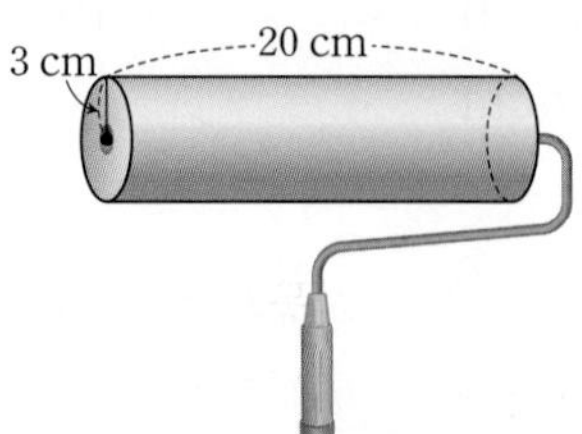

① 300π cm^2 ② 450π cm^2 ③ 600π cm^2
④ 750π cm^2 ⑤ 900π cm^2

고난도

12 오른쪽 그림과 같은 직각삼각형 ABC에서 $\overline{AC}$를 회전축으로 하여 1회전 시킬 때 생기는 입체도형과 $\overline{BC}$를 회전축으로 하여 1회전 시킬 때 생기는 입체도형의 부피의 차는?

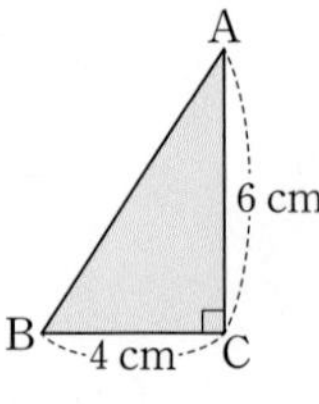

① 2π cm^3 ② 4π cm^3 ③ 8π cm^3
④ 12π cm^3 ⑤ 16π cm^3

서술형

13 다음 그림과 같은 사각기둥의 겉넓이를 구하시오.

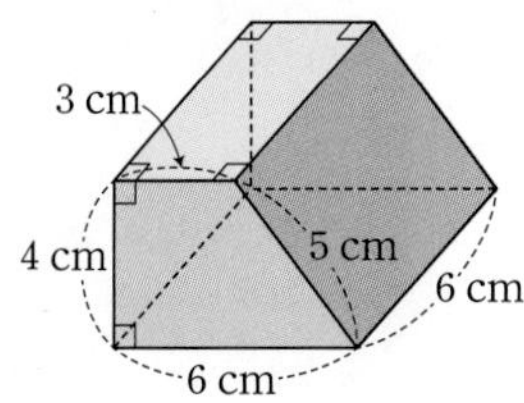

14 다음 그림은 원기둥과 반구 2개를 붙여 만든 입체도형이다. 이 입체도형의 겉넓이를 구하시오.

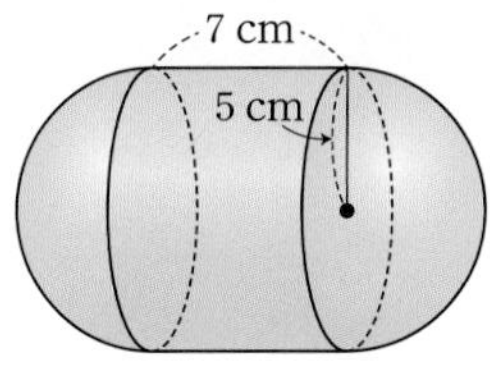

15 다음 그림과 같이 반지름의 길이가 4 cm인 반구에 원뿔이 꼭 맞게 들어 있다. 반구와 원뿔의 부피의 비를 가장 간단한 자연수의 비로 나타내시오.

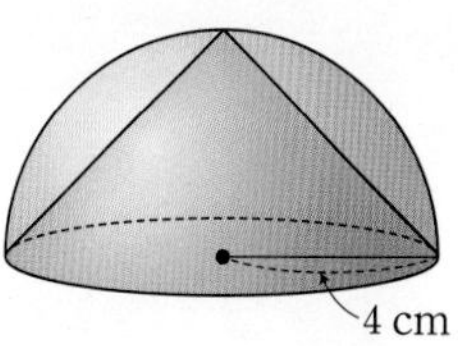

고난도

16 다음 그림과 같은 모양의 빈 그릇에 1분에 2π cm^{3}씩 물을 넣으려고 한다. 빈 그릇에 물을 가득 채우는 데 몇 분이 걸리는지 구하시오.

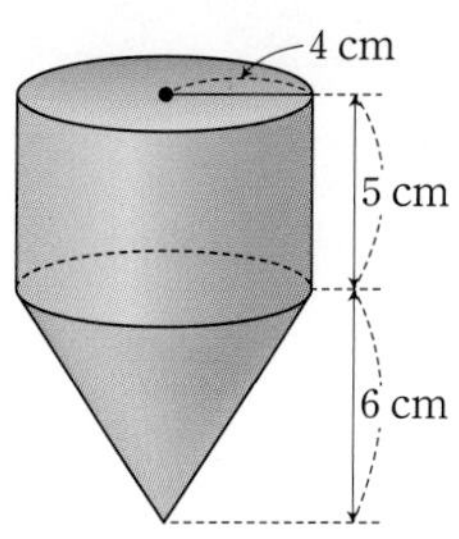

Ⅷ. 자료의 정리와 해석

1

자료의 정리와 해석

대표유형 1 줄기와 잎 그림

대표유형 2 도수분포표

대표유형 3 히스토그램

대표유형 4 도수분포다각형

대표유형 5 상대도수와 그 그래프

핵심 개념

1 자료의 정리와 해석

1 줄기와 잎 그림

(1) **변량:** 점수, 키 등의 자료를 수량으로 나타낸 것

(2) **줄기와 잎 그림:** 세로선에 의해 줄기와 잎을 구별하고, 이를 이용하여 자료를 나타낸 그림

① 줄기: 세로선의 왼쪽에 있는 수

② 잎: 세로선의 오른쪽에 있는 수

(3) **줄기와 잎 그림을 그리는 방법**

① 가장 작은 변량과 가장 큰 변량을 찾아 줄기를 정한다.

② 줄기는 변량의 큰 자리의 수로, 잎은 나머지 자리의 수로 정한다.

③ 세로선을 그어 세로선의 왼쪽에 줄기를 세로로 나열한다.

④ 세로선의 오른쪽에 줄기에 해당하는 잎을 가로로 나열한다.

⑤ 중복된 자료의 값은 중복된 횟수만큼 쓴다.

예 [자료]

(단위: 점)

80	86	92
71	87	86
97	89	78

⇨ [줄기와 잎 그림]

수학 점수 (7|1은 71점)

줄기	잎
7	1 8
8	0 6 6 7 9
9	2 7

2 도수분포표

(1) **계급:** 변량을 일정한 간격으로 나눈 구간

① **계급의 크기:** 변량을 나눈 구간의 너비, 계급의 양 끝값의 차

② **계급의 개수:** 변량을 나눈 구간의 수

참고 계급값: 계급을 대표하는 값으로서 각 계급의 가운데 값

$$(\text{계급값})=\frac{(\text{계급의 양 끝값의 합})}{2}$$

(2) **도수분포표**

① **도수:** 각 계급에 속하는 자료의 개수

② **도수분포표:** 주어진 자료를 몇 개의 계급으로 나누고, 각 계급의 도수를 조사하여 나타낸 표

(3) **도수분포표를 만드는 방법**

① 자료에서 가장 작은 변량과 가장 큰 변량을 찾는다.

② 계급의 크기를 정하고 계급을 구간별로 나눈다.

③ 각 계급에 속하는 변량을 조사하여 계급의 도수를 나타낸다.

예 [자료]

(단위: kg)

8	10	9	5	2
10	11	11	7	8
4	13	7	9	5

⇨ [도수분포표]

계급(kg)	도수(개)
$0^{\text{이상}}$ ~ $5^{\text{미만}}$	2
5 ~ 10	8
10 ~ 15	5
합계	15

개념 체크

01

다음은 진영이네 반 학생들의 쪽지 시험 점수를 조사하여 나타낸 줄기와 잎 그림이다. 물음에 답하시오.

쪽지 시험 점수

(7|2는 7.2점)

줄기	잎
7	2 4 7 7 8
8	0 1 3 3 7 8
9	1 1 3 7

(1) 줄기를 모두 구하시오.

(2) 잎이 가장 많은 줄기를 구하시오.

(3) 진영이네 반 학생 수를 구하시오.

(4) 쪽지 시험 점수가 가장 낮은 학생의 점수를 구하시오.

02

다음은 여러 종류의 과자를 대상으로 한 봉지당 열량을 조사하여 나타낸 도수분포표이다. 물음에 답하시오.

열량

열량(kcal)	도수(개)
$300^{\text{이상}}$ ~ $400^{\text{미만}}$	5
400 ~ 500	8
500 ~ 600	13
600 ~ 700	4
합계	

(1) 계급의 크기를 구하시오.

(2) 계급의 개수를 구하시오.

(3) 도수의 총합을 구하시오.

(4) 도수가 가장 큰 계급의 도수를 구하시오.

(5) 한 봉지당 열량이 500 kcal 미만인 과자의 개수를 구하시오.

Ⅷ. 자료의 정리와 해석

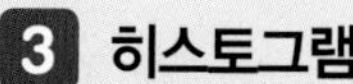

3 히스토그램

(1) **히스토그램:** 도수분포표의 각 계급의 양 끝값을 가로로, 그 계급의 도수를 세로로 하여 직사각형으로 나타낸 그래프

(2) **히스토그램을 그리는 방법**

① 가로축에 각 계급의 양 끝값을 적는다.

② 세로축에 도수를 적는다.

③ 각 계급에서 계급의 크기를 가로로 하고, 그 도수를 세로로 하는 직사각형을 차례로 그린다.

예 [도수분포표]

계급(분)	도수(명)
$0^{이상}$ ~ $10^{미만}$	4
10 ~ 20	2
20 ~ 30	3
합계	9

⇨ [히스토그램]

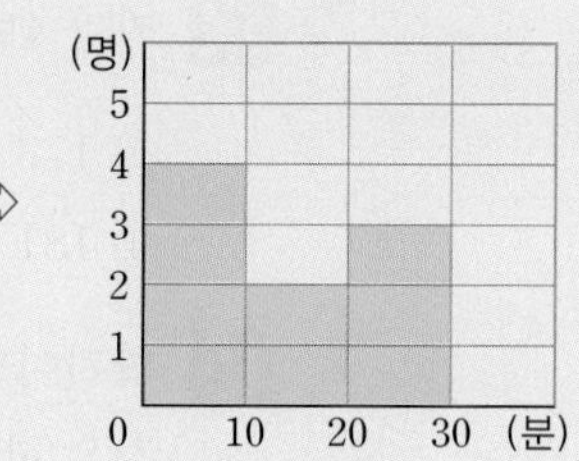

4 도수분포다각형

(1) **도수분포다각형:** 히스토그램에서 각 직사각형의 윗변의 중점을 선분으로 연결하여 그린 그래프

(2) **도수분포다각형을 그리는 방법**

① 히스토그램에서 각 직사각형의 윗변의 중점에 점을 찍는다.

② 히스토그램의 양 끝에 도수가 0인 계급이 하나씩 더 있는 것으로 생각하고 그 중앙에 점을 찍는다.

③ 위에서 찍은 점들을 선분으로 연결한다.

예 [히스토그램]

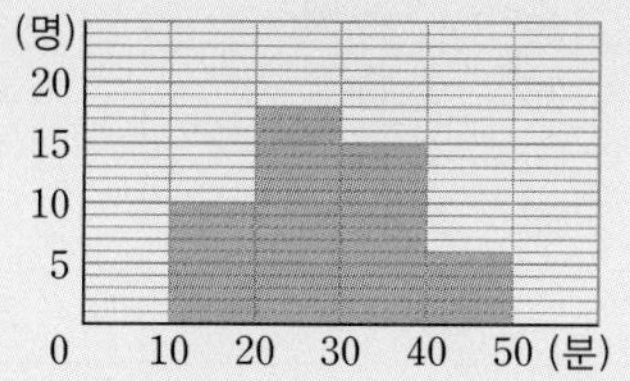

⇨ [도수분포다각형]

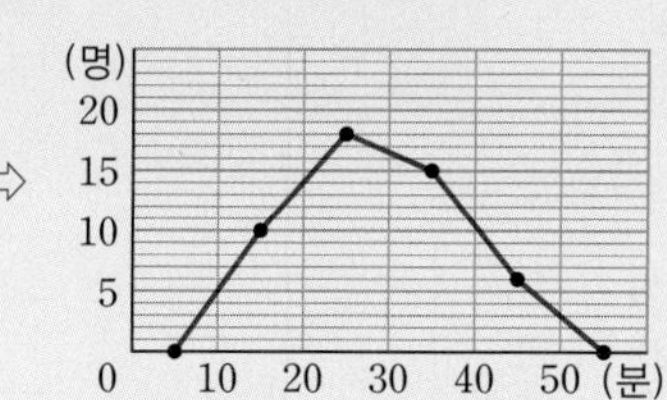

5 상대도수와 그 그래프

(1) **상대도수:** 전체 도수에 대한 각 계급의 도수의 비율

(2) **상대도수의 특징**

① 상대도수의 총합은 항상 1이다.

② 각 계급의 상대도수는 그 계급의 도수에 정비례한다.

③ 전체 도수가 다른 두 가지 이상의 자료의 분포 상태를 비교할 때 편리하다.

(3) **상대도수의 그래프:** 상대도수의 분포표를 히스토그램이나 도수분포다각형과 같은 모양으로 나타낸 그래프

개념 체크

03

다음은 도운이네 반 학생들의 일주일 동안 통화 시간을 조사하여 나타낸 히스토그램이다. 물음에 답하시오.

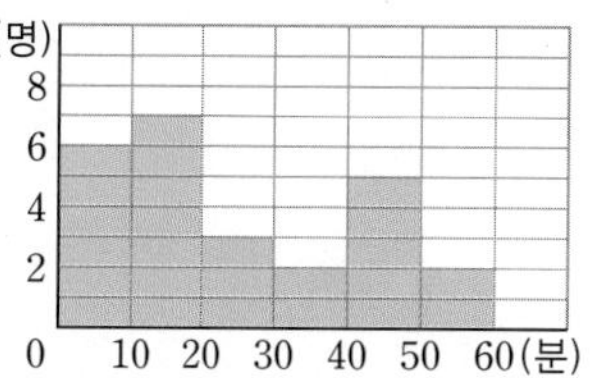

(1) 계급의 크기를 구하시오.

(2) 도운이네 반 학생 수를 구하시오.

(3) 도수가 가장 큰 계급을 구하시오.

04

다음은 희주네 반 학생들이 한 학기 동안 작성한 독서 감상문 개수를 조사하여 나타낸 도수분포다각형이다. 물음에 답하시오.

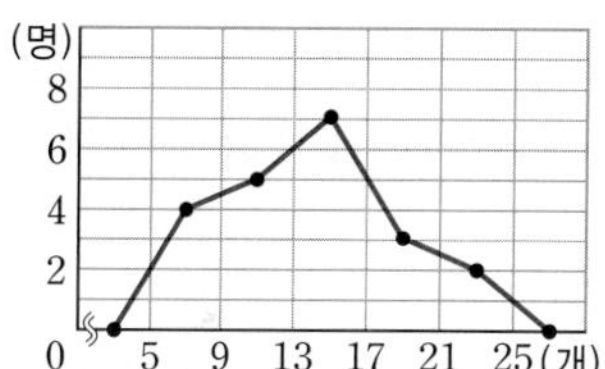

(1) 계급의 크기를 구하시오.

(2) 희주네 반 학생 수를 구하시오.

(3) 한 학기 동안 작성한 독서 감상문이 17개 이상인 학생 수를 구하시오.

05

다음은 어느 중학교 학생 200명을 대상으로 일주일 동안 컴퓨터 사용 시간을 조사하여 나타낸 상대도수의 분포표이다. 표를 완성하시오.

사용 시간(시간)	도수(명)	상대도수
$0^{이상}$ ~ $10^{미만}$	30	
10 ~ 20	66	
20 ~ 30		0.3
30 ~ 40		0.12
40 ~ 50		
합계		

대표유형

유형 1 줄기와 잎 그림

01 아래 줄기와 잎 그림은 어느 반 학생들의 수학 점수를 조사하여 나타낸 것이다. 다음 중 옳지 않은 것은?

수학 점수

(6|3은 63점)

줄기	잎
6	3 5 9 9
7	1 1 4
8	0 1 2 4 5 7 8
9	0 3 3 3 5 7

① 반 학생 수는 20명이다.
② 잎이 가장 많은 줄기는 8이다.
③ 수학 점수가 가장 높은 학생은 97점이다.
④ 수학 점수가 80점 미만인 학생 수는 8명이다.
⑤ 수학 점수가 90점 이상인 학생은 전체의 30 %이다.

풀이 전략 줄기와 잎 그림은 크기순으로 자료가 정리되어 있으며 중복된 자료는 중복된 횟수만큼 적는다.

02 다음은 윤서네 반 학생들이 한 학기 동안 읽은 책의 수를 조사한 자료이다. 이 자료에 대한 줄기와 잎 그림을 완성하시오.

읽은 책의 수

(단위: 권)

6	8	12	3	14	18	20	15
31	34	6	15	11	6	25	22

⇩

읽은 책의 수

(0|3은 3권)

줄기	잎
0	
1	
2	
3	

[03~04] 다음은 혁진이네 반 학생들의 키를 조사하여 나타낸 줄기와 잎 그림이다. 물음에 답하시오.

키

(15|4는 154 cm)

줄기	잎
15	4 4 5 8 9
16	0 1 3 3 3 6 8
17	2 3 3 5 6
18	1 2 2

03 키가 4번째로 큰 학생의 키는?

① 173 cm ② 175 cm ③ 176 cm
④ 181 cm ⑤ 182 cm

04 혁진이의 키가 166 cm일 때, 혁진이보다 키가 작은 학생은 전체의 몇 %인가?

① 10 % ② 20 % ③ 30 %
④ 40 % ⑤ 50 %

유형 2 도수분포표

05 아래 도수분포표는 어느 도시의 20일 동안 하루 최고 기온을 조사하여 나타낸 것이다. 다음 중 옳은 것은?

하루 최고 기온

최고 기온(℃)	도수(일)
20이상 ~ 25미만	3
25 ~ 30	6
30 ~ 35	7
35 ~ 40	4
합계	20

① 계급의 크기는 4 ℃이다.
② 계급의 개수는 30이다.
③ 도수가 가장 큰 계급은 35 ℃ 이상 40 ℃ 미만이다.
④ 하루 최고 기온이 32 ℃인 날이 속하는 계급의 도수는 4일이다.
⑤ 하루 최고 기온이 29 ℃인 날이 속하는 계급은 25 ℃ 이상 30 ℃ 미만이다.

풀이 전략 도수분포표에서 계급과 계급의 크기, 계급의 개수, 도수 등 용어를 정확히 이해한다.

06 다음 자료는 현진이네 반 학생들의 1분 동안 자유투 성공 횟수를 조사한 것이다. 이 자료에 대한 도수분포표를 완성하시오.

자유투 성공 횟수

(단위: 회)

14	30	21	22	9	35	42
8	19	22	31	38	10	15
40	37	28	29	13	6	13

⇩

자유투 성공 횟수

자유투 성공 횟수(회)	도수(명)
0이상 ~ 10미만	
10 ~ 20	
20 ~ 30	
30 ~ 40	
40 ~ 50	
합계	

[07~08] 다음은 민서네 반 학생들의 영어 점수를 조사하여 나타낸 도수분포표이다. 물음에 답하시오.

영어 점수

영어 점수(점)	도수(명)
60이상 ~ 70미만	8
70 ~ 80	13
80 ~ 90	a
90 ~ 100	3
합계	30

07 a의 값은?

① 5 ② 6 ③ 7 ④ 8 ⑤ 9

08 계급의 개수를 x, 계급의 크기를 y점, 도수가 가장 큰 계급의 도수를 z명이라고 할 때, $x-y+z$의 값은?

① 7 ② 20 ③ 27 ④ 69 ⑤ 81

유형 3 히스토그램

09 다음은 성희네 반 학생들의 오래 매달리기 기록을 조사하여 나타낸 히스토그램이다. 오래 매달리기 기록이 40초 이상인 학생은 전체의 몇 %인가?

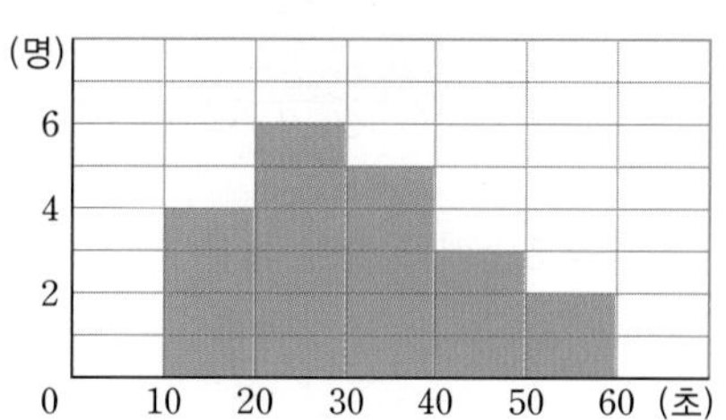

① 5 % ② 10 % ③ 15 % ④ 20 % ⑤ 25 %

풀이 전략 히스토그램에서 가로축은 계급에, 세로축은 도수에 해당한다.

10 다음은 어느 동호회 회원들의 나이를 조사하여 나타낸 것이다. 이 도수분포표를 보고 히스토그램을 그리시오.

동호회 회원들의 나이

나이(세)	도수(명)
10이상 ~ 20미만	4
20 ~ 30	12
30 ~ 40	8
40 ~ 50	6
합계	30

⇩

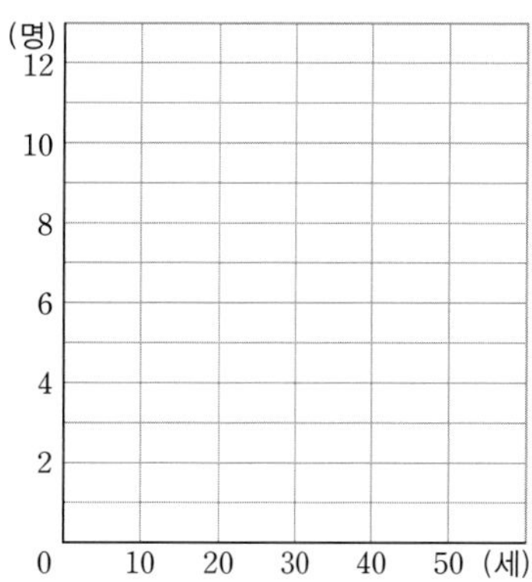

[11~12] 다음은 채은이네 반 학생들이 일주일 동안 음악을 들은 시간을 조사하여 나타낸 히스토그램이다. 물음에 답하시오.

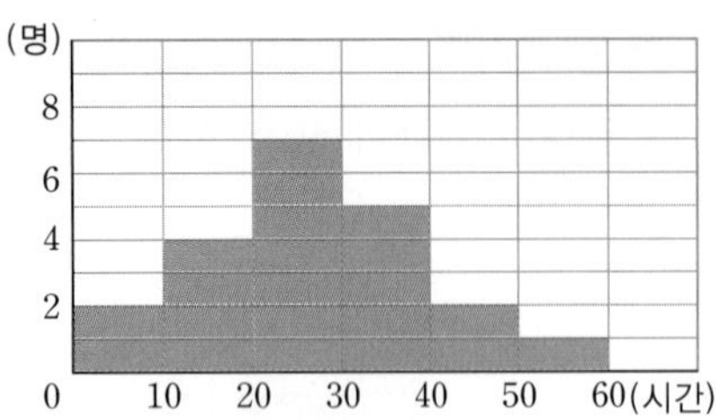

11 음악을 5번째로 많이 들은 학생이 속하는 계급을 구하시오.

12 모든 직사각형의 넓이의 합은?

① 10　② 20　③ 21
④ 200　⑤ 210

유형 4 도수분포다각형

13 다음은 윤희네 반 학생들의 50 m 달리기 기록을 조사하여 나타낸 도수분포다각형이다. 달리기 기록이 4번째로 느린 학생이 속하는 계급을 구하시오.

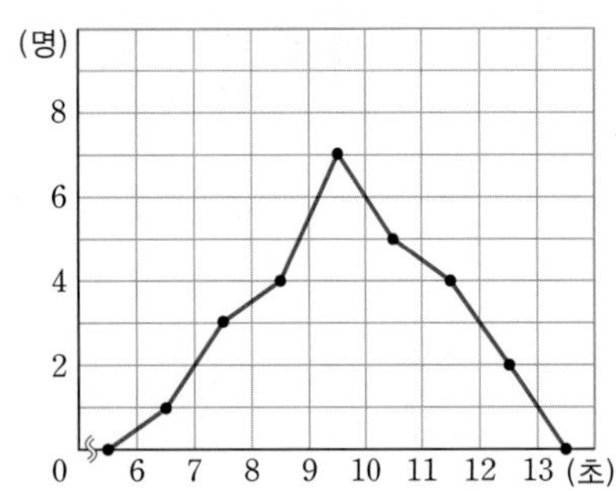

풀이 전략 도수분포다각형은 히스토그램의 각 계급의 직사각형의 윗변의 중점을 차례로 선분으로 연결하여 그릴 수 있다.

14 다음 히스토그램에 도수분포다각형을 그리시오.

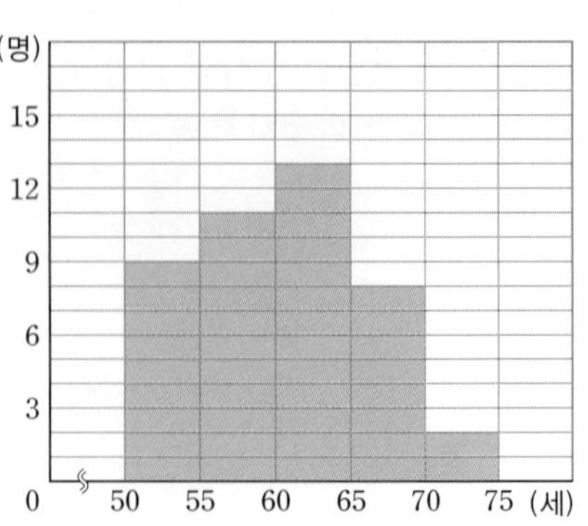

15 아래 도수분포다각형은 어느 중학교 학생 30명의 한 달 용돈을 조사하여 나타낸 것이다. 다음 설명 중 옳은 것은?

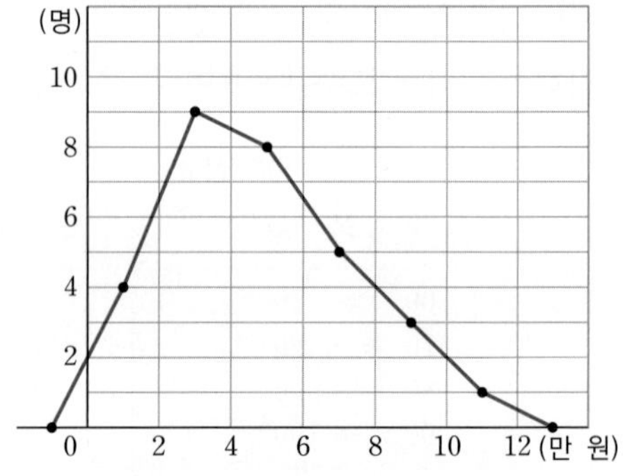

① 계급의 크기는 12만 원이다.
② 도수가 가장 큰 계급의 도수는 9명이다.
③ 한 달 용돈이 5만 원인 학생이 속하는 계급의 도수는 9명이다.
④ 한 달 용돈이 5번째로 많은 학생이 속하는 계급은 4만 원 이상 6만 원 미만이다.
⑤ 한 달 용돈이 4만 원 미만인 학생 수는 9명이다.

16 다음은 시현이네 반 학생들이 등교하는 데 걸리는 시간을 조사하여 나타낸 도수분포다각형이다. 등교 시간이 20분 이상 걸리는 학생 수는?

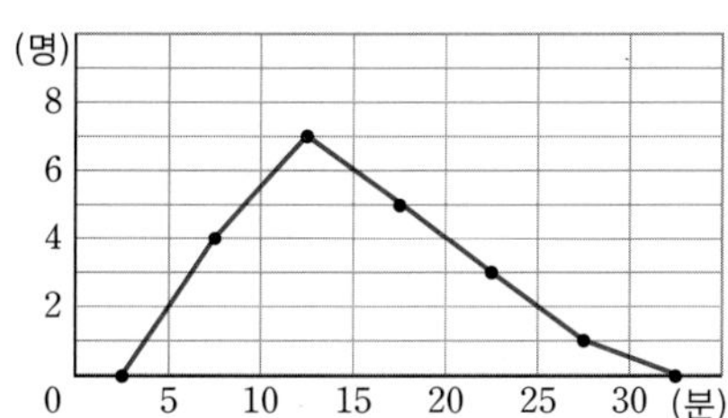

① 3명 ② 4명 ③ 5명
④ 6명 ⑤ 7명

유형 5 상대도수와 그 그래프

17 다음은 어느 중학교 학생들의 혈액형을 조사하여 나타낸 것이다. a, b, c의 값을 각각 구하시오.

혈액형	학생 수(명)	상대도수
A형	12	0.4
B형	9	a
O형	b	0.1
AB형		
합계	c	1

풀이 전략
(어떤 계급의 상대도수)$=\frac{\text{(그 계급의 도수)}}{\text{(도수의 총합)}}$를 이용한다.

18 어느 도수분포표에서 도수가 10인 계급의 상대도수는 0.2이다. 이 자료의 도수의 총합은?

① 20 ② 30 ③ 40
④ 50 ⑤ 60

19 다음은 어느 동네의 가구별 한 달 동안 사용한 전력량에 대한 상대도수의 분포를 나타낸 그래프이다. 전체 가구 수가 500가구일 때, 전력 사용량이 100 kWh 미만인 가구 수는?

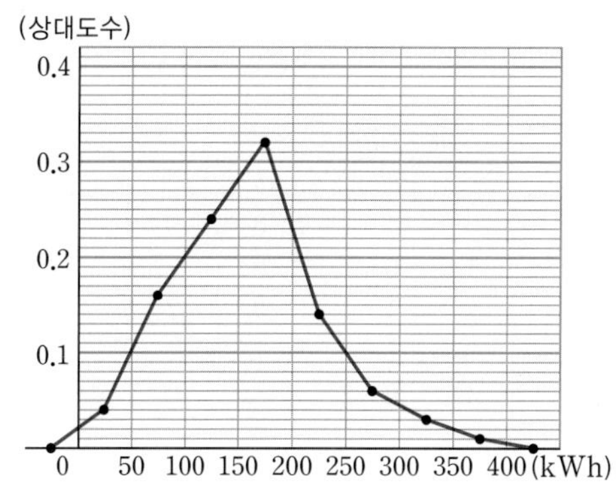

① 20가구 ② 40가구 ③ 60가구
④ 80가구 ⑤ 100가구

[20~21] 다음은 1반과 2반 학생들의 몸무게를 조사하여 나타낸 것이다. 물음에 답하시오.

몸무게(kg)	1반		2반	
	도수(명)	상대도수	도수(명)	상대도수
30이상 ~ 40미만	5	0.2	3	
40 ~ 50	9		15	0.5
50 ~ 60	7	a	b	
60 ~ 70	4		6	c
합계	25	1	30	1

20 표에서 $10a+b+c$의 값은?

① 6 ② 7 ③ 8
④ 9 ⑤ 10

21 1반의 상대도수가 2반의 상대도수보다 큰 계급의 개수는?

① 0 ② 1 ③ 2
④ 3 ⑤ 4

기출 예상 문제

❶ 줄기와 잎 그림

01 다음은 민수네 반 학생들이 1학기 동안 대출한 책의 수를 조사하여 나타낸 줄기와 잎 그림이다. 잎이 가장 많은 줄기는?

대출한 책의 수

(0|1은 1권)

줄기	잎
0	1 1 4 5 7 9
1	0 1 2 8
2	1 1 1 3 6 7 8
3	2 3 5 7 8
4	0 3

① 0 ② 1 ③ 2
④ 3 ⑤ 4

[02~03] 다음은 형진이네 반 학생들의 발의 길이를 조사하여 나타낸 줄기와 잎 그림이다. 물음에 답하시오.

발의 길이

(22|4는 224 mm)

줄기	잎
22	4 5 5 8 9
23	0 2 3 3 6 7 8
24	1 3 4 5 5 7
25	3 5

❶ 줄기와 잎 그림

02 발의 길이가 가장 긴 학생과 발의 길이가 가장 짧은 학생의 발의 길이 차이는?

① 21 mm ② 26 mm ③ 31 mm
④ 36 mm ⑤ 41 mm

❶ 줄기와 잎 그림

03 발의 길이가 230 mm 이상 235 mm 미만인 학생은 모두 몇 명인가?

① 1명 ② 2명 ③ 3명
④ 4명 ⑤ 5명

❶ 줄기와 잎 그림

04 다음은 어떤 도시의 한 달 동안 미세먼지 농도를 조사하여 나타낸 줄기와 잎 그림이다. 미세먼지 농도가 $40\mu g/m^3$ 이상인 날은 며칠인가?

미세먼지 농도

(2|1은 $21\mu g/m^3$)

줄기	잎
2	1 4 4 7 9
3	0 1 2 2 4 6 8 9 9
4	0 1 3 4 4 7 8
5	1 2 2 6 7
6	0 0 1 3

① 14일 ② 15일 ③ 16일
④ 17일 ⑤ 18일

❷ 도수분포표

05 아래 도수분포표는 형은이네 반 학생들의 통학 거리를 조사하여 나타낸 것이다. 다음 설명 중 옳은 것은?

학생들의 통학 거리

통학 거리(m)	도수(명)
200이상 ~ 300미만	4
300 ~ 400	7
400 ~ 500	10
500 ~ 600	3
600 ~ 700	0
700 ~ 800	1
합계	25

① 계급의 크기는 200 m이다.
② 도수가 가장 큰 계급은 700 m 이상 800 m 미만인 계급이다.
③ 통학 거리가 가장 가까운 학생이 속한 계급의 도수는 4명이다.
④ 통학 거리가 500 m 이상인 학생은 전체의 12 %이다.
⑤ 통학 거리가 250 m인 학생은 모두 4명이다.

[06~07] 다음은 어느 피자 가게의 최근 30회의 배달 시간을 조사하여 나타낸 도수분포표이다. 물음에 답하시오.

피자 가게의 배달 시간

배달 시간(분)	도수(회)
0^이상^ ~ 10^미만^	4
10 ~ 20	9
20 ~ 30	a
30 ~ 40	7
40 ~ 50	b
합계	30

❷ 도수분포표

06 계급의 크기를 x분, 계급의 개수를 y라고 할 때, $x+y$의 값은?

① 5 ② 15 ③ 20
④ 25 ⑤ 40

❷ 도수분포표

07 배달 시간이 30분 이상 걸린 횟수의 비율이 30 %일 때, $a-b$의 값은?

① 0 ② 2 ③ 4
④ 6 ⑤ 8

❷ 도수분포표

08 다음은 어느 동네의 주민들의 나이를 조사하여 나타낸 도수분포표이다. 40세 미만인 주민은 전체의 몇 %인가?

동네 주민들의 나이

나이(세)	도수(명)
0^이상^ ~ 20^미만^	160
20 ~ 40	200
40 ~ 60	240
60 ~ 80	130
80 ~ 100	70
합계	800

① 20 % ② 25 % ③ 30 %
④ 45 % ⑤ 50 %

[09~11] 다음은 어느 야구팀 선수들의 일 년 동안 안타 개수를 조사하여 나타낸 히스토그램이다. 물음에 답하시오.

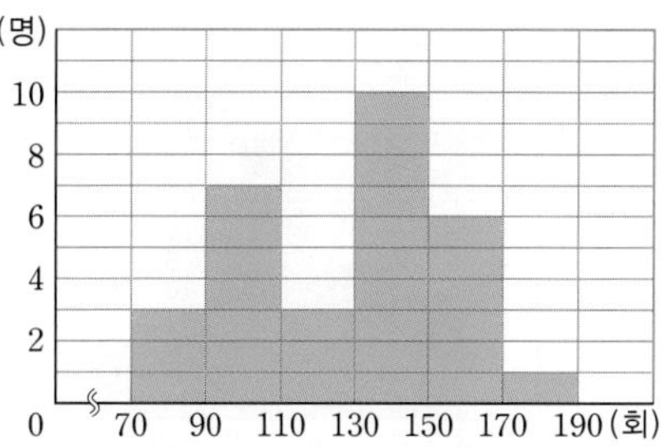

❸ 히스토그램

09 계급의 크기를 a회, 계급의 개수를 b, 야구팀의 전체 선수 인원을 c명이라고 할 때, $2a-b+c$의 값은?

① 44 ② 54 ③ 56
④ 64 ⑤ 76

❸ 히스토그램

10 안타를 4번째로 많이 친 선수가 속하는 계급의 도수는?

① 1명 ② 3명 ③ 6명
④ 7명 ⑤ 10명

❸ 히스토그램

11 안타를 75회 친 선수가 속하는 계급과 167회 친 선수가 속하는 계급을 나타내는 두 직사각형의 넓이의 비는?

① 1 : 1 ② 1 : 2 ③ 1 : 3
④ 3 : 7 ⑤ 3 : 10

❸ 히스토그램

12 다음은 하연이네 반 학생들의 휴대폰 사용 기간을 조사하여 나타낸 히스토그램이다. 이를 통해 알 수 없는 것은?

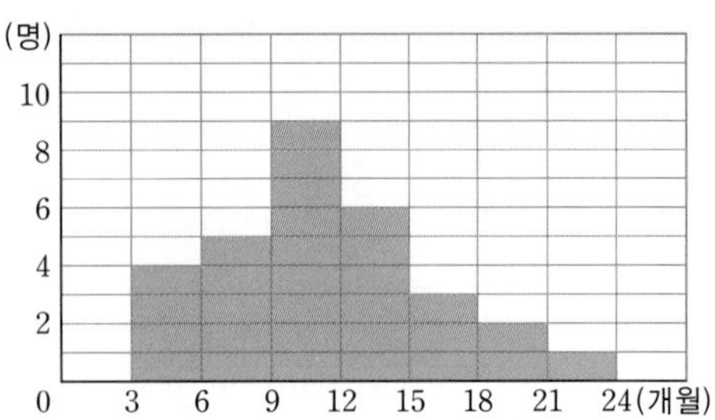

① 하연이네 반 전체 학생 수
② 휴대폰을 사용한 지 12개월 미만인 학생 수
③ 휴대폰을 사용한 지 5개월이 된 학생이 속하는 계급
④ 휴대폰을 4번째로 오래 사용한 학생의 휴대폰 사용 기간
⑤ 휴대폰을 가장 오래 사용한 학생이 속하는 계급의 도수

❸ 히스토그램

13 다음은 준호네 반 학생들의 음악 수행 평가 점수를 조사하여 나타낸 히스토그램이다. 도수가 가장 큰 계급의 직사각형의 넓이는?

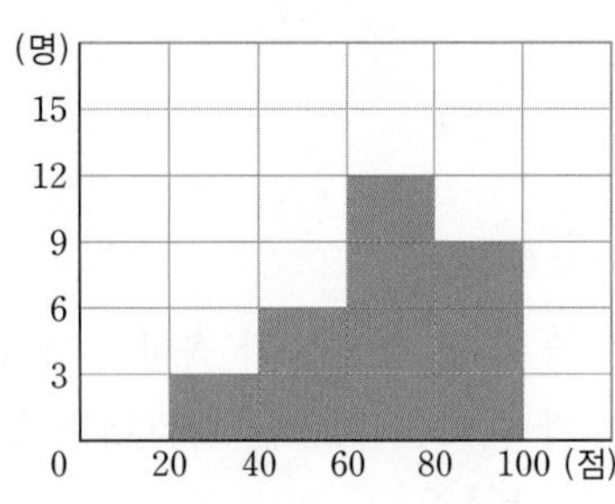

① 12　② 20　③ 120
④ 180　⑤ 240

[14~15] 다음은 한 상자에 담긴 사과의 무게를 조사하여 나타낸 도수분포다각형이다. 물음에 답하시오.

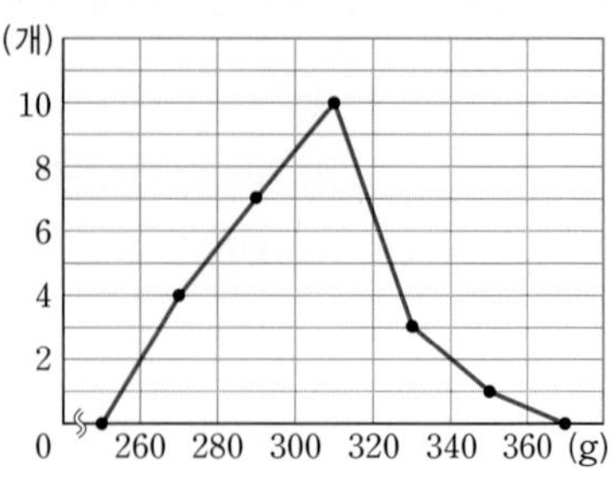

❹ 도수분포다각형

14 한 상자에 담긴 사과 전체의 개수는?

① 15　② 20　③ 25
④ 30　⑤ 35

❹ 도수분포다각형

15 사과의 무게가 300 g 이상인 사과는 전체의 몇 %인가?

① 14 %　② 44 %　③ 40 %
④ 56 %　⑤ 60 %

❹ 도수분포다각형

16 다음은 어느 도시에 있는 중학교의 학급 수를 조사하여 나타낸 도수분포다각형이다. 도수분포다각형과 가로축으로 둘러싸인 부분의 넓이는?

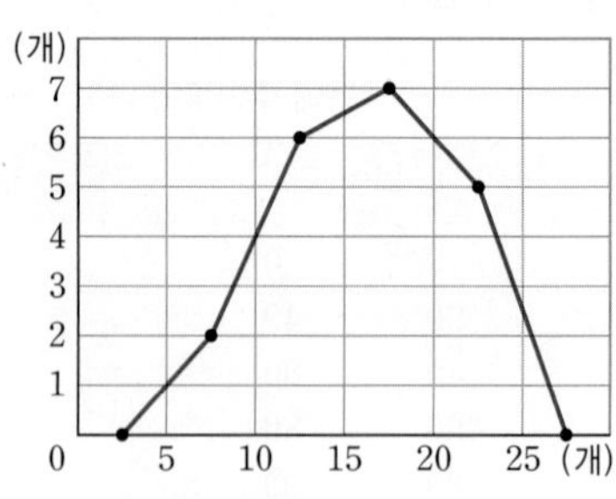

① 20　② 40　③ 60
④ 80　⑤ 100

❹ 도수분포다각형

17 다음은 도시 20개의 일 년 동안 평균 기온을 조사하여 나타낸 도수분포다각형이다. 〈보기〉에서 옳은 것을 모두 고른 것은?

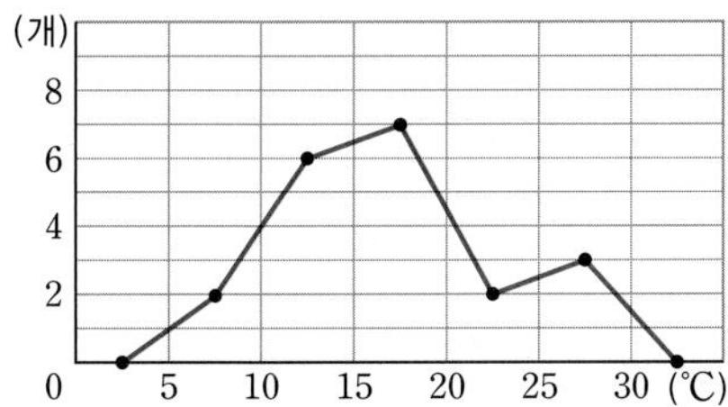

보기
ㄱ. 계급의 크기는 5 ℃이다.
ㄴ. 도수가 가장 큰 계급의 도수는 17.5개이다.
ㄷ. 연간 평균 기온이 15 ℃ 미만인 도시는 전체의 40 %이다.
ㄹ. 연간 평균 기온이 가장 높은 도시가 속하는 계급은 15 ℃ 이상 20 ℃ 미만이다.

① ㄱ, ㄴ ② ㄱ, ㄷ ③ ㄱ, ㄹ
④ ㄴ, ㄷ ⑤ ㄴ, ㄹ

❺ 상대도수와 그 그래프

18 다음은 꽃집 50개를 대상으로 장미 한 송이의 가격을 조사하여 나타낸 상대도수의 분포표이다. 장미 한 송이의 가격이 2000원 미만인 꽃집은 모두 몇 개인가?

가격(원)	상대도수
0이상 ~ 1000미만	0.14
1000 ~ 2000	0.22
2000 ~ 3000	0.32
3000 ~ 4000	0.24
4000 ~ 5000	0.08
합계	1

① 7개 ② 11개 ③ 16개
④ 18개 ⑤ 27개

[19~20] 다음은 예선이네 반 학생들의 하루 동안의 통화 시간에 대한 상대도수의 분포를 나타낸 그래프이다. 통화 시간이 가장 긴 학생이 속하는 계급의 도수가 3명일 때, 물음에 답하시오.

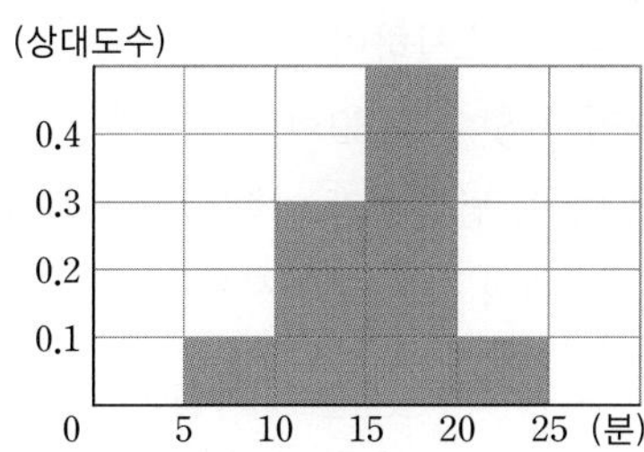

❺ 상대도수와 그 그래프

19 예선이네 반의 전체 학생 수는?

① 21명 ② 24명 ③ 25명
④ 27명 ⑤ 30명

❺ 상대도수와 그 그래프

20 상대도수가 가장 큰 계급의 도수는?

① 6명 ② 9명 ③ 12명
④ 15명 ⑤ 18명

❺ 상대도수와 그 그래프

21 다음은 남학생 20명과 여학생 30명을 대상으로 일주일 동안의 운동 시간에 대한 상대도수의 분포를 나타낸 그래프이다. 운동 시간이 8시간 이상인 학생은 모두 몇 명인가?

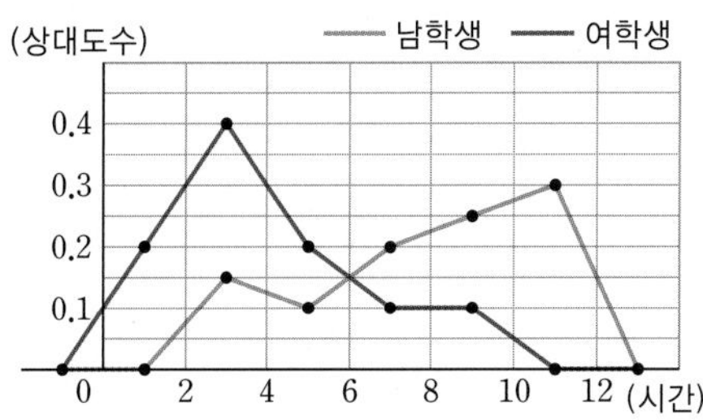

① 3명 ② 5명 ③ 6명
④ 8명 ⑤ 14명

고난도 집중 연습

1

다음은 E 중학교 남학생과 여학생의 1분 동안 윗몸일으키기 횟수를 조사하여 나타낸 줄기와 잎 그림이다. 윗몸일으키기 횟수가 39회인 남학생은 남학생 중에서 상위 a %이고, 남학생과 여학생 전체에서 상위 b %이다. 이때 $a+b$의 값을 구하시오.

윗몸일으키기 횟수

(0|2는 2회)

잎(남학생)	줄기	잎(여학생)
9 4 2	0	5 8 8 8
8 8 8 3 2	1	0 1 3 3 6
9 7 7 5 1	2	2 4 5 7 9 9
9 6 6 0	3	1 4 8
9 8 1	4	0 4

1-1

다음은 어느 중학교 1학년 1반과 2반 학생들의 과학 점수를 조사하여 나타낸 줄기와 잎 그림이다. 과학 점수가 95점인 1반 학생은 반에서 상위 a %이고, 1반과 2반 학생 중 상위 b %이다. 이때 a와 b의 값을 각각 구하시오.

과학 점수

(5|7은 57점)

잎(1반)	줄기	잎(2반)
9 7 7	5	
8 8 6 5 0	6	1 1 6 8
8 7 4 2 1 0	7	3 4 7 7 9
9 7 4 3	8	0 2 2 6 8
7 7 5 3 2 1	9	2 7 7 8
0	10	0 0

2

다음은 직장인들을 대상으로 회사에 대한 만족도를 조사하여 나타낸 도수분포표이다. 회사에 대한 만족도가 8점 이상인 사람이 전체의 40 %일 때, a의 값을 구하시오.

회사에 대한 만족도

만족도(점)	도수(명)
5이상 ~ 6미만	a
6 ~ 7	45
7 ~ 8	50
8 ~ 9	55
9 ~ 10	
합계	200

2-1

다음은 중학생 50명을 대상으로 하루 동안 인터넷 사용 시간을 조사하여 나타낸 도수분포표이다. 인터넷 사용 시간이 2시간 미만인 학생이 전체의 30 %일 때, 인터넷 사용 시간이 3시간 이상인 학생은 전체의 몇 %인지 구하시오.

인터넷 사용 시간

인터넷 사용 시간(시간)	도수(명)
0이상 ~ 1미만	
1 ~ 2	9
2 ~ 3	14
3 ~ 4	
4 ~ 5	
합계	50

3

다음은 현서네 반 25명의 학생들을 대상으로 키를 조사하여 나타낸 히스토그램인데 일부가 찢어져 보이지 않는다. 키가 170 cm 미만인 학생 수가 키가 170 cm 이상인 학생 수보다 3명 많을 때, 키가 160 cm 이상 170 cm 미만인 학생 수를 구하시오.

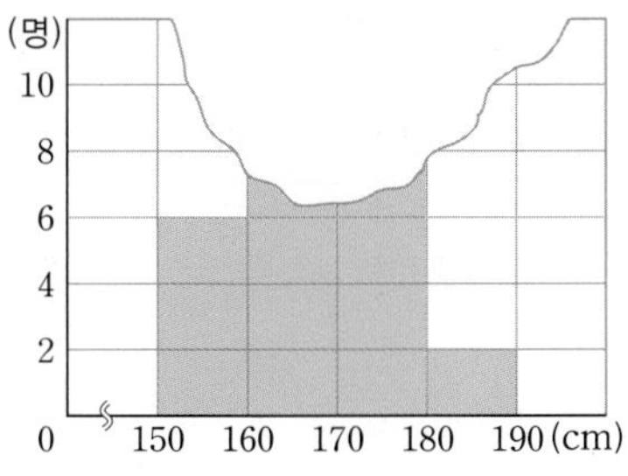

3-1

다음은 석진이네 반 25명의 학생들의 여름방학 동안 봉사 시간을 조사하여 나타낸 도수분포다각형인데 일부가 찢어져 보이지 않는다. 봉사 시간이 8시간 이상 12시간 미만인 학생 수가 봉사 시간이 12시간 이상 16시간 미만인 학생 수보다 1명 많을 때, 봉사 시간이 12시간 이상인 학생은 전체의 몇 %인지 구하시오.

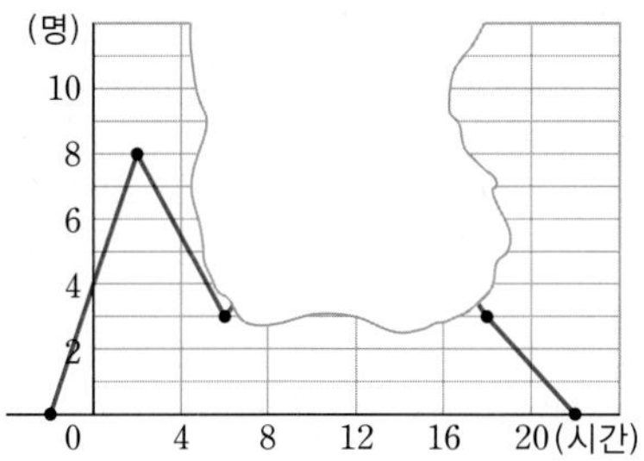

4

다음은 A, B 동아리 회원들의 나이에 대한 상대도수의 분포를 나타낸 그래프이다. B 동아리 회원 수가 A 동아리 회원 수보다 5명 많고, 두 동아리의 50대 회원 수는 서로 같다고 할 때, 두 동아리의 20대 회원 수는 모두 몇 명인지 구하시오.

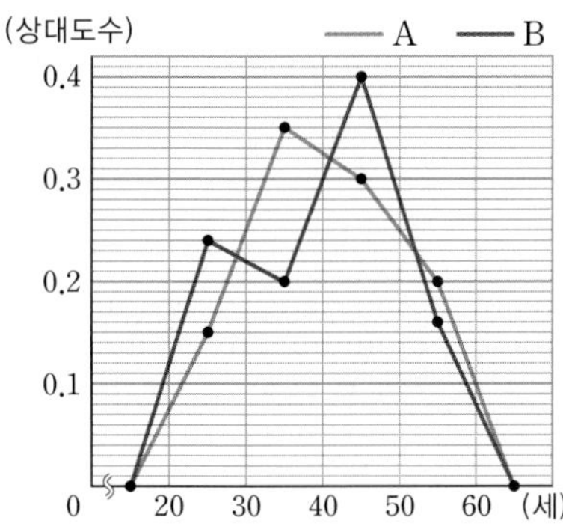

4-1

다음은 1반과 2반 학생들의 통학 시간에 대한 상대도수의 분포를 나타낸 그래프이다. 1반 학생 수가 2반 학생 수보다 5명 적고, 통학 시간이 5분 이상 10분 미만인 학생 수는 서로 같다고 할 때, 1반의 학생 수를 구하시오.

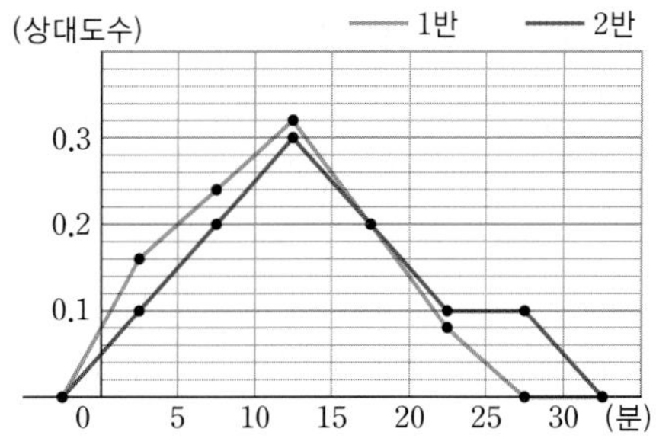

서술형 집중 연습

예제 1

다음은 지윤이네 반 학생들의 영어 점수를 조사하여 나타낸 줄기와 잎 그림이다. 상위 30 % 이내에 들려면 최소 몇 점 이상을 받아야 하는지 구하시오.

영어 점수

(6|5는 65점)

줄기	잎
6	5 7 9
7	0 1 1 3 8
8	0 2 3 5 5 6 7
9	2 2 5
10	0 0

풀이 과정

지윤이네 반 전체 학생들은 ☐명이므로

상위 30 % 이내에 들려면 ☐$\times 0.3=$☐(명) 이내에 들어야 한다.

영어 점수가 ☐번째로 높은 학생은 ☐점이므로 상위 30 % 이내에 들려면 최소 ☐점을 받아야 한다.

유제 1

다음은 영민이네 반 학생들의 키를 조사하여 나타낸 줄기와 잎 그림이다. 키가 상위 20 % 이내에 들려면 최소 몇 cm 이상이어야 하는지 구하시오.

키

(15|4는 154 cm)

줄기	잎
15	4 4 7 9 9
16	0 1 3 7
17	0 0 2 4 5 6

예제 2

다음은 호윤이네 반 학생들의 한 달 용돈을 조사하여 나타낸 도수분포표이다. $a:b=3:2$일 때, 한 달 용돈이 2만 원 미만인 학생 수를 구하시오.

학생들의 한 달 용돈

용돈(만 원)	도수(명)
0이상 ~ 1미만	4
1 ~ 2	a
2 ~ 3	b
3 ~ 4	4
4 ~ 5	2
합계	25

풀이 과정

도수의 총합이 ☐명이므로 $a+b=$☐이다.

$a:b=3:2$이므로

$a=15\times\frac{☐}{☐}=$☐이고 $b=15\times\frac{☐}{☐}=$☐이다.

따라서 한 달 용돈이 2만 원 미만인 학생 수는

$4+a=$☐(명)이다.

유제 2

다음은 시민 30명을 대상으로 하루에 이용하는 대중교통 횟수를 조사하여 나타낸 도수분포표이다.

$a:b=1:3$일 때, 하루에 대중교통을 4회 이상 이용하는 시민 수를 구하시오.

하루에 이용하는 대중교통 횟수

대중교통 이용 횟수(회)	도수(명)
0이상 ~ 2미만	a
2 ~ 4	11
4 ~ 6	b
6 ~ 8	7
합계	30

예제 3

다음은 축구 동호회 회원의 나이를 조사하여 나타낸 히스토그램이다. 나이가 40세 이상인 회원은 전체의 몇 %인지 구하시오.

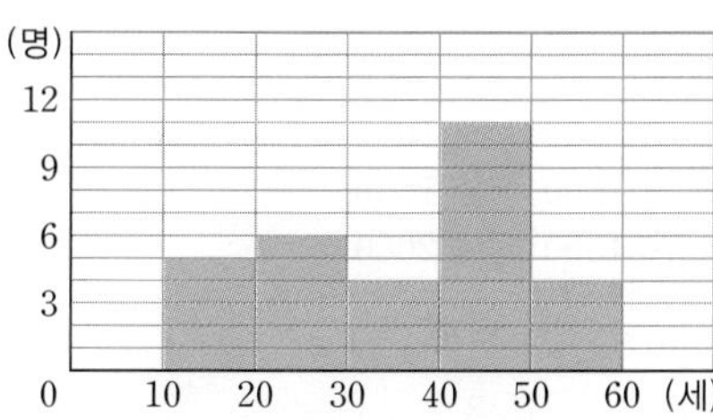

풀이 과정

축구 동호회의 전체 회원 수는 □명이고,
40세 이상인 회원은 11+□=□(명)이다.
따라서 나이가 40세 이상인 회원은 전체의
$\frac{\square}{\square}\times 100=\square$(%)이다.

유제 3

다음은 하민이네 반 학생들의 1분 동안 줄넘기 횟수를 조사하여 나타낸 도수분포다각형이다. 줄넘기 횟수가 20회 이상인 학생은 전체의 몇 %인지 구하시오.

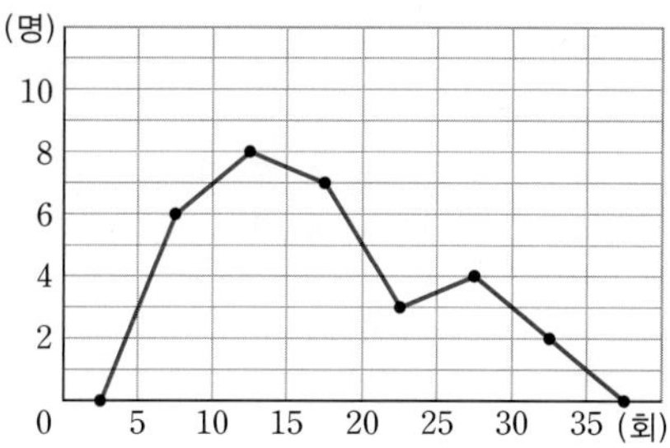

예제 4

다음은 1반과 2반 학생들의 혈액형을 조사하여 나타낸 상대도수의 분포표이다. 1반의 전체 학생은 25명이고 1반과 2반의 B형 학생 수가 서로 같을 때, 2반 전체 학생 수를 구하시오.

혈액형	상대도수(1반)	상대도수(2반)
A형	0.24	0.3
B형	0.32	0.4
O형	0.16	0.2
AB형	0.28	0.1
합계	1	1

풀이 과정

1반의 전체 학생 수는 25명이고 B형의 상대도수는 0.32이므로 B형 학생 수는 25×□=□(명)이다.
2반의 전체 학생 수를 x명이라고 하면 B형의 상대도수는 0.4이므로 B형 학생 수는 x×□(명)이다.
1반과 2반의 B형 학생 수가 서로 같으므로
x×□=□, x=□
따라서 2반의 전체 학생은 □명이다.

유제 4

다음은 1반과 2반 학생들이 좋아하는 계절을 조사하여 나타낸 상대도수의 분포표이다. 1반의 전체 학생은 20명이고, 봄을 좋아하는 학생 수는 1반이 2반보다 2명 더 많을 때, 2반 전체 학생 수를 구하시오.

계절	상대도수(1반)	상대도수(2반)
봄	0.25	0.125
여름	0.4	0.25
가을	0.15	0.375
겨울	0.2	0.25
합계	1	1

01 다음은 지희네 반 학생들의 한 학기 동안 도서관 이용 횟수를 조사하여 나타낸 줄기와 잎 그림이다. 잎이 가장 많은 줄기는?

도서관 이용 횟수

(0|3은 3회)

줄기	잎
0	3 5 5 8
1	0 2 4 4 7 9
2	1 1 5 8 9
3	0 2 2 6
4	2 2 5

① 0 ② 1 ③ 2
④ 3 ⑤ 4

[02~03] 다음은 버스 정류장 15개를 대상으로 정차하는 버스의 수를 조사하여 나타낸 줄기와 잎 그림이다. 물음에 답하시오.

정차하는 버스의 수

(0|1은 1대)

줄기	잎
0	1 2 2 4 5 5 7 8
1	0 0 2 3 6 9
2	1

02 버스가 15대 이상 정차하는 버스 정류장의 개수는?

① 1 ② 2 ③ 3
④ 4 ⑤ 5

03 버스가 5대 이하 정차하는 버스 정류장은 전체의 몇 %인가?

① 10 % ② 20 % ③ 30 %
④ 40 % ⑤ 50 %

[04~05] 다음은 민영이네 반 학생들이 하루에 마시는 물의 양을 조사하여 나타낸 도수분포표이다. 물음에 답하시오.

하루에 마시는 물의 양

물의 양(mL)	도수(명)
0이상 ~ 500미만	A
500 ~ 1000	13
1000 ~ 1500	4
1500 ~ 2000	5
합계	25

04 하루에 물을 1000 mL 이상 1500 mL 미만으로 마시는 학생은 전체의 몇 %인가?

① 4 % ② 16 % ③ 20 %
④ 24 % ⑤ 36 %

05 다음 중 옳지 않은 것은?

① $A=3$이다.
② 계급의 크기는 500 mL이다.
③ 계급의 개수는 4이다.
④ 하루에 물을 가장 많이 마시는 학생은 1750 mL를 마신다.
⑤ 도수가 가장 큰 계급의 도수는 13명이다.

고난도

06 다음은 어느 마을의 한 달 동안의 하루 최고 기온을 조사하여 나타낸 도수분포표이다. 〈조건〉을 모두 만족할 때, $2a+b-c$의 값은?

한 달 동안의 최고 기온

최고 기온(℃)	도수(일)
10이상 ~ 12미만	a
12 ~ 14	b
14 ~ 16	14
16 ~ 18	c
합계	30

조건
- 최고 기온이 14 ℃ 미만인 날은 한 달의 40 %이다.
- 최고 기온이 12 ℃ 이상인 날은 최고 기온이 12 ℃ 미만인 날의 4배이다.

① 10 ② 11 ③ 12
④ 13 ⑤ 14

07 다음은 우현이네 반 학생들의 볼링 점수를 조사하여 나타낸 히스토그램이다. 볼링 점수가 70점 이상 80점 미만인 학생은 전체의 몇 %인가?

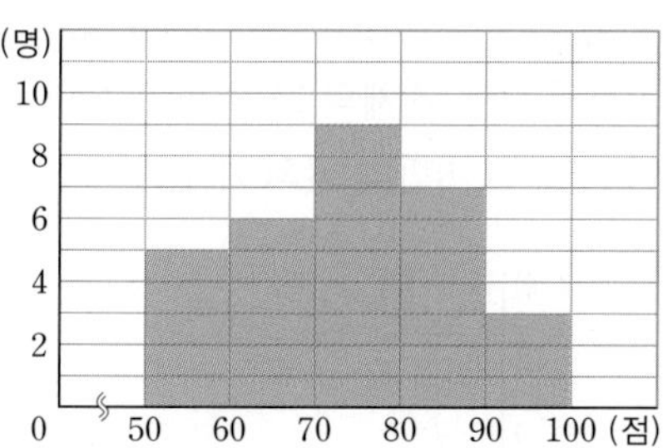

① 10 % ② 15 % ③ 20 %
④ 25 % ⑤ 30 %

고난도

08 다음은 어느 중학교 학생들의 일주일 동안 독서 시간을 조사하여 나타낸 히스토그램인데 일부가 찢어져 보이지 않는다. 독서 시간이 10시간 미만인 학생이 전체의 40 %일 때, 독서 시간이 10시간 이상 20시간 미만인 학생 수는?

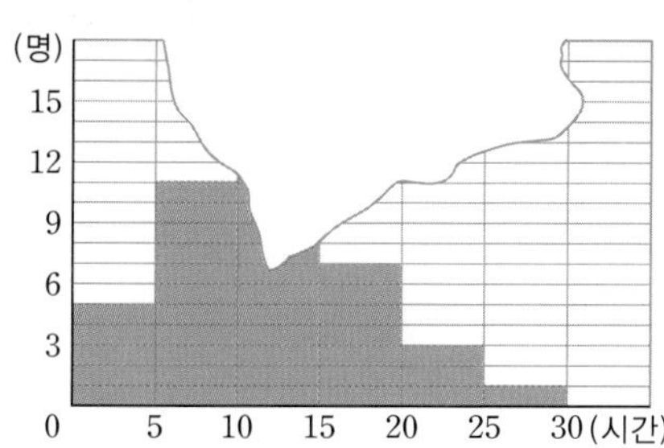

① 13명 ② 15명 ③ 17명
④ 19명 ⑤ 20명

09 다음은 어느 중학교 학생들을 대상으로 학교에 대한 만족도를 조사하여 나타낸 도수분포다각형이다. 〈보기〉에서 옳은 것을 모두 고른 것은?

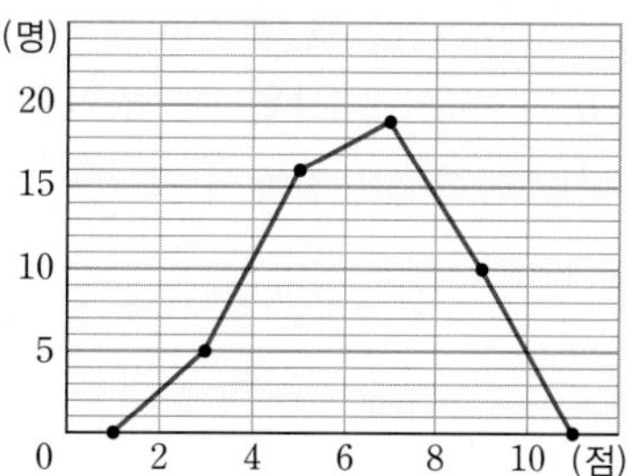

보기

ㄱ. 응답한 전체 학생 수는 50명이다.
ㄴ. 계급의 크기는 4점이다.
ㄷ. 학교에 대한 만족도가 8점 이상인 학생은 전체의 10 %이다.
ㄹ. 도수가 가장 큰 계급의 도수는 19명이다.

① ㄱ, ㄴ ② ㄱ, ㄷ ③ ㄱ, ㄹ
④ ㄴ, ㄷ ⑤ ㄷ, ㄹ

10 다음은 A 중학교 학생 200명을 대상으로 수면 시간을 조사하여 나타낸 상대도수의 분포표이다. a, b, c, d, e의 값으로 옳지 않은 것은?

수면 시간(시간)	도수(명)	상대도수
6이상 ~ 7미만	50	a
7 ~ 8	b	0.32
8 ~ 9	c	
9 ~ 10		0.18
10 ~ 11	28	d
합계	200	e

① $a=0.25$ ② $b=16$
③ $c=22$ ④ $d=0.14$
⑤ $e=1$

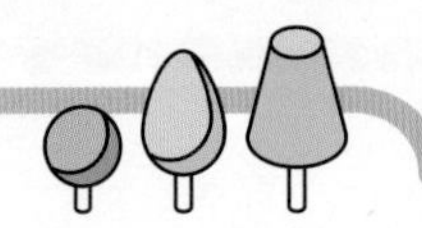

서술형

11 다음은 민지네 반 학생들의 한 달 동안 영화 관람 횟수를 조사하여 나타낸 도수분포표이다. $a : b : c = 3 : 2 : 1$일 때, 영화를 6회 미만으로 관람한 학생은 전체의 몇 %인지 구하시오.

한 달 동안 영화 관람 횟수

영화 관람 횟수(회)	도수(명)
0이상 ~ 3미만	a
3 ~ 6	2
6 ~ 9	b
9 ~ 12	5
12 ~ 15	c
합계	25

12 다음은 영준이네 반 학생들의 미술 수행평가 점수를 조사하여 나타낸 히스토그램이다. 도수가 가장 큰 계급과 도수가 가장 작은 계급을 나타내는 두 직사각형의 넓이의 차를 구하시오.

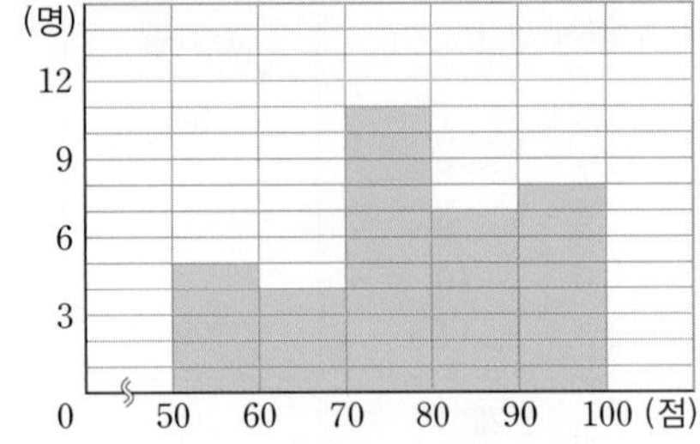

고난도

13 다음은 귤의 무게를 측정하여 나타낸 도수분포다각형인데 일부가 찢어져 보이지 않는다. 무게가 90 g 이상인 귤은 전체의 30 %이고, 무게가 80 g 이상인 귤은 전체의 70 %라고 한다. 무게가 75 g 이상 80 g 미만인 귤의 개수를 구하시오.

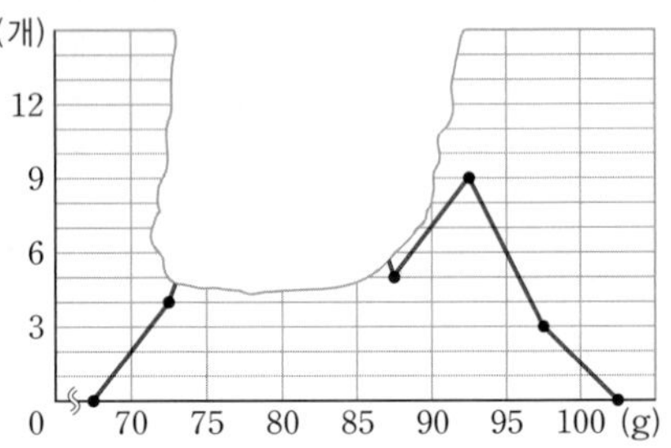

14 다음은 A 중학교 학생 300명과 B 중학교 학생 200명을 대상으로 일주일 동안 온라인 게임 시간에 대한 상대도수의 분포를 나타낸 그래프이다. 온라인 게임 시간이 15시간 이상 20시간 미만인 학생 수는 A, B 두 학교 중 어느 학교가 몇 명 더 많은지 구하시오.

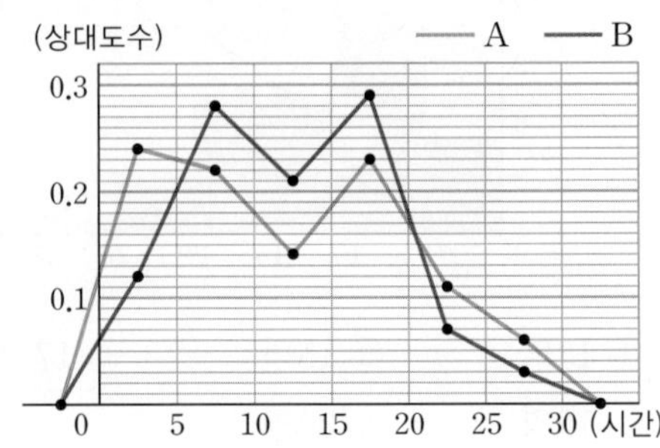

[01~02] 다음은 의림이네 반 학생들의 시력을 조사하여 나타낸 줄기와 잎 그림이다. 물음에 답하시오.

시력

(0|1은 0.1)

줄기	잎
0	1 1 2 3 5 6 7 8 9
1	0 0 2 2 2 5

01 시력이 1.2인 학생은 모두 몇 명인가?

① 1명 ② 2명 ③ 3명
④ 4명 ⑤ 5명

02 시력이 1.0 이상인 학생은 전체의 몇 %인가?

① 10 % ② 20 % ③ 30 %
④ 40 % ⑤ 50 %

고난도

03 다음은 20가구를 대상으로 한 달 동안 마트 이용 횟수를 조사하여 나타낸 줄기와 잎 그림이다. 계급의 크기가 4회인 도수분포표를 만들려고 할 때, 도수가 0이 <u>아닌</u> 계급은 모두 몇 개인가?

마트 이용 횟수

(0|1은 1회)

줄기	잎
0	1 1 3 4 4 5 6 9
1	0 0 0 2 3 5 7 8 9 9
2	1 2

① 3개 ② 4개 ③ 5개
④ 6개 ⑤ 7개

[04~05] 다음은 다온이네 반 학생들의 한 달 동안 교통비를 조사하여 나타낸 도수분포표이다. 물음에 답하시오.

한 달 동안 교통비

교통비(만 원)	도수(명)
$0^{이상} \sim 1^{미만}$	10
$1 \sim 2$	5
$2 \sim 3$	3
합계	18

04 계급의 크기를 x만 원, 도수가 가장 큰 계급의 도수를 y명이라고 할 때, $x+y$의 값은?

① 10 ② 11 ③ 12
④ 13 ⑤ 14

05 교통비가 13500원인 학생이 속하는 계급의 도수는?

① 3명 ② 5명 ③ 8명
④ 10명 ⑤ 18명

고난도

06 아래 도수분포표는 어느 가게의 점심시간에 방문한 손님 수를 40일 동안 조사하여 나타낸 것이다. 다음 설명 중 옳지 <u>않은</u> 것은?

점심 시간에 방문한 손님 수

손님 수(명)	도수(일)
$0^{이상} \sim 10^{미만}$	4
$10 \sim 20$	10
$20 \sim 30$	18
$30 \sim 40$	5
$40 \sim 50$	3
합계	40

① 계급의 크기는 10명이다.
② 계급의 개수는 5이다.
③ 손님이 가장 많이 방문한 날이 속하는 계급의 도수는 18일이다.
④ 손님이 30명 이상 방문한 날은 8일이다.
⑤ 손님이 20명 이상 30명 미만 방문한 날은 전체의 45 %이다.

[07~08] 다음은 도시 30개를 대상으로 한 달 동안 눈이 내린 일수를 조사하여 나타낸 히스토그램의 일부이다. 물음에 답하시오.

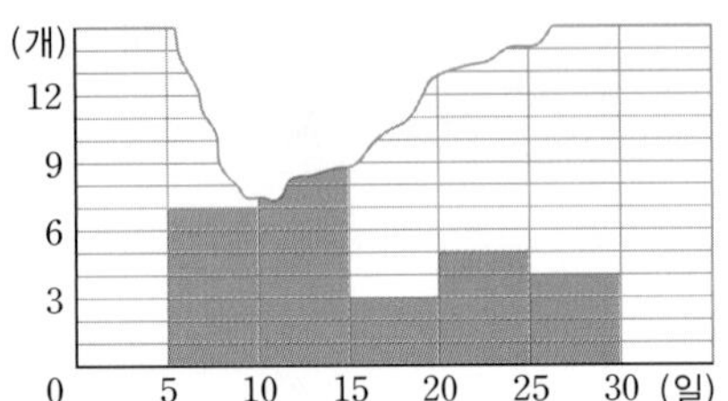

07 10일 이상 15일 미만으로 눈이 내린 도시는 모두 몇 개인가?

① 8개 ② 9개 ③ 10개
④ 11개 ⑤ 12개

08 도수가 두 번째로 큰 계급의 직사각형의 넓이와 도수가 가장 작은 계급의 직사각형의 넓이의 합은?

① 50 ② 60 ③ 70
④ 80 ⑤ 90

고난도

09 다음은 지훈이네 반 학생들의 한 학기 동안 결석 일수를 조사하여 나타낸 히스토그램인데 가로축이 찢어져 보이지 않는다. 히스토그램에서 모든 직사각형의 넓이의 합이 120일 때, 계급의 크기는? (단, 계급의 개수는 5이다.)

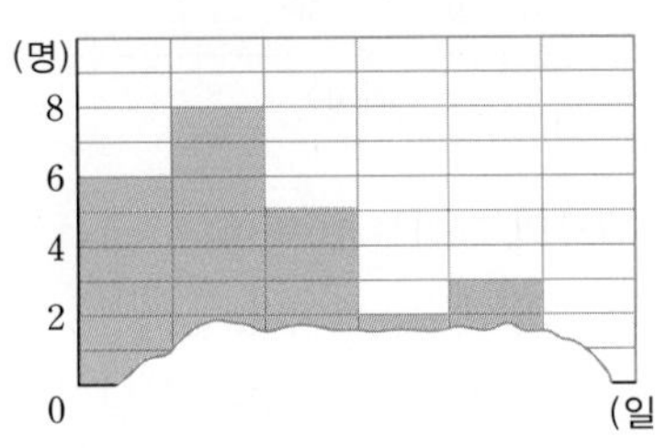

① 2일 ② 3일 ③ 4일
④ 5일 ⑤ 6일

[10~11] 다음은 수연이네 반 학생들의 국어 점수를 조사하여 나타낸 히스토그램과 도수분포다각형이다. 물음에 답하시오.

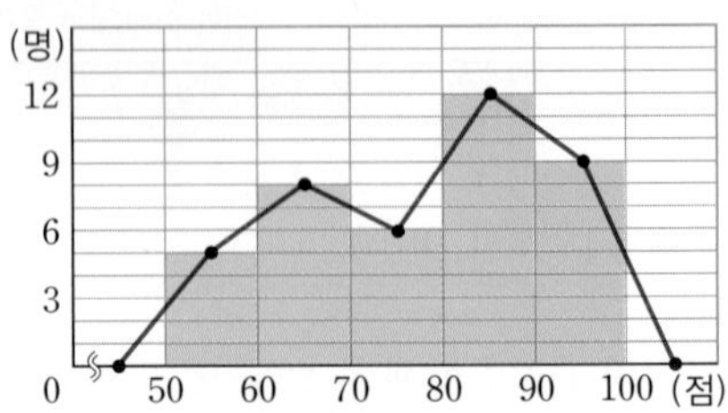

10 〈보기〉 중 옳은 것만을 있는 대로 고른 것은?

> 보기
> ㄱ. 도수가 가장 큰 계급은 90점 이상 100점 미만이다.
> ㄴ. 히스토그램에서 각 직사각형의 넓이는 계급의 도수에 정비례한다.
> ㄷ. 히스토그램의 모든 직사각형의 넓이의 합은 도수분포다각형과 가로축으로 둘러싸인 부분의 넓이와 같다.

① ㄱ ② ㄴ ③ ㄷ
④ ㄱ, ㄴ ⑤ ㄴ, ㄷ

고난도

11 성취평가제에서는 다음 표와 같이 점수에 따라 등급을 나눈다.

점수	등급
90점 이상	A
80점 이상 90점 미만	B
70점 이상 80점 미만	C
60점 이상 70점 미만	D
60점 미만	E

E 등급을 받은 학생은 전체의 몇 %인가?

① 5 % ② 10 % ③ 12.5 %
④ 15 % ⑤ 25 %

서술형

고난도

12 다음은 시은이네 반 학생들이 일 년 동안 자란 키를 조사하여 나타낸 도수분포표이다. 키가 6 cm 이상 자란 학생들이 전체의 25 %일 때, $2a+b$의 값을 구하시오.

일 년 동안 자란 키

자란 키(cm)	도수(명)
0이상 ~ 2미만	a
2 ~ 4	5
4 ~ 6	9
6 ~ 8	4
8 ~ 10	b
합계	24

고난도

13 다음은 지웅이네 반 학생들이 일주일 동안 SNS에 게시한 사진의 개수를 조사하여 나타낸 도수분포다각형의 일부이다. SNS에 게시한 사진의 개수가 21개 이상 25개 미만인 계급의 상대도수가 0.1일 때, SNS에 게시한 사진의 개수가 5개 이상 13개 미만인 학생은 전체의 몇 %인지 구하시오.

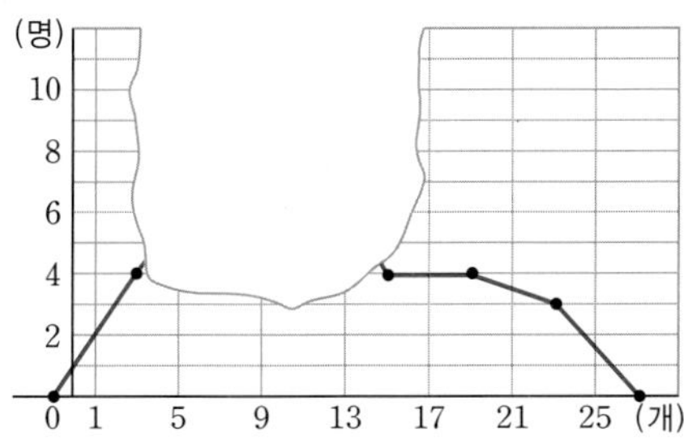

14 다음은 상대도수의 분포표의 일부이다. $a+b$의 값을 구하시오.

시간(분)	도수(명)	상대도수
0이상 ~ 10미만	a	0.24
10 ~ 20	15	0.3
⋮	⋮	⋮
합계	b	1

15 다음은 남학생과 여학생의 일주일 동안 운동 시간을 조사하여 나타낸 도수분포표이다. 운동 시간이 2시간 이상 4시간 미만인 학생의 비율은 남학생과 여학생 중 어느 쪽이 더 높은지 상대도수를 이용하여 설명하시오.

일주일 동안 운동 시간

운동 시간(시간)	남학생(명)	여학생(명)
0이상 ~ 2미만	2	11
2 ~ 4	9	10
4 ~ 6	7	7
6 ~ 8	8	7
8 ~ 10	4	5
합계	30	40

EBS 중학 수학 내신 대비 기출문제집

부록

실전 모의고사 1회

점수	점	이름	

1. 선택형 20문항, 서술형 5문항으로 되어 있습니다.
2. 주어진 문제를 잘 읽고, 알맞은 답을 답안지에 정확하게 표기하시오.

01 오른쪽 그림에서 x의 값은? [3점]

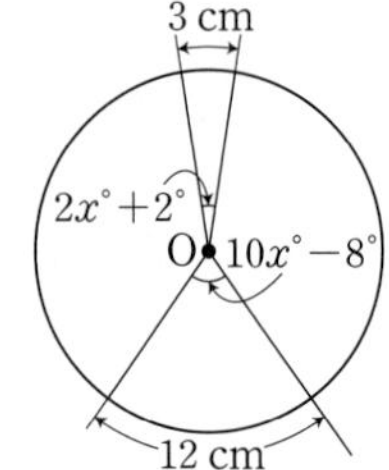

① 6 ② 8
③ 10 ④ 12
⑤ 14

02 다음 그림과 같은 원 O에서 $\angle AOB = \angle BOC = \angle COD$일 때, 〈보기〉에서 옳은 것을 모두 고른 것은? [4점]

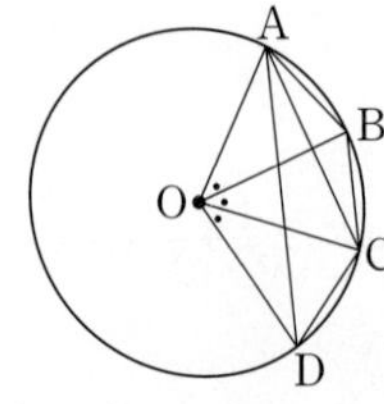

보기

ㄱ. $\widehat{AB} = \widehat{CD}$ ㄴ. $\widehat{AC} = 2\widehat{BC}$
ㄷ. $\overline{AO} = \overline{AC}$ ㄹ. $\overline{AD} = 3\overline{AB}$

① ㄱ, ㄴ ② ㄱ, ㄷ ③ ㄱ, ㄹ
④ ㄴ, ㄹ ⑤ ㄷ, ㄹ

03 반지름의 길이가 5 cm인 부채꼴의 넓이가 20π cm^{2}일 때, 호의 길이는? [3점]

① 2π cm ② 4π cm ③ 8π cm
④ 16π cm ⑤ 32π cm

04 오른쪽 그림에서 x의 값은? [3점]

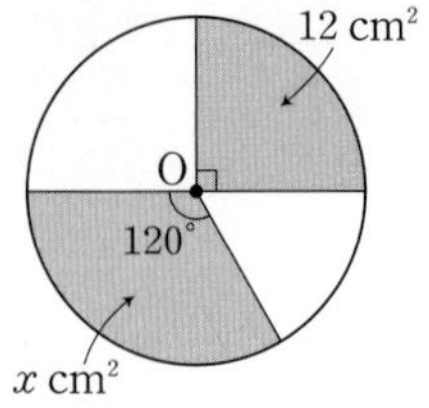

① 15 ② 16

③ 18 ④ 20

⑤ 24

05 오른쪽 그림에서 색칠한 부분의 둘레의 길이는 $(a\pi + b)$cm이다. 이때 $a+b$의 값은? (단 a, b는 유리수) [4점]

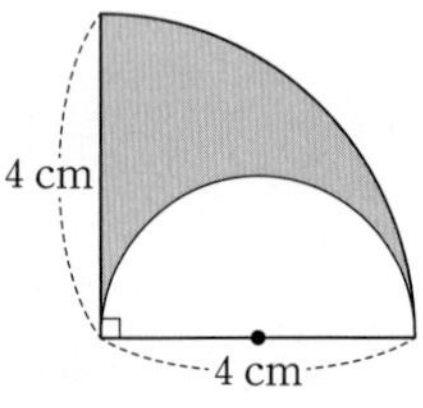

① 4 ② 6 ③ 8
④ 10 ⑤ 12

06 다음 중 면의 개수가 가장 많은 다면체는? [4점]

① 사각뿔 ② 정사면체
③ 오각뿔 ④ 오각뿔대
⑤ 정육면체

07 육면체인 각뿔대의 모서리의 개수를 x, 꼭짓점의 개수를 y라고 할 때 $x+2y$의 값은? [4점]

① 28 ② 32 ③ 44
④ 48 ⑤ 64

08 다음 중 옆면의 개수가 나머지 넷과 <u>다른</u> 하나는? [4점]

① 정사면체 ② 정사각뿔
③ 사각뿔대 ④ 사각기둥
⑤ 정육면체

09 다음 〈조건〉을 만족하는 입체도형의 겉넓이는? [4점]

조건
- 모든 면은 합동이다.
- 각 면은 넓이가 4 cm^2인 정삼각형 모양이다.
- 각 꼭짓점에 모인 면의 개수는 4이다.

① 16 cm^2 ② 24 cm^2 ③ 32 cm^2
④ 48 cm^2 ⑤ 80 cm^2

10 〈보기〉 중 회전체는 모두 몇 개인가? [4점]

보기
ㄱ. 원기둥 ㄴ. 정사각뿔
ㄷ. 구 ㄹ. 사각뿔대
ㅁ. 정육면체 ㅂ. 삼각뿔

① 1개 ② 2개 ③ 3개
④ 4개 ⑤ 5개

11 오른쪽 그림과 같은 회전체를 회전축에 수직인 평면으로 자른 단면은? [4점]

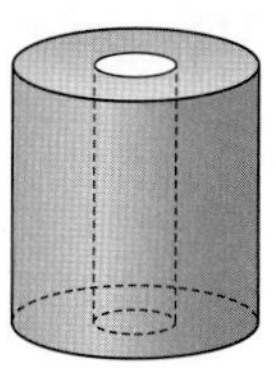

① ②

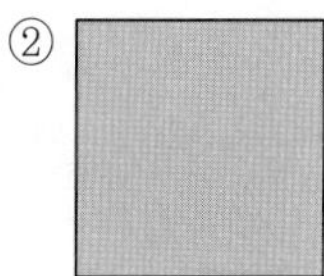

③ ④

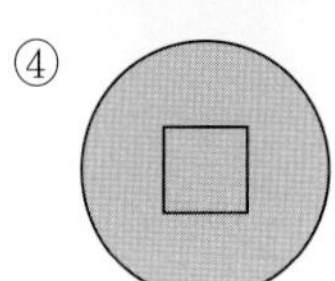

⑤

12 다음 그림과 같은 전개도로 만든 입체도형의 겉넓이는? [4점]

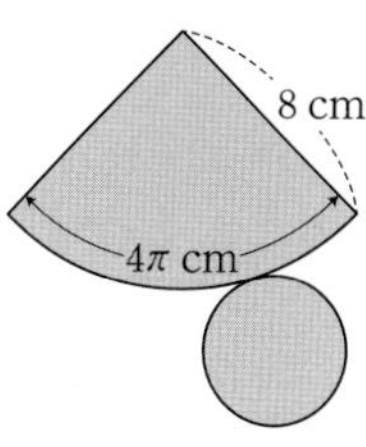

① $4\pi\text{ cm}^2$ ② $8\pi\text{ cm}^2$ ③ $12\pi\text{ cm}^2$
④ $16\pi\text{ cm}^2$ ⑤ $20\pi\text{ cm}^2$

13 오른쪽 그림과 같은 직사각형을 직선 l을 회전축으로 하여 1회전 시킬 때 생기는 회전체의 부피는? [4점]

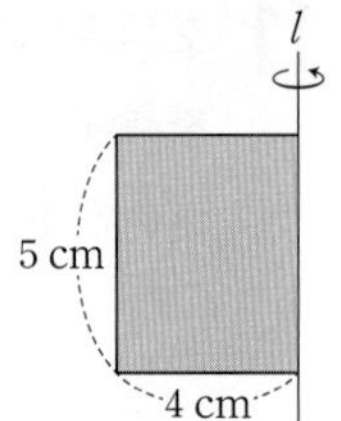

① 20π cm^3 ② 40π cm^3
③ 60π cm^3 ④ 80π cm^3
⑤ 100π cm^3

14 다음 그림과 같이 사각기둥을 비스듬히 자르고 남은 입체도형의 부피는? [4점]

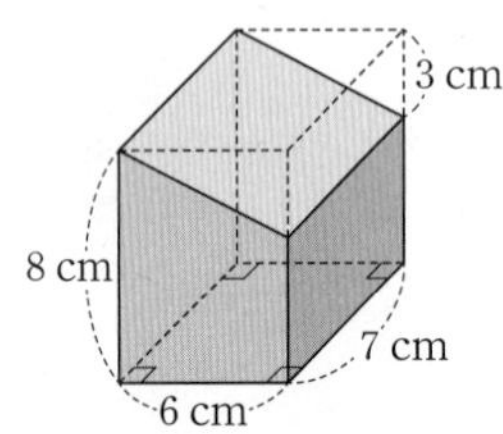

① 91 cm^3 ② 168 cm^3
③ 182 cm^3 ④ 273 cm^3
⑤ 546 cm^3

15 반지름의 길이가 7 cm인 반구의 겉넓이는? [3점]

① 49π cm^2 ② 98π cm^2 ③ 147π cm^2
④ 196π cm^2 ⑤ 245π cm^2

16 오른쪽 그림과 같은 원뿔 모양의 빈 그릇에 1분에 5π cm^{3}씩 물을 넣으려고 한다. 빈 그릇에 물을 가득 채우는 데 몇 분이 걸리는가? [4점]

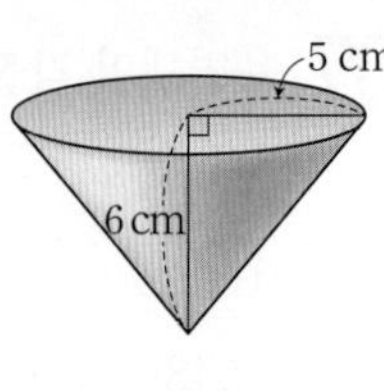

① 10분 ② 20분 ③ 30분
④ 40분 ⑤ 50분

17 다음은 동호네 반 학생들의 한 달 동안 도서관 이용 횟수를 조사하여 나타낸 줄기와 잎 그림이다. 도서관을 가장 많이 이용한 학생과 가장 적게 이용한 학생의 이용 횟수 차는? [4점]

도서관 이용 횟수

(0|2는 2회)

줄기	잎
0	2 2 3 5 7 7 9
1	0 0 1 1 4 5 7 8
2	0 2 4 4 7

① 5회 ② 10회 ③ 15회
④ 20회 ⑤ 25회

18 다음은 어느 지역의 한 달 동안 습도를 조사하여 나타낸 도수분포다각형이다. 습도가 60 % 이상인 날은 전체의 몇 %인가? [4점]

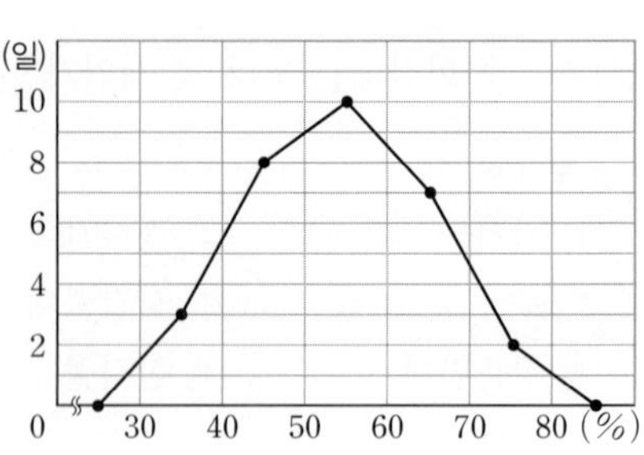

① 10 % ② 15 % ③ 20 %
④ 25 % ⑤ 30 %

[19-20] 다음은 하연이네 반 학생들의 평균 수면 시간을 조사하여 나타낸 상대도수의 분포표의 일부이다. 물음에 답하시오.

수면 시간(시간)	도수(명)	상대도수
5이상 ~ 6미만		0.2
6 ~ 7	8	0.32
7 ~ 8		
8 ~ 9	5	
합계	25	1

19 수면 시간이 5시간 이상 6시간 미만인 학생은 모두 몇 명인가? [3점]

① 2명 ② 3명 ③ 4명
④ 5명 ⑤ 6명

20 수면 시간이 7시간 이상 8시간 미만인 계급의 상대도수는? [4점]

① 0.12 ② 0.2 ③ 0.24
④ 0.28 ⑤ 0.32

서·술·형

21 오른쪽 그림의 원 O에서 선분 AB는 지름이고, 점 C, D, E, F, G는 호 AB를 6등분하는 점이다. ∠OCB+∠OBC의 크기를 구하시오. [5점]

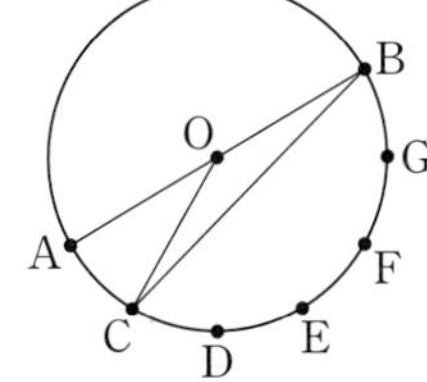

22 면의 개수와 꼭짓점의 개수의 합이 23인 각뿔대의 모서리의 개수를 구하시오. [5점]

23 밑면이 그림과 같은 사다리꼴인 사각기둥이 있다. 사각기둥의 겉넓이가 180 cm^2일 때, 사각기둥의 높이를 구하시오. [5점]

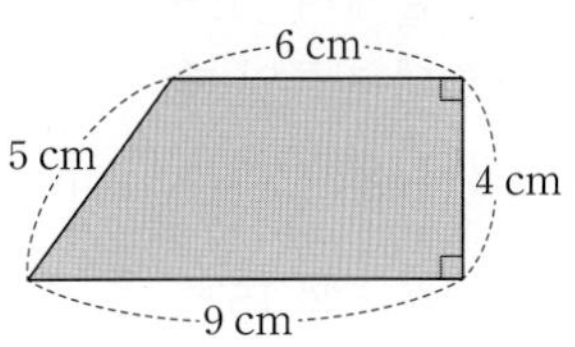

24 오른쪽 그림과 같이 원뿔과 반구로 이루어진 입체도형의 부피를 구하시오. [5점]

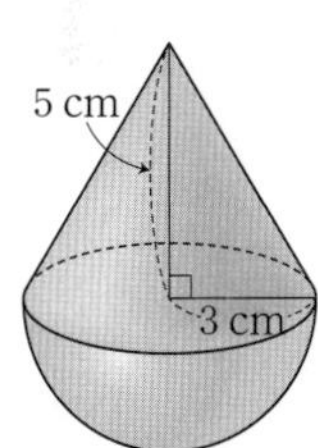

25 다음은 예진이네 반 학생들의 수학 점수를 조사하여 나타낸 도수분포표이다. 수학 점수가 80점 미만인 학생이 전체의 25 %일 때, 80점 이상 90점 미만인 학생은 몇 명인지 구하시오. [5점]

수학 점수

수학 점수(점)	도수(명)
60이상 ~ 70미만	
70 ~ 80	
80 ~ 90	
90 ~ 100	10
합계	28

실전 모의고사 2회

점수	점	이름	

1. 선택형 20문항, 서술형 5문항으로 되어 있습니다.
2. 주어진 문제를 잘 읽고, 알맞은 답을 답안지에 정확하게 표기하시오.

01 오른쪽 그림에서 선분 AB가 원 O의 지름일 때, x의 값은? [4점]

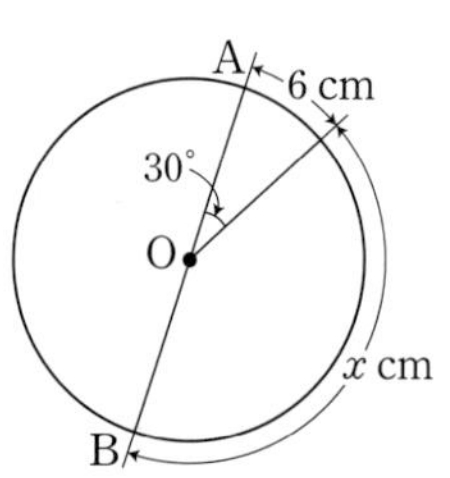

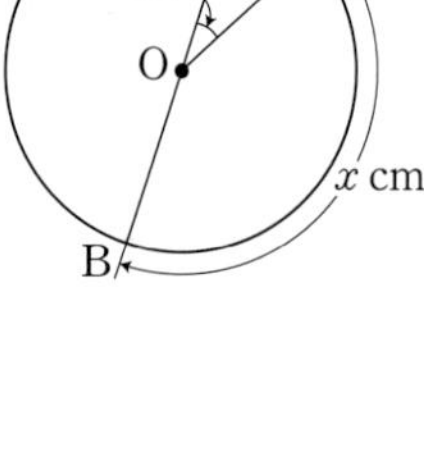

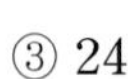

① 12 ② 15
③ 24 ④ 30
⑤ 36

02 반지름의 길이가 5 cm이고, 호의 길이가 2π cm인 부채꼴의 넓이는? [3점]

① $2\pi\text{ cm}^2$ ② $3\pi\text{ cm}^2$ ③ $5\pi\text{ cm}^2$
④ $10\pi\text{ cm}^2$ ⑤ $20\pi\text{ cm}^2$

03 오른쪽 그림에서 선분 AB는 원 O의 지름이고, $\overline{AC} /\!/ \overline{OD}$일 때, x의 값은? [4점]

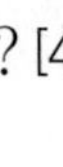

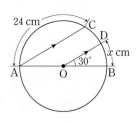

① 3 ② 4
③ 6 ④ 8
⑤ 12

04 오른쪽 그림의 원 O에 대한 〈보기〉의 설명 중 옳은 것을 모두 고른 것은? [4점]

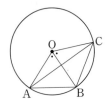

• 보기 •
ㄱ. $\overline{OA}=\overline{OB}$ ㄴ. $\overline{OC}=\overline{BC}$
ㄷ. $\overline{AC}=2\overline{AB}$ ㄹ. $\widehat{AC}=2\widehat{AB}$

① ㄱ, ㄴ ② ㄱ, ㄷ ③ ㄱ, ㄹ
④ ㄴ, ㄹ ⑤ ㄷ, ㄹ

05 다음 그림에서 색칠한 부분의 넓이는? [4점]

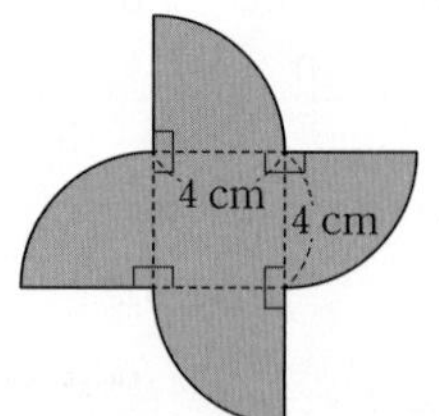

① $(8\pi+8)\text{cm}^2$ ② $(16\pi+8)\text{cm}^2$
③ $(4\pi+16)\text{cm}^2$ ④ $(8\pi+16)\text{cm}^2$
⑤ $(16\pi+16)\text{cm}^2$

06 정육각뿔의 면의 개수를 x, 모서리의 개수를 y, 꼭짓점의 개수를 z라고 할 때, $2x-y+z$의 값은? [4점]

① 9 ② 10 ③ 11
④ 12 ⑤ 13

07 다음 중 그 수가 가장 큰 것은? [4점]

① 정사면체의 꼭짓점의 개수
② 정육면체의 모서리의 개수
③ 정육면체의 꼭짓점의 개수
④ 정팔면체의 면의 개수
⑤ 정팔면체의 꼭짓점의 개수

08 다음 〈조건〉을 모두 만족하는 다면체는? [4점]

조건
• 각 면이 모두 합동인 정오각형이다.
• 각 꼭짓점에 모인 면의 개수가 모두 같다.

① 정오각기둥　② 정오각뿔대
③ 정팔면체　④ 정십이면체
⑤ 정이십면체

09 다음 중 옳은 것은? [4점]

① 원뿔대를 회전축을 포함하는 평면으로 자른 단면의 모양은 직사각형이다.
② 원뿔을 회전축을 포함하는 평면으로 자른 단면의 모양은 원이다.
③ 회전체를 회전축에 수직인 평면으로 자른 단면의 경계는 항상 원이다.
④ 회전체를 회전축에 수직인 평면으로 자른 단면은 모두 합동이다.
⑤ 회전체를 회전축을 포함하는 평면으로 자른 단면의 경계는 항상 직사각형이다.

10 오른쪽 그림과 같은 원뿔을 회전축을 포함하는 평면으로 자를 때 생기는 단면의 넓이는? [4점]

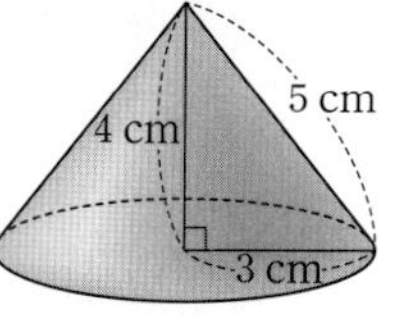

① 6 cm^2　② 8 cm^2　③ 10 cm^2
④ 12 cm^2　⑤ 20 cm^2

11 밑면이 다음 그림과 같고 높이가 5 cm인 오각기둥의 부피는? [3점]

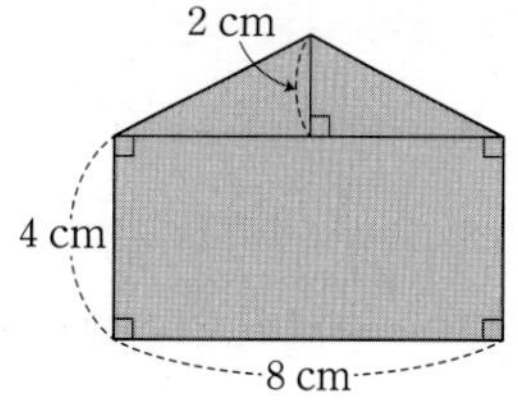

① 160 cm^3　② 180 cm^3　③ 200 cm^3
④ 220 cm^3　⑤ 240 cm^3

12 다음 그림과 같은 직육면체를 세 꼭짓점 B, G, D를 지나는 평면으로 자를 때 생기는 삼각뿔의 부피는? [4점]

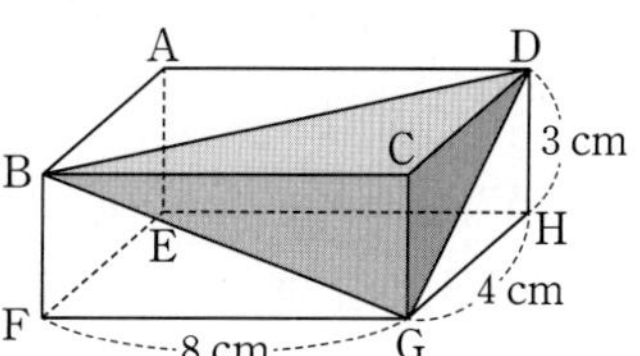

① 16 cm^3　② 24 cm^3　③ 32 cm^3
④ 48 cm^3　⑤ 96 cm^3

13 밑면의 반지름의 길이가 4 cm이고 높이가 9 cm인 원뿔의 부피는? [3점]

① 16π cm^3　② 24π cm^3　③ 48π cm^3
④ 96π cm^3　⑤ 144π cm^3

14 오른쪽 그림과 같이 정육면체에 원기둥이 꼭 맞게 들어 있을 때, 정육면체와 원기둥의 부피의 비는? [4점]

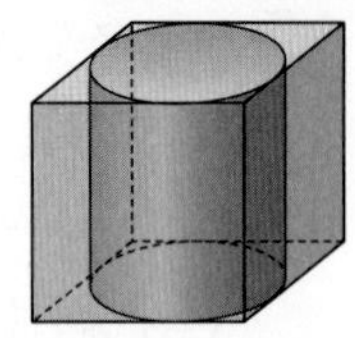

① $1 : \pi$ ② $2 : \pi$ ③ $4 : \pi$
④ $8 : \pi$ ⑤ $16 : \pi$

15 오른쪽 그림은 원뿔과 반구를 붙여 만든 입체도형이다. 이 입체도형의 겉넓이는? [4점]

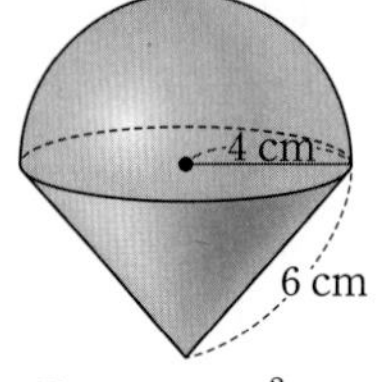

① $56\pi\ cm^2$ ② $72\pi\ cm^2$ ③ $80\pi\ cm^2$
④ $96\pi\ cm^2$ ⑤ $112\pi\ cm^2$

[16-17] 오른쪽은 신생아 20명의 몸무게를 조사하여 나타낸 도수분포표이다. 물음에 답하시오.

신생아 몸무게

몸무게(kg)	도수(명)
2.0[이상] ~ 2.5[미만]	3
2.5 ~ 3.0	a
3.0 ~ 3.5	7
3.5 ~ 4.0	6
합계	20

16 계급의 크기를 x kg, 도수가 가장 큰 계급의 도수를 y명이라고 할 때, $x+y$의 값은? [3점]

① 3.5 ② 4.5 ③ 5.5
④ 6.5 ⑤ 7.5

17 몸무게가 3.0 kg 미만인 신생아는 전체의 몇 %인가? [4점]

① 15 % ② 20 % ③ 25 %
④ 30 % ⑤ 35 %

[18-19] 다음은 A 동호회와 B 동호회 회원들의 나이에 대한 상대도수의 분포를 나타낸 그래프이다. 물음에 답하시오.

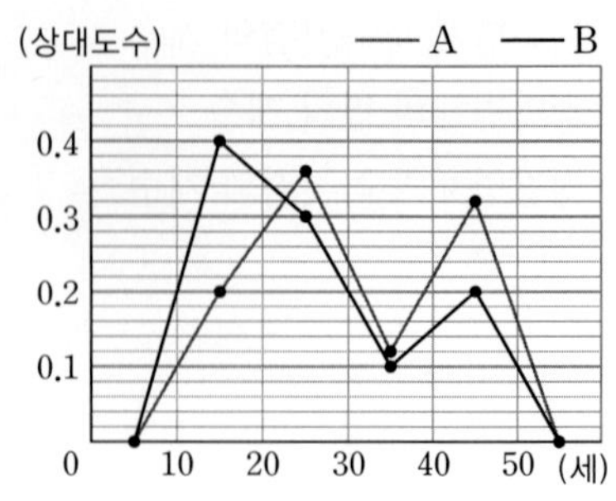

18 〈보기〉에서 옳은 것을 모두 고른 것은? [4점]

보기

ㄱ. A 동호회와 B 동호회의 전체 회원 수는 서로 같다.
ㄴ. 30대 회원의 수는 A 동호회가 B 동호회보다 많다.
ㄷ. 10대 회원의 비율은 B 동호회가 A 동호회보다 높다.
ㄹ. A 동호회 회원의 10대 비율과 B 동호회 회원의 40대 비율은 서로 같다.

① ㄱ, ㄴ ② ㄱ, ㄷ ③ ㄴ, ㄷ
④ ㄴ, ㄹ ⑤ ㄷ, ㄹ

19 A 동호회 전체 회원 수가 25명이고, A 동호회와 B 동호회의 20대 회원 수가 같을 때, B 동호회 회원은 모두 몇 명인가? [4점]

① 20명 ② 25명 ③ 30명
④ 35명 ⑤ 40명

20 다음은 하진이네 반 학생들의 일주일 동안 피아노 연습 시간을 조사하여 나타낸 히스토그램이다. 연습 시간이 5번째로 긴 학생이 속하는 계급은? [3점]

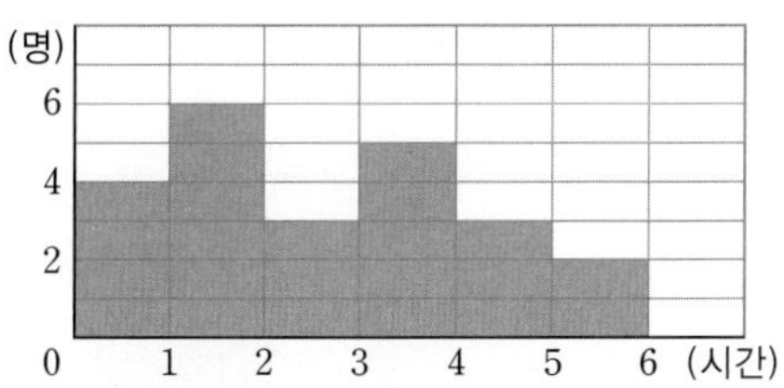

① 0시간 이상 1시간 미만
② 1시간 이상 2시간 미만
③ 2시간 이상 3시간 미만
④ 3시간 이상 4시간 미만
⑤ 4시간 이상 5시간 미만

서·술·형

21 오른쪽 그림과 같이 한 변의 길이가 9 cm인 정육각형에서 색칠한 부분의 둘레의 길이를 구하시오. [5점]

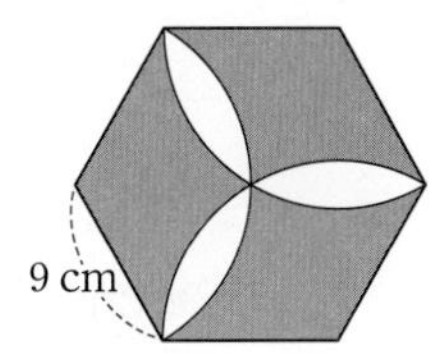

22 면의 개수와 모서리의 개수의 합이 22인 각뿔의 꼭짓점의 개수를 구하시오. [5점]

23 오른쪽 그림과 같이 사각기둥에서 밑면이 부채꼴인 기둥을 잘라 내고 남은 입체도형의 겉넓이를 구하시오. [5점]

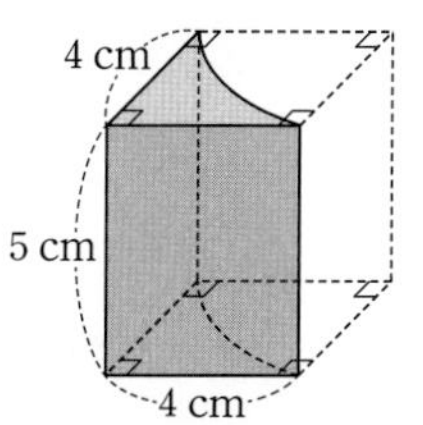

24 오른쪽 그림과 같은 사다리꼴을 직선 l을 회전축으로 하여 1회전 시킬 때 생기는 회전체의 부피를 구하시오. [5점]

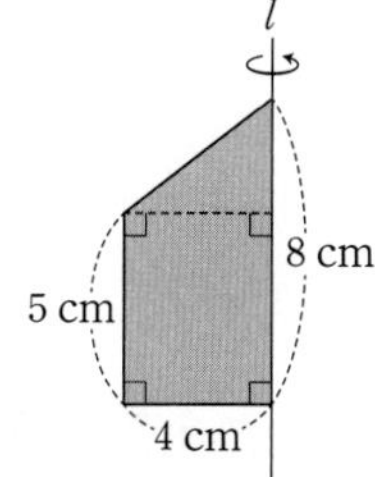

25 다음은 정훈이네 반 학생들의 통학 시간을 조사하여 나타낸 줄기와 잎 그림이다. 정훈이의 통학 시간이 20분일 때, 정훈이보다 통학 시간이 긴 학생은 전체의 몇 %인지 구하시오. [5점]

통학 시간

(0|2는 2분)

줄기	잎
0	2 5 5 8 9 9
1	0 1 1 1 2 4 6 6 8
2	0 3 4 4 5

실전 모의고사 3회

점수	점	이름	

1. 선택형 20문항, 서술형 5문항으로 되어 있습니다.
2. 주어진 문제를 잘 읽고, 알맞은 답을 답안지에 정확하게 표기하시오.

01 다음 그림에서 x의 값은? [3점]

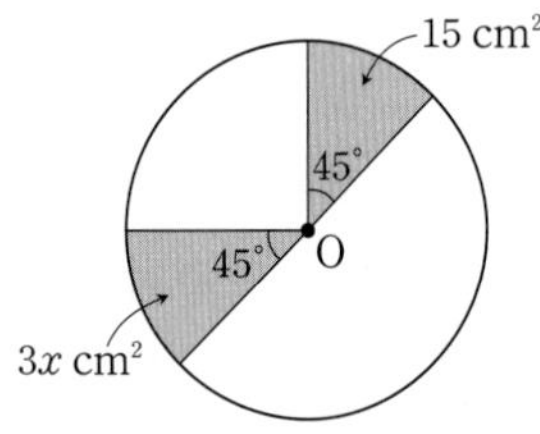

① 5 ② 9 ③ 10
④ 15 ⑤ 45

02 다음 그림과 같은 부채꼴의 호의 길이는? [3점]

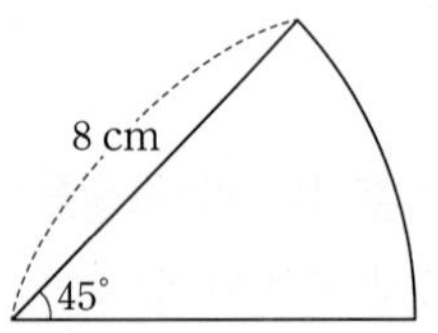

① π cm ② 2π cm ③ 4π cm
④ 8π cm ⑤ 16π cm

03 반지름의 길이가 6 cm이고, 넓이가 24π cm^{2}인 부채꼴의 호의 길이는? [4점]

① 2π cm ② 4π cm ③ 6π cm
④ 8π cm ⑤ 12π cm

04 다음 그림에서 색칠한 부분의 넓이는? [4점]

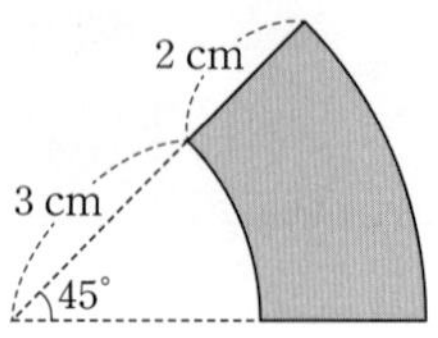

① 2π cm^2 ② 8π cm^2 ③ 12π cm^2
④ 16π cm^2 ⑤ 25π cm^2

05 다음 그림은 한 변의 길이가 6 cm인 정삼각형 두 개와 정사각형을 이어 붙여서 만든 도형이다. 정삼각형과 정사각형의 꼭짓점을 지나는 부채꼴 모양의 넓이는? [4점]

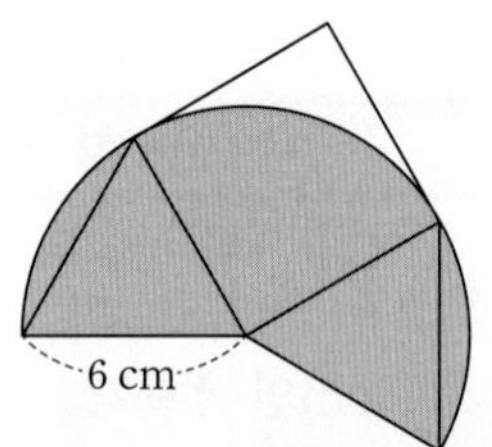

① 12π cm^2 ② 15π cm^2 ③ 18π cm^2
④ 21π cm^2 ⑤ 24π cm^2

06 다음 중 오각뿔대에 대한 설명으로 옳은 것은? [4점]

① 두 밑면은 서로 합동이다.
② 옆면은 직사각형 모양이다.
③ 면의 개수는 6이다.
④ 모서리의 개수는 7이다.
⑤ 꼭짓점의 개수는 10이다.

07 〈보기〉 중 면의 개수가 5인 다면체의 개수는? [4점]

보기
ㄱ. 삼각뿔대　　ㄴ. 사각뿔
ㄷ. 오각기둥　　ㄹ. 정육면체
ㅁ. 정십이면체

① 1　② 2　③ 3
④ 4　⑤ 5

08 다음 중 다면체와 그 모서리의 개수를 바르게 짝 지은 것은? [4점]

① 육각뿔대 － 12　② 직육면체 － 8
③ 칠각뿔 － 14　④ 팔각기둥 － 16
⑤ 구각기둥 － 9

09 다음 중 정사면체에 대한 설명으로 옳은 것은? [4점]

① 사각뿔이다.
② 꼭짓점의 개수는 4이다.
③ 모서리의 개수는 4이다.
④ 모든 면은 합동인 정사각형이다.
⑤ 각 꼭짓점에 모인 면의 개수는 4이다.

10 〈보기〉 중 회전체를 모두 고른 것은? [4점]

보기
ㄱ. 구　　ㄴ. 정사면체
ㄷ. 원기둥　　ㄹ. 정육각뿔대

① ㄱ, ㄴ　② ㄱ, ㄷ　③ ㄱ, ㄹ
④ ㄴ, ㄷ　⑤ ㄷ, ㄹ

11 오른쪽 그림과 같은 평면도형을 직선 l을 회전축으로 하여 1회전 시킬 때 생기는 회전체는? [4점]

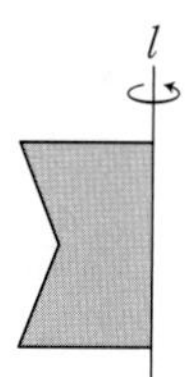

①
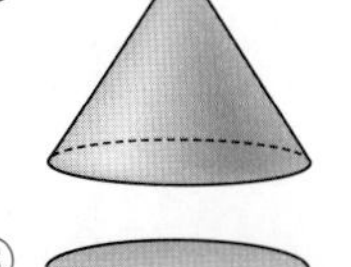

②
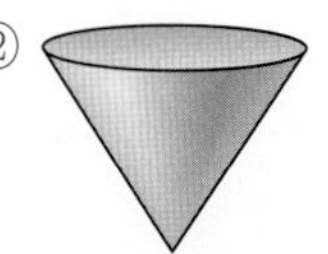

③
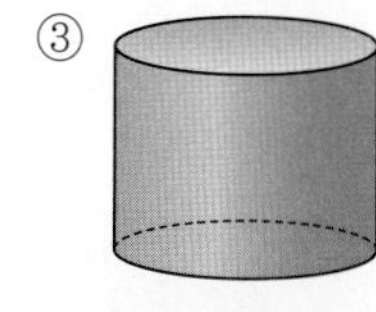

④
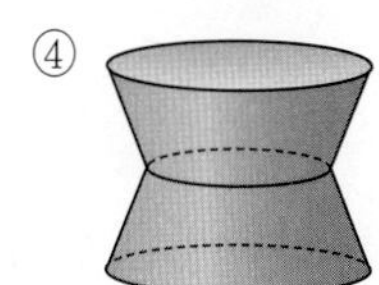

⑤
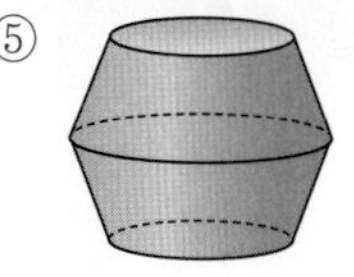

12 다음 그림과 같은 전개도를 갖는 원기둥의 겉넓이는? [4점]

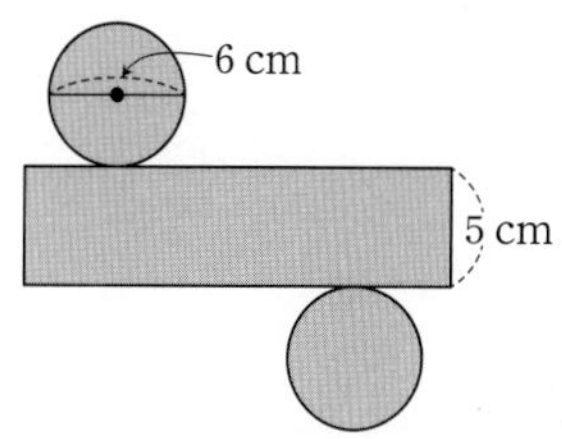

① 39π cm²　② 48π cm²　③ 76π cm²
④ 102π cm²　⑤ 132π cm²

13 다음 그림과 같이 옆면이 모두 합동인 사각뿔의 겉넓이는? [3점]

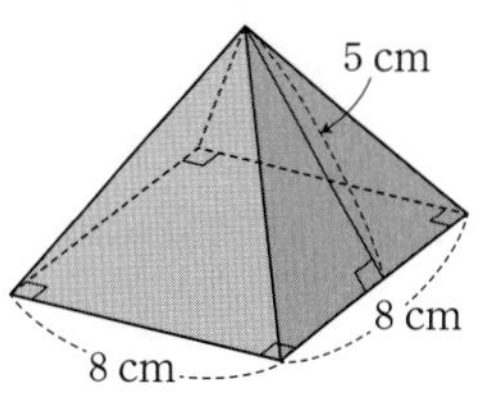

① 84 cm²　② 100 cm²　③ 144 cm²
④ 196 cm²　⑤ 224 cm²

14 밑면의 지름의 길이와 높이가 모두 6 cm인 원기둥의 부피는? [3점]

① $18\pi\ \text{cm}^3$ ② $27\pi\ \text{cm}^3$ ③ $54\pi\ \text{cm}^3$
④ $72\pi\ \text{cm}^3$ ⑤ $216\pi\ \text{cm}^3$

15 오른쪽 그림은 반지름의 길이가 6 cm인 구의 $\frac{1}{8}$을 잘라낸 입체도형이다. 이 입체도형의 부피는? [4점]

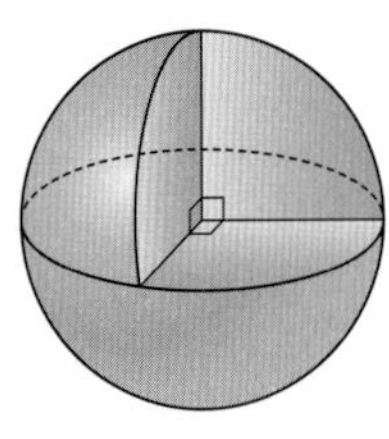

① $144\pi\ \text{cm}^3$ ② $180\pi\ \text{cm}^3$
③ $192\pi\ \text{cm}^3$ ④ $216\pi\ \text{cm}^3$
⑤ $252\pi\ \text{cm}^3$

16 다음 그림은 원뿔 1개와 원기둥 2개를 붙여 만든 입체도형이다. 이 입체도형의 겉넓이는? [4점]

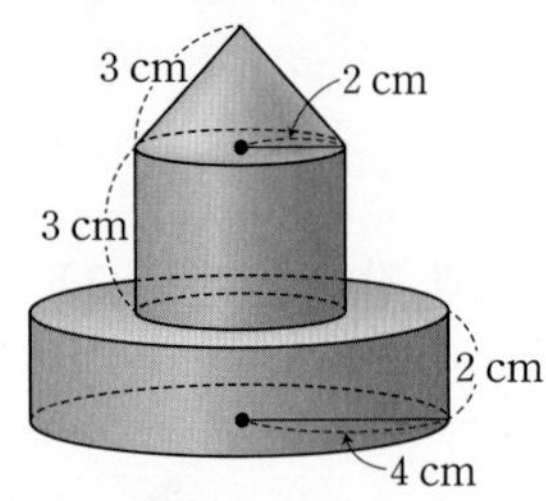

① $60\pi\ \text{cm}^2$ ② $62\pi\ \text{cm}^2$ ③ $64\pi\ \text{cm}^2$
④ $66\pi\ \text{cm}^2$ ⑤ $68\pi\ \text{cm}^2$

[17-18] 다음은 민준이네 반 학생들의 키를 조사하여 나타낸 줄기와 잎 그림이다. 물음에 답하시오.

키

(15|3은 153 cm)

줄기	잎
15	3 4 7 8 8 9
16	0 0 1 4 4 5 7 8
17	0 2 3 4 7
18	1

17 3번째로 키가 큰 학생의 키는? [3점]

① 170 cm ② 172 cm ③ 173 cm
④ 174 cm ⑤ 177 cm

18 위의 자료를 다음과 같은 도수분포표에 나타내려고 한다. 이때 가장 큰 수는? [4점]

학생들의 키

키(cm)	도수(명)
150이상 ~ 155미만	①
155 ~ 160	②
160 ~ 165	③
165 ~ 170	④
170 ~ 175	⑤
⋮	⋮
합계	20

19 다음은 은우네 반 학생들이 한 달 동안 읽은 책의 권수를 조사하여 나타낸 히스토그램이다. 모든 직사각형의 넓이의 합은? [4점]

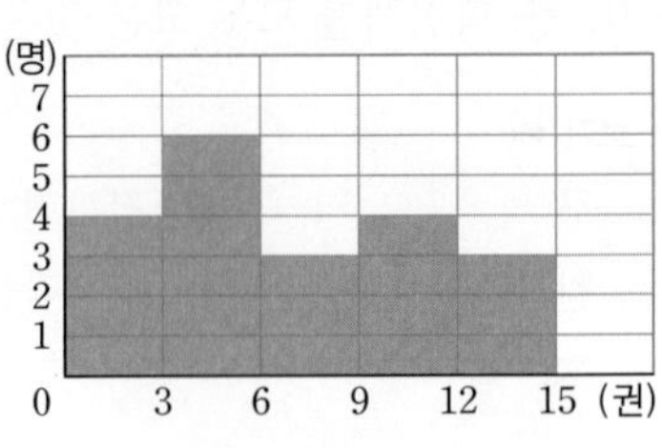

① 20 ② 30 ③ 40
④ 50 ⑤ 60

20 어떤 계급의 도수가 12이고, 상대도수가 0.3일 때, 도수의 총합은? [4점]

① 20 ② 25 ③ 30
④ 35 ⑤ 40

서·술·형

21 다음 그림과 같은 반원 O에서 점 C, D, E, F는 호 AB를 5등분하는 점이다. 부채꼴 COE의 넓이가 18 cm^2일 때, 반원 O의 넓이를 구하시오. [5점]

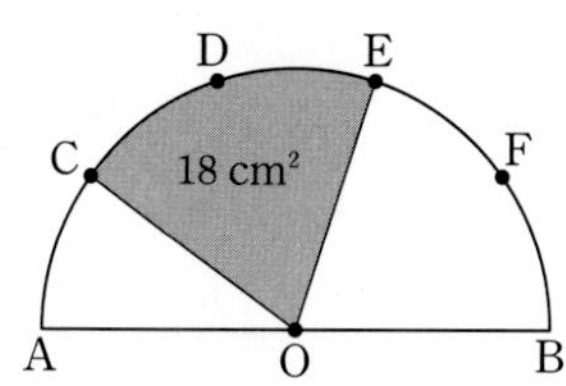

22 다음 그림과 같이 한 변의 길이가 6 cm인 정사각형에서 색칠한 부분의 둘레의 길이를 구하시오. [5점]

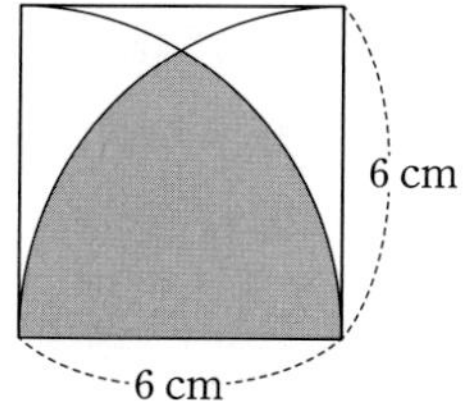

23 다음 그림과 같은 전개도를 갖는 다면체의 면의 개수를 x, 모서리의 개수를 y, 꼭짓점의 개수를 z라고 할 때, $2x-y+z$의 값을 구하시오. [5점]

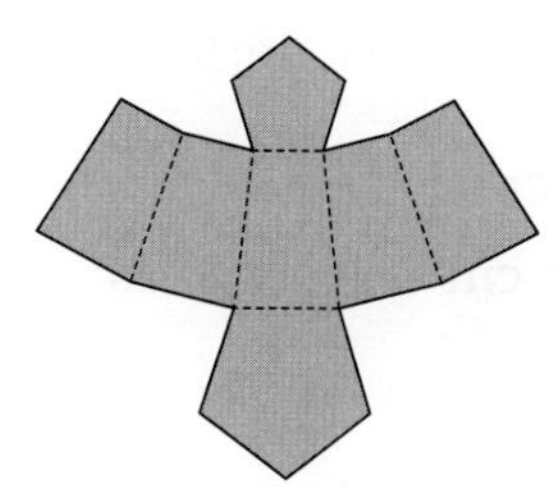

24 오른쪽 그림과 같은 사다리꼴을 직선 l을 회전축으로 하여 1회전 시킬 때 생기는 회전체의 부피를 구하시오. [5점]

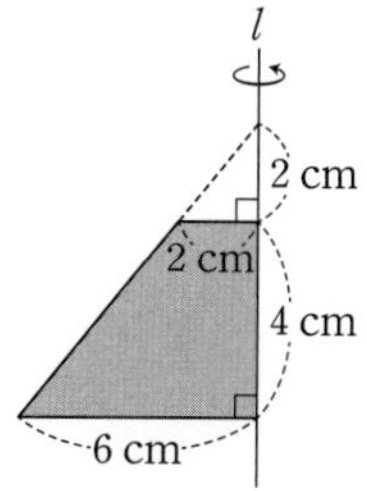

25 다음은 진기네 반 학생들의 과학 수행평가 점수를 조사하여 나타낸 도수분포다각형인데 일부가 찢어져 보이지 않는다. 과학 수행평가 점수가 15점 미만인 학생은 전체의 40 %이고, 20점 이상 25점 미만인 학생은 전체의 12 %라고 한다. 과학 수행평가 점수가 25점 이상인 학생 수를 구하시오. [5점]

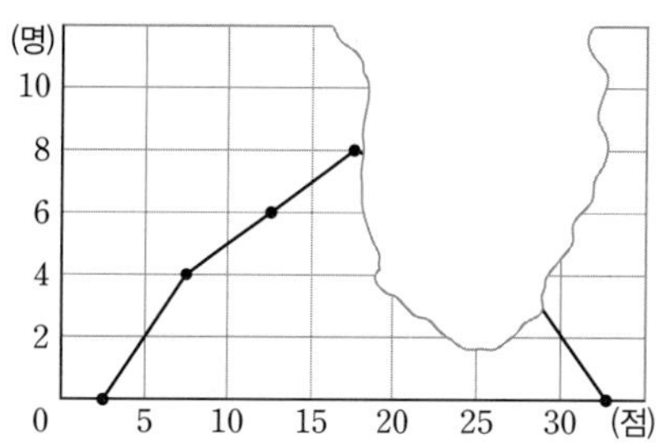

최종 마무리 50제

부채꼴의 호의 길이와 넓이

01 반지름의 길이가 3 cm이고 중심각의 크기가 120°인 부채꼴의 넓이는?

① 2π cm² ② 3π cm² ③ 6π cm²
④ 12π cm² ⑤ 27π cm²

부채꼴의 성질

02 다음 그림에서 $x+y$의 값은?

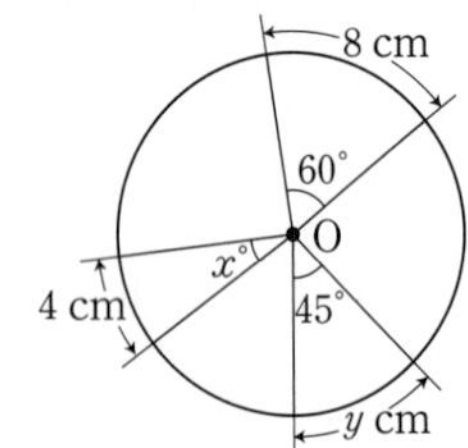

① 25 ② 26 ③ 35
④ 36 ⑤ 45

부채꼴의 성질

03 다음 그림과 같이 넓이가 120 cm²인 원 O에서 ∠AOB : ∠BOC : ∠COA=3 : 4 : 5일 때, 부채꼴 AOC의 넓이는?

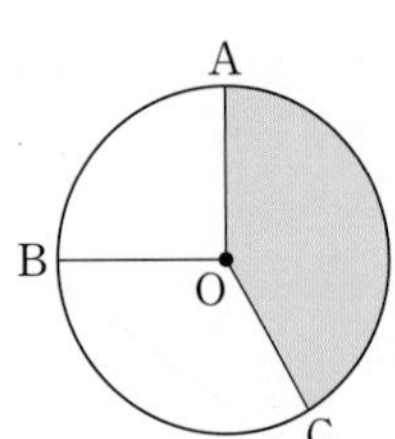

① 30 cm² ② 40 cm² ③ 50 cm²
④ 60 cm² ⑤ 70 cm²

부채꼴의 성질

04 오른쪽 그림의 원 O에서 $\overline{OA} /\!/ \overline{BC}$이고, ∠AOC=40°, $\overset{\frown}{AC}$=6 cm일 때, $\overset{\frown}{BC}$의 길이는?

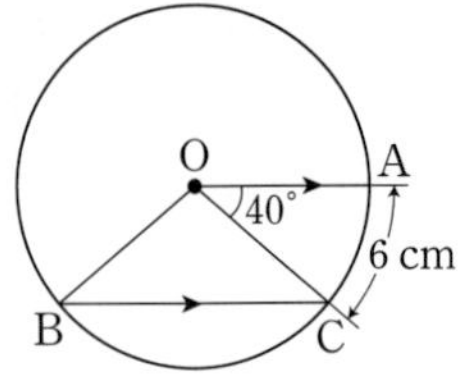

① 8 cm ② 9 cm ③ 10 cm
④ 12 cm ⑤ 15 cm

부채꼴의 성질

05 다음 그림과 같은 반원 O에서 $\overset{\frown}{AC}$: $\overset{\frown}{CB}$=3 : 2일 때, ∠CAO의 크기는?

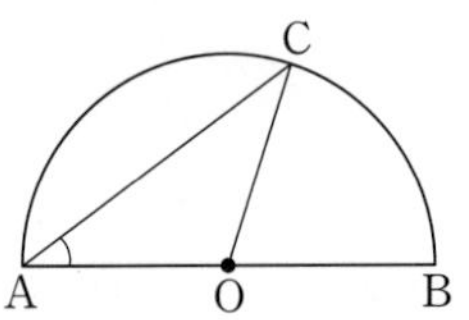

① 12° ② 18° ③ 24°
④ 30° ⑤ 36°

부채꼴의 성질

06 오른쪽 그림과 같이 선분 AC를 지름으로 하는 원 O에서 부채꼴 AOB의 넓이는 32 cm²이고 부채꼴 BOC의 넓이는 40 cm²이다. 삼각형 OPQ에서 ∠x+∠y의 크기는?

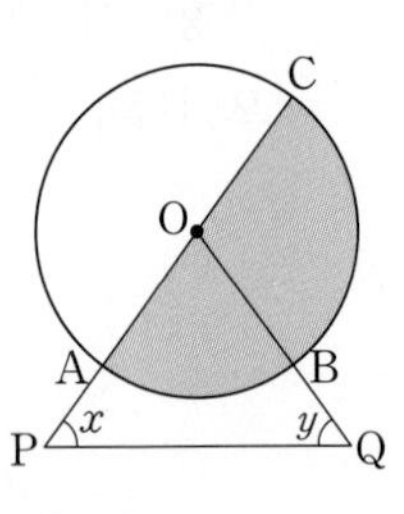

① 80° ② 90° ③ 100°
④ 110° ⑤ 120°

부채꼴의 호의 길이와 넓이 사이의 관계

07 반지름의 길이가 6 cm, 호의 길이가 3π cm인 부채꼴의 넓이는?

① $3\pi\ cm^2$ ② $6\pi\ cm^2$ ③ $9\pi\ cm^2$
④ $12\pi\ cm^2$ ⑤ $18\pi\ cm^2$

원의 둘레의 길이와 넓이

08 오른쪽 그림과 같은 원 O에서 선분 AB는 원 O의 지름이고 $\overline{AB}=16$ cm이다. 점 C, O, D가 선분 AB를 4등분하는 점일 때, 색칠한 부분의 둘레의 길이는?

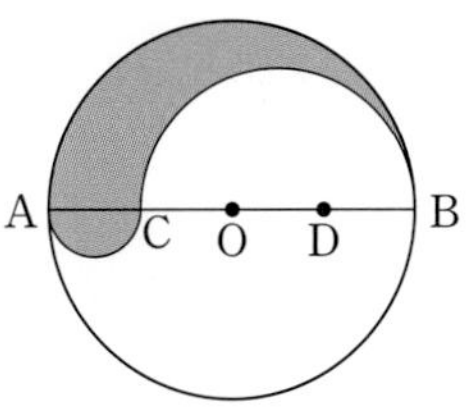

① 12π cm ② 16π cm ③ 20π cm
④ 24π cm ⑤ 32π cm

부채꼴의 성질

09 오른쪽 그림과 같은 원 O에서 $\angle BOC=2\angle AOB$일 때, 다음 중 옳은 것을 모두 고르면? (정답 2개)

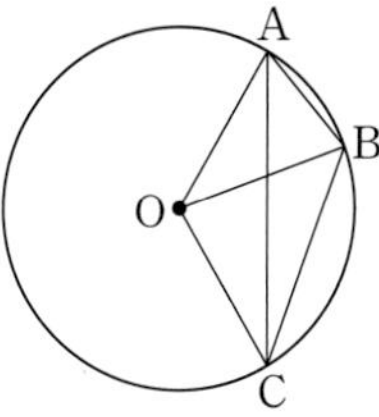

① $2\overline{AB}=\overline{BC}$
② $2\widehat{AB}=\widehat{BC}$
③ $3\overline{AB}=\overline{AC}$
④ 삼각형 OBC의 넓이는 삼각형 OAB의 넓이의 2배이다.
⑤ 부채꼴 OBC의 넓이는 부채꼴 OAB의 넓이의 2배이다.

부채꼴의 호의 길이와 넓이

10 오른쪽 그림에서 색칠한 부분의 둘레의 길이는?

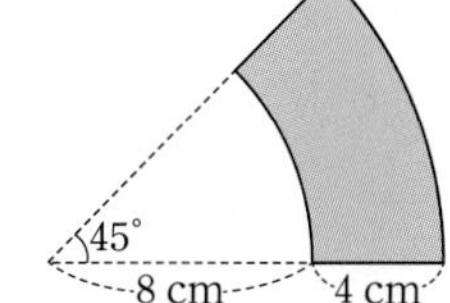

① $(3\pi+4)$cm
② $(5\pi+4)$cm
③ $(3\pi+8)$cm
④ $(4\pi+8)$cm
⑤ $(5\pi+8)$cm

부채꼴의 호의 길이와 넓이

11 오른쪽 그림에서 색칠한 부분의 둘레의 길이는 $(a\pi+b)$cm이다. 이때 $a+b$의 값은? (단 a, b는 유리수)

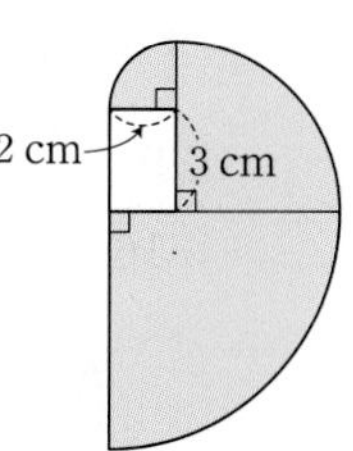

① 12 ② 14 ③ 16
④ 18 ⑤ 21

부채꼴의 호의 길이와 넓이

12 다음 그림과 같이 한 변의 길이가 4 m인 정오각형 모양의 울타리가 있다. 울타리의 한 꼭짓점에 길이가 6 m인 끈으로 염소를 묶어 놓았을 때, 염소가 최대한 움직일 수 있는 영역의 넓이는? (단, 염소는 울타리 안에 들어가지 않으며, 끈의 두께나 염소의 크기는 생각하지 않는다.)

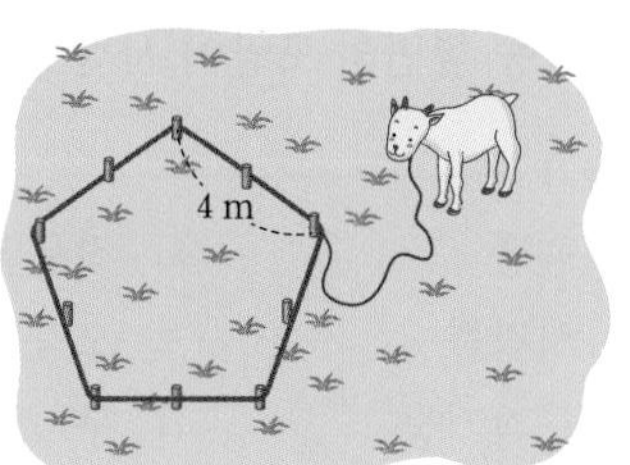

① $25\pi\ m^2$ ② $\frac{126}{5}\pi\ m^2$ ③ $26\pi\ m^2$
④ $\frac{134}{5}\pi\ m^2$ ⑤ $27\pi\ m^2$

다면체

13 다음 중 다면체가 <u>아닌</u> 것은?

① 구 ② 사각뿔 ③ 사면체
④ 오각기둥 ⑤ 육각뿔대

다면체

14 오른쪽 다면체의 면의 개수를 x, 모서리의 개수를 y, 꼭짓점의 개수를 z라고 할 때, $x+y-z$의 값은?

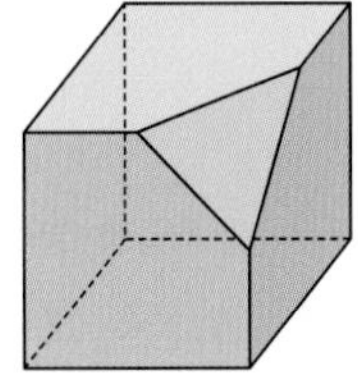

① 9 ② 10 ③ 12
④ 16 ⑤ 18

다면체

15 다음 중 다면체와 그 면의 개수를 <u>잘못</u> 짝지은 것은?

① 사각기둥 − 6 ② 오각뿔 − 6
③ 칠각뿔대 − 8 ④ 육각기둥 − 8
⑤ 팔각뿔 − 9

다면체

16 〈보기〉 중 옆면의 모양이 사각형인 것의 개수는?

보기
ㄱ. 원뿔 ㄴ. 직육면체
ㄷ. 사각뿔 ㄹ. 오각뿔대
ㅁ. 구각기둥 ㅂ. 구

① 1 ② 2 ③ 3
④ 4 ⑤ 5

다면체

17 다음 중 모서리의 개수가 가장 많은 다면체는?

① 정팔면체 ② 오각기둥 ③ 칠각뿔
④ 직육면체 ⑤ 사각뿔대

정다면체

18 한 꼭짓점에 모인 면의 개수가 5인 정다면체의 면의 개수를 x, 꼭짓점의 개수를 y라고 할 때, $x+2y$의 값은?

① 20 ② 44 ③ 52
④ 72 ⑤ 80

정다면체

19 다음 중 정다면체에 대한 설명으로 옳지 <u>않은</u> 것은?

① 정다면체는 5가지뿐이다.
② 모든 면이 정다각형으로 이루어져 있다.
③ 각 꼭짓점에 모인 면의 개수는 같다.
④ 면의 개수와 꼭짓점의 개수가 같은 정다면체가 있다.
⑤ 면의 개수와 모서리의 개수가 같은 정다면체가 있다.

정다면체의 전개도

20 오른쪽 전개도로 만들어지는 정다면체에 대한 설명으로 옳은 것은?

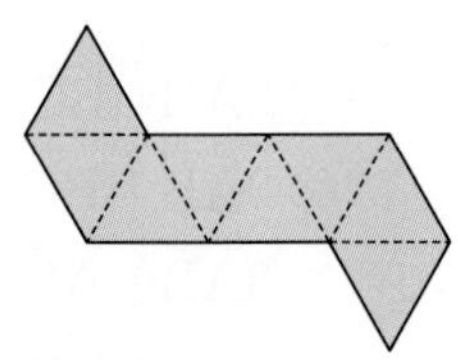

① 삼각뿔 두 개를 붙여 만들 수 있다.
② 각 꼭짓점에 모인 면의 개수는 3이다.
③ 모서리의 개수는 16이다.
④ 꼭짓점의 개수는 6이다.
⑤ 평행한 면은 모두 3쌍이다.

정다면체

21 정십이면체의 각 면의 중심을 연결하여 만든 다면체는?

① 정사면체 ② 정육면체 ③ 정팔면체
④ 정십이면체 ⑤ 정이십면체

회전체

22 〈보기〉 중 회전체를 모두 고른 것은?

보기
ㄱ. 반구 ㄴ. 정육면체
ㄷ. 원뿔대 ㄹ. 삼각뿔

① ㄱ, ㄴ ② ㄱ, ㄷ ③ ㄱ, ㄹ
④ ㄴ, ㄷ ⑤ ㄷ, ㄹ

회전체

23 오른쪽 그림과 같은 평면도형을 직선 l을 회전축으로 하여 1회전 시킬 때 생기는 회전체는?

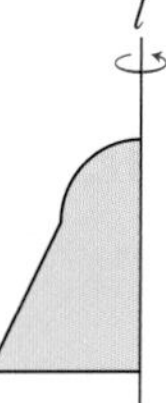

①
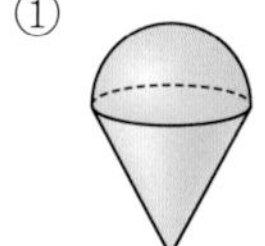
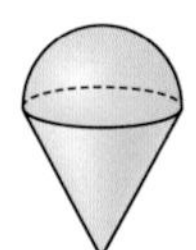

②
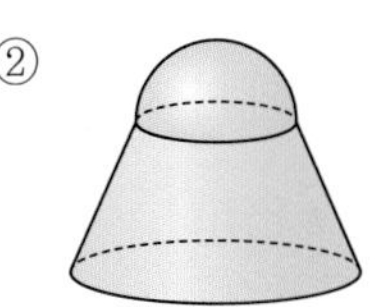

③
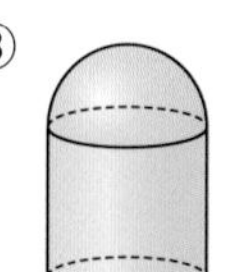

④
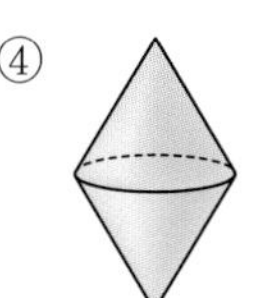

⑤
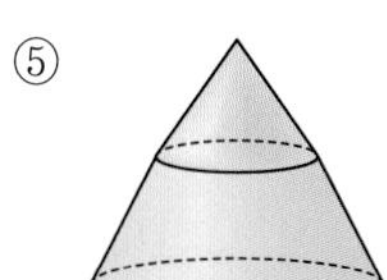

회전체의 전개도

24 다음 그림은 사다리꼴을 직선 l을 회전축으로 하여 1회전 시킬 때 생기는 회전체의 전개도이다. $2x-y+z$의 값은?

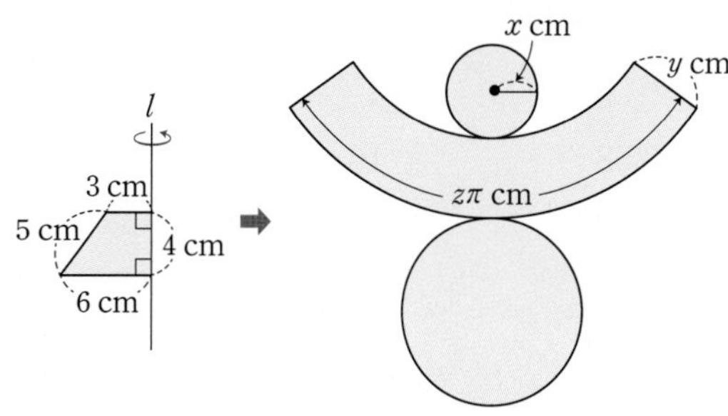

① 7 ② 8 ③ 11
④ 13 ⑤ 14

회전체

25 반지름의 길이가 4 cm인 구를 한 평면으로 자를 때 생기는 단면 중 가장 큰 단면의 넓이는?

① 2π cm^2 ② 4π cm^2 ③ 8π cm^2
④ 16π cm^2 ⑤ 32π cm^2

기둥의 겉넓이

26 오른쪽 그림과 같은 사각기둥의 겉넓이는?

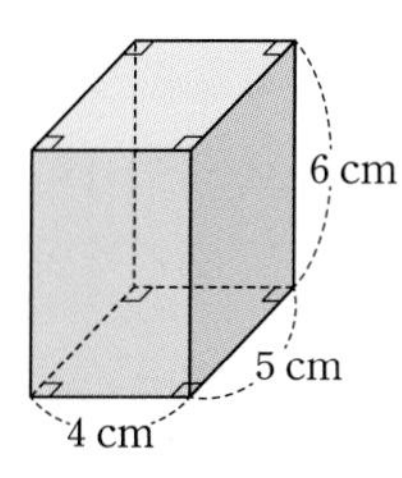

① 74 cm^2 ② 80 cm^2
③ 96 cm^2 ④ 148 cm^2
⑤ 160 cm^2

기둥의 부피

27 오른쪽 그림과 같은 전개도를 갖는 원기둥의 부피가 $32\pi\text{ cm}^3$일 때, x의 값은?

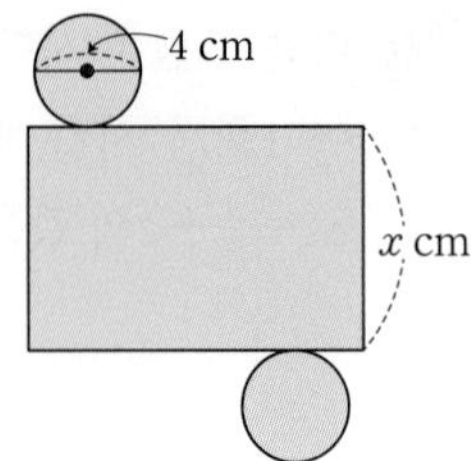

① 2 ② 4 ③ 8 ④ 16 ⑤ 32

뿔의 겉넓이

28 다음 그림과 같은 전개도를 갖는 사각뿔의 옆넓이는? (단, 사각뿔의 옆면은 모두 합동이다.)

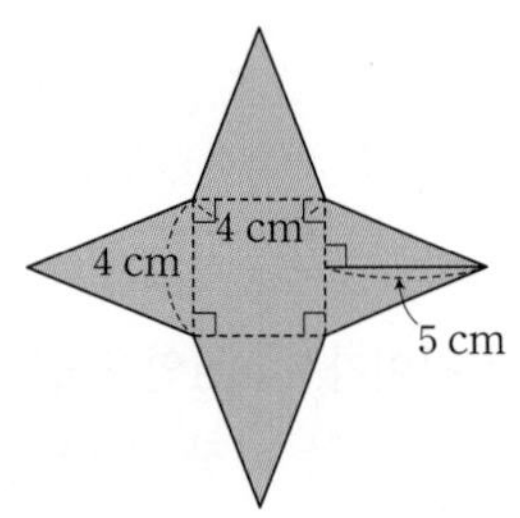

① 10 cm^2 ② 20 cm^2 ③ 36 cm^2 ④ 40 cm^2 ⑤ 56 cm^2

뿔의 부피

29 오른쪽 그림과 같은 직각삼각형을 직선 l을 회전축으로 하여 1회전 시킬 때 생기는 회전체의 부피는?

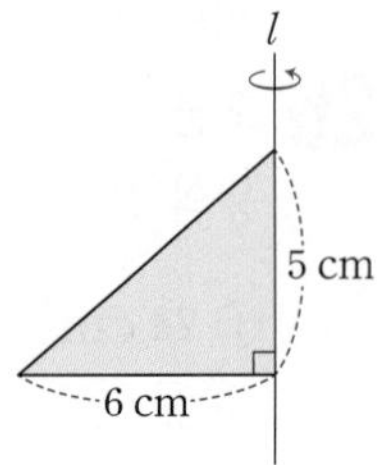

① $50\pi\text{ cm}^3$ ② $60\pi\text{ cm}^3$ ③ $120\pi\text{ cm}^3$ ④ $150\pi\text{ cm}^3$ ⑤ $180\pi\text{ cm}^3$

뿔의 겉넓이

30 반지름의 길이가 4 cm, 중심각의 크기가 $90°$인 부채꼴을 옆면으로 갖는 원뿔의 겉넓이는?

① $5\pi\text{ cm}^2$ ② $6\pi\text{ cm}^2$ ③ $7\pi\text{ cm}^2$ ④ $8\pi\text{ cm}^2$ ⑤ $9\pi\text{ cm}^2$

여러 가지 입체도형의 겉넓이

31 다음 그림과 같이 옆면이 모두 합동인 사각뿔대의 겉넓이는?

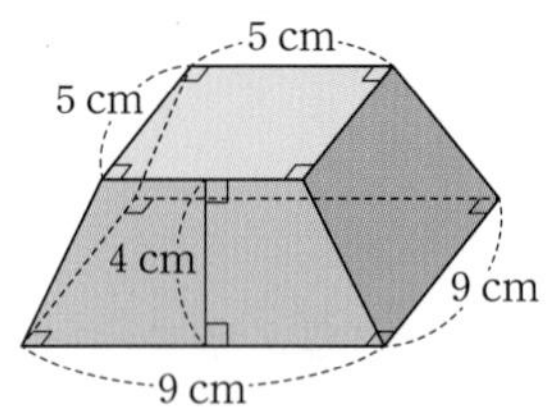

① 190 cm^2 ② 204 cm^2 ③ 218 cm^2 ④ 232 cm^2 ⑤ 246 cm^2

뿔의 겉넓이

32 오른쪽 그림과 같이 반지름의 길이가 4 cm인 원 O에 원뿔의 꼭짓점이 놓여 있다. 원뿔을 점 O를 중심으로 하여 4바퀴를 굴렸더니 원래의 자리로 돌아왔다. 이 원뿔의 밑넓이는?

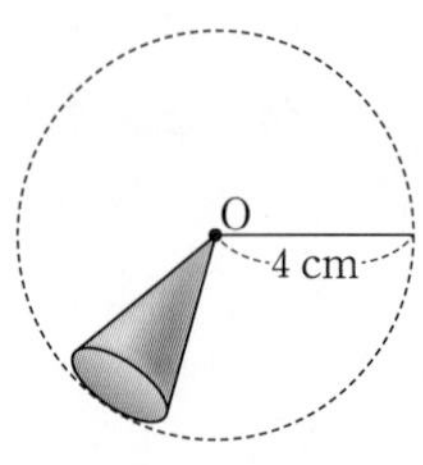

① $\pi\text{ cm}^2$ ② $4\pi\text{ cm}^2$ ③ $9\pi\text{ cm}^2$ ④ $16\pi\text{ cm}^2$ ⑤ $25\pi\text{ cm}^2$

구의 겉넓이

33 부피가 $\frac{32}{3}\pi\text{ cm}^3$인 구의 겉넓이는?

① $4\pi\text{ cm}^2$ ② $8\pi\text{ cm}^2$ ③ $16\pi\text{ cm}^2$ ④ $32\pi\text{ cm}^2$ ⑤ $64\pi\text{ cm}^2$

구의 부피

34 다음 그림과 같이 원기둥에 반구가 꼭 맞게 들어 있다. 반구의 반지름의 길이가 6 cm일 때, 원기둥과 반구의 부피의 차는?

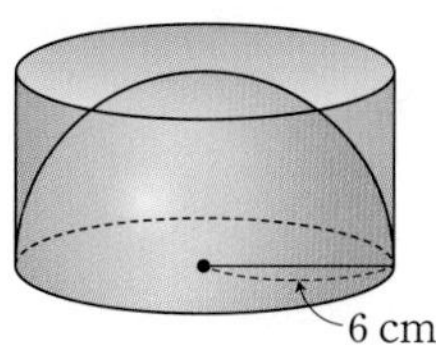

① 36π cm³　② 48π cm³　③ 60π cm³
④ 72π cm³　⑤ 144π cm³

여러 가지 입체도형의 부피

35 오른쪽 그림과 같은 원뿔대의 부피는?

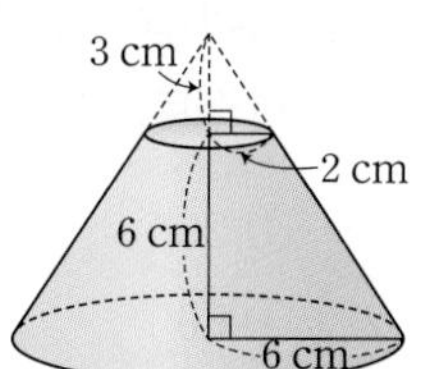

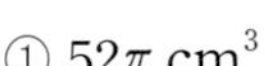

① 52π cm³
② 68π cm³
③ 104π cm³
④ 204π cm³
⑤ 312π cm³

여러 가지 입체도형의 겉넓이

36 오른쪽 그림과 같이 색칠한 부분을 직선 l을 회전축으로 하여 1회전 시킬 때 생기는 회전체의 겉넓이는?

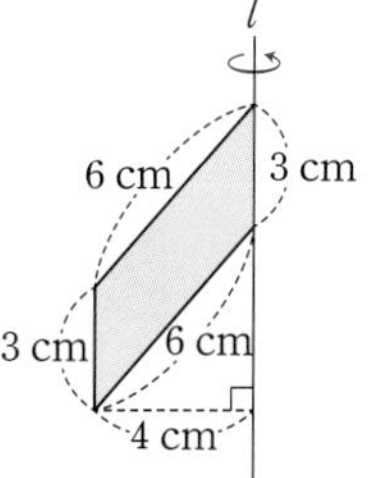

① 48π cm²　② 60π cm²
③ 72π cm²　④ 84π cm²
⑤ 96π cm²

여러 가지 입체도형의 겉넓이

37 다음 그림과 같이 한 모서리의 길이가 2 cm인 정육면체 5개를 붙여 만든 입체도형의 겉넓이는?

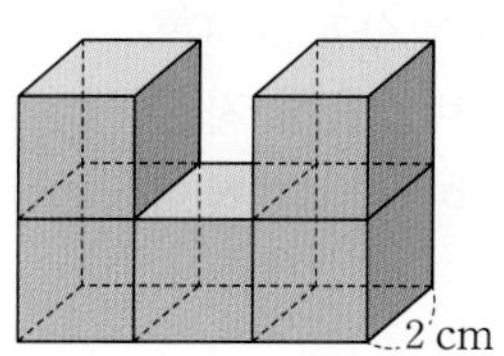

① 72 cm²　② 76 cm²　③ 80 cm²
④ 84 cm²　⑤ 88 cm²

여러 가지 입체도형의 부피

38 다음 그림과 같이 아랫부분이 밑면의 반지름의 길이가 4 cm인 원기둥 모양의 물병이 있다. 이 물병에 물의 높이가 12 cm가 되도록 물을 넣은 다음 병을 뒤집었을 때, 물이 없는 부분의 높이는 4 cm가 되었다. 이 물병의 부피는?

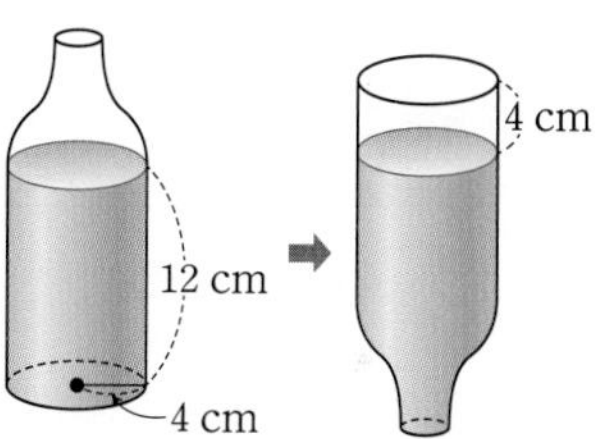

① 128π cm³　② 160π cm³　③ 192π cm³
④ 224π cm³　⑤ 256π cm³

구의 부피

39 오른쪽 그림과 같이 한 모서리의 길이가 6 cm인 정육면체에 구와 사각뿔이 꼭 맞게 있다. 구와 사각뿔의 부피의 차는?

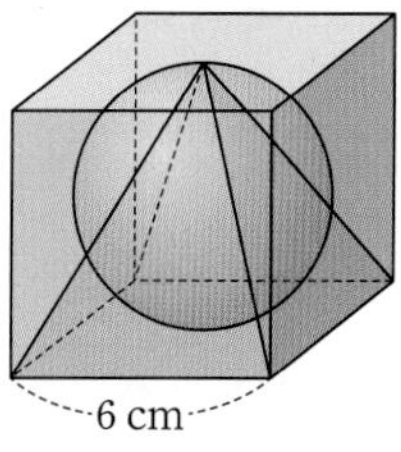

① $(12\pi-6)$cm³　② $(36\pi-36)$cm³
③ $(36\pi-72)$cm³　④ $(144\pi-72)$cm³
⑤ $(288\pi-72)$cm³

여러 가지 입체도형의 부피

40 오른쪽 그림은 밑면인 원의 반지름의 길이가 1 cm인 원기둥 2개를 붙인 후 비스듬히 자른 것이다. 이 입체도형의 부피는?

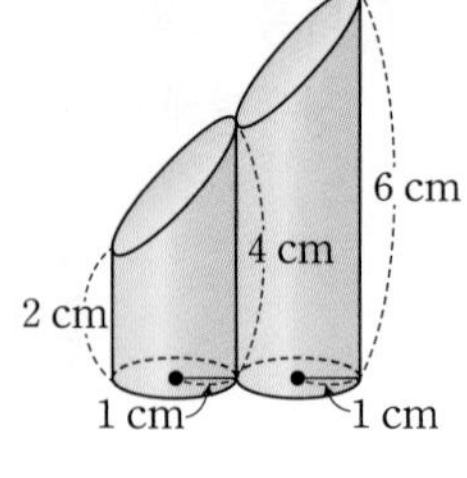

① 4π cm^3 ② 6π cm^3 ③ 8π cm^3
④ 12π cm^3 ⑤ 16π cm^3

줄기와 잎 그림

41 다음은 중학생 18명의 수영 50 m 기록을 조사하여 나타낸 줄기와 잎 그림이다. 가장 빠른 학생과 가장 느린 학생의 기록 차이는?

수영 50 m 기록

(2|7은 27초)

줄기	잎
2	7 8 8 9 9
3	0 1 2 4 4 5 7 8 8 9
4	0 1 1

① 11초 ② 12초 ③ 13초
④ 14초 ⑤ 15초

줄기와 잎 그림

42 다음은 서현이네 반 학생들의 일주일 동안의 독서 시간을 조사하여 나타낸 줄기와 잎 그림이다. 서현이의 독서 시간이 8시간일 때, 서현이보다 독서 시간이 적은 학생은 모두 몇 명인가?

독서 시간

(0|2는 2시간)

줄기	잎
0	2 2 4 5 8 9
1	0 3 3 5 7 8
2	0 0 1 2 5

① 1명 ② 2명 ③ 3명
④ 4명 ⑤ 5명

[43-44] 오른쪽은 시우네 반 학생들의 한 달 동안 저축 금액을 조사하여 나타낸 도수분포표이다. 물음에 답하시오.

저축 금액

저축 금액(만 원)	도수(명)
0^{이상} ~ 2^{미만}	6
2 ~ 4	5
4 ~ 6	9
6 ~ 8	A
합계	25

도수분포표

43 저축 금액이 2만 원 미만인 학생이 전체의 B %일 때, $A+B$의 값은?

① 11 ② 17 ③ 24
④ 29 ⑤ 35

히스토그램

44 위의 도수분포표를 히스토그램으로 나타낼 때, 히스토그램에서 모든 직사각형의 넓이의 합은?

① 25 ② 30 ③ 50
④ 60 ⑤ 75

도수분포표

45 다음은 도시 50개를 대상으로 한 달 동안 강수량을 조사하여 나타낸 도수분포표이다. 강수량이 40 mm 미만인 도시가 전체의 30 %일 때, 강수량이 120 mm 이상 160 mm 미만인 도시는 몇 개인가?

한 달 동안 강수량

강수량(mm)	도수(개)
0^{이상} ~ 40^{미만}	
40 ~ 80	10
80 ~ 120	8
120 ~ 160	
160 ~ 200	6
합계	50

① 11개 ② 12개 ③ 13개
④ 14개 ⑤ 15개

히스토그램

46 다음은 은형이네 반 학생들이 일주일 동안 휴대폰으로 찍은 사진의 개수를 조사하여 나타낸 히스토그램이다. 사진을 60장 이상 찍은 학생은 전체 학생의 몇 %인가?

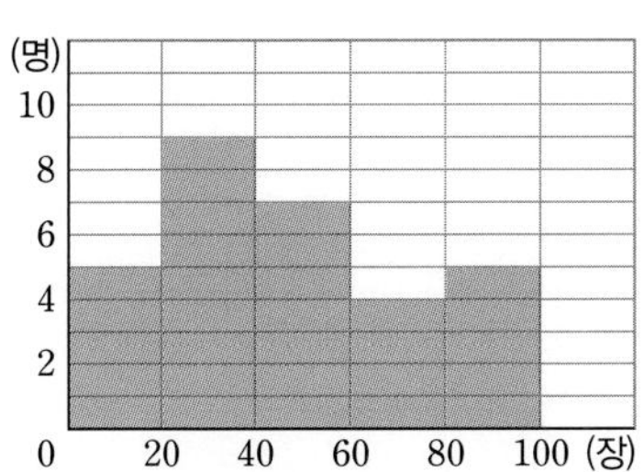

① 10 % ② 20 % ③ 30 %
④ 40 % ⑤ 50 %

[47-48] 다음은 수미네 반 학생들의 수학 점수를 조사하여 나타낸 도수분포다각형이다. 물음에 답하시오.

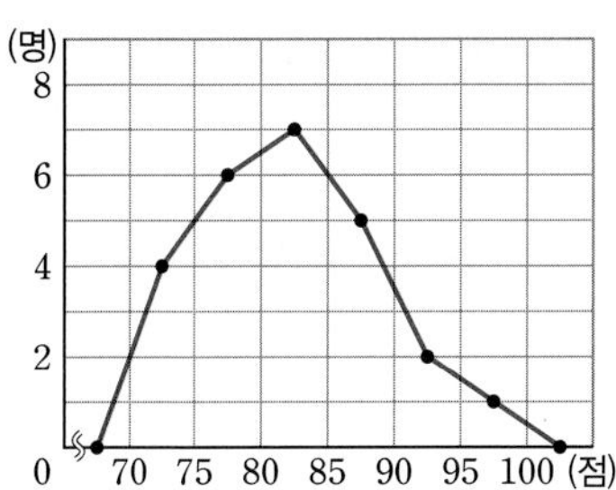

도수분포다각형

47 다음 중 도수분포다각형에서 알 수 <u>없는</u> 것은?

① 전체 학생 수
② 수학 점수가 90점 이상인 학생 수
③ 수학 점수가 4번째로 좋은 학생의 점수
④ 수학 점수가 82점인 학생이 속하는 계급
⑤ 수학 점수가 5번째로 좋지 않은 학생이 속하는 계급의 도수

도수분포다각형

48 상위 12 % 안에 들려면 받아야 하는 수학 점수는 최소 몇 점 이상인가?

① 85점 ② 87.5점 ③ 90점
④ 92.5점 ⑤ 95점

[49-50] 다음은 남학생과 여학생의 하루 평균 칼로리 소모량에 대한 상대도수의 분포를 나타낸 그래프이다. 물음에 답하시오.

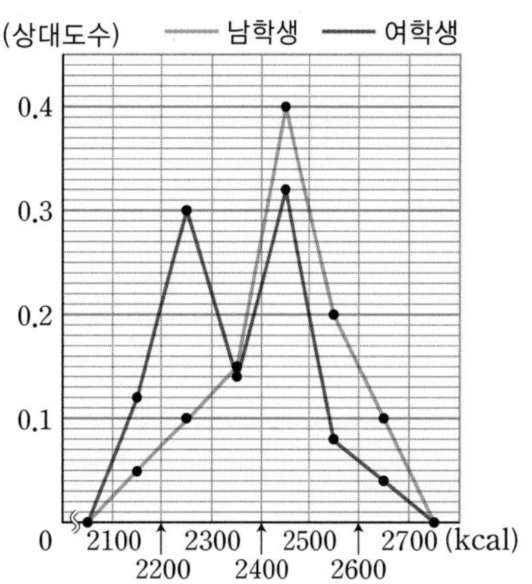

상대도수와 그 그래프

49 〈보기〉에서 옳은 것만을 있는 대로 고른 것은?

보기
ㄱ. 칼로리 소모량이 2200 kcal 미만인 학생 수는 남학생이 여학생보다 적다.
ㄴ. 칼로리 소모량이 2400 kcal 이상인 학생의 비율은 남학생이 여학생보다 크다.
ㄷ. 남학생이 여학생보다 상대적으로 칼로리 소모량이 많다.

① ㄱ ② ㄴ ③ ㄷ
④ ㄱ, ㄴ ⑤ ㄴ, ㄷ

상대도수와 그 그래프

50 남학생의 수가 40명이고, 칼로리 소모량이 2400 kcal 이상 2500 kcal 미만인 남학생과 여학생의 수가 서로 같을 때, 여학생은 모두 몇 명인가?

① 30명 ② 32명 ③ 36명
④ 48명 ⑤ 50명

MEMO

✦ 원리 학습을 기반으로 한
중학 과학의 새로운 패러다임

✦ 학교 시험 족보 분석으로
내신 시험도 완벽 대비

EBS No.1 과목 특화 브랜드

원리 학습으로 완성하는 과학

비욘드

개념 탐구 적용 실전

체계적인 실험 분석 + 모든 유형 적용

✦ **시리즈 구성** ✦

중학 과학 1-1 | 중학 과학 1-2

중학 과학 2-1 | 중학 과학 2-2

중학 과학 3-1 | 중학 과학 3-2

효과가 상상 이상입니다.

예전에는 아이들의 어휘 학습을 위해 학습지를 만들어 주기도 했는데,
이제는 이 교재가 있으니 어휘 학습 고민은 해결되었습니다.
아이들에게 아침 자율 활동으로 할 것을 제안하였는데,
"선생님, 더 풀어도 되나요?"라는 모습을 보면,
아이들의 기초 학습 습관 형성에도 큰 도움이 되고 있다고 생각합니다.

ㄷ초등학교 안00 선생님

어휘 공부의 힘을 느꼈습니다.

학습에 자신감이 없던 학생도 이미 배운 어휘가 수업에 나왔을 때 반가워합니다.
어휘를 먼저 학습하면서 흥미도가 높아지고
동기 부여가 되는 것을 보면서 어휘 공부의 힘을 느꼈습니다.

ㅂ학교 김00 선생님

학생들 스스로 뿌듯해해요.

처음에는 어휘 학습을 따로 한다는 것 자체가 부담스러워했지만,
공부하는 내용에 대해 이해도가 높아지는 경험을 하면서
스스로 뿌듯해하는 모습을 볼 수 있었습니다.

ㅅ초등학교 손00 선생님

앞으로도 활용할 계획입니다.

학생들에게 확인 문제의 수준이 너무 어렵지 않으면서도
교과서에 나오는 낱말의 뜻을 확실하게 배울 수 있었고,
주요 학습 내용과 관련 있는 낱말의 뜻과 용례를
정확하게 공부할 수 있어서 효과적이었습니다.

ㅅ초등학교 지00 선생님

학교 선생님들이 확인한
어휘가 문해력이다의 학습 효과!
직접 경험해 보세요

학기별 교과서 어휘 완전 학습
<어휘가 문해력이다>
— 예비 초등 ~ 중학 3학년 —

중학도 역시 EBS

정답과 풀이

전국 중학교
기출문제
완벽 분석

시험 대비
적중 문항
수록

중학 수학 내신 대비 기출문제집

1-2 기말고사

실전 모의고사
+
최종 마무리 50제

중학 수학 내신 대비 기출문제집

1-2 기말고사

정답과 풀이

정답과 풀이

VI 평면도형

2 원과 부채꼴

개념 체크 본문 8~9쪽

01

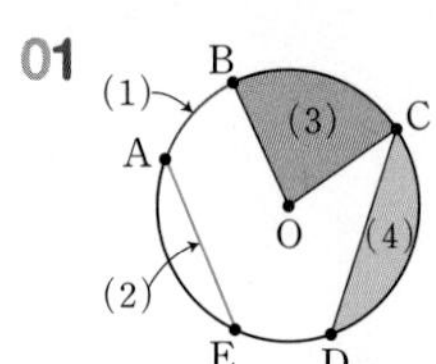

02 ㉑

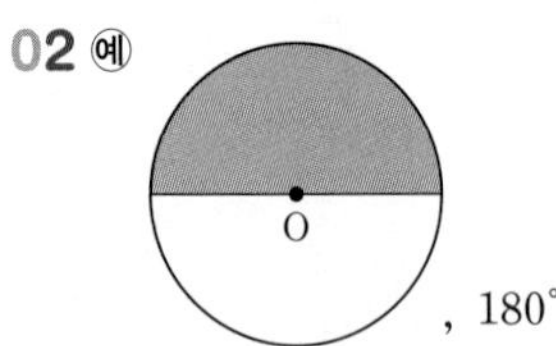

, 180°

03 150

04 (1) ○ (2) ○ (3) × (4) ×

05 6π cm, 3π cm^2

06 4 cm

07 $(64-16\pi)$cm^2

08 3π cm^2

대표유형 본문 10~13쪽

01 ④	**02** ③	**03** ⑤	**04** ③	**05** ⑤
06 ②	**07** ②	**08** ⑤	**09** ①	**10** ②
11 ⑤	**12** ④	**13** ④	**14** ②	**15** ③
16 ④	**17** 98 cm^2	**18** ①	**19** ⑤	
20 A 조각	**21** ①	**22** ⑤	**23** ③	**24** ③

01 한 원에서 길이가 가장 긴 현은 원의 지름이므로 그 길이는

$10\times2=20$(cm)

02 ① 현 – ㉣

② 활꼴 – ㉤

④ 호 – ㉠

⑤ 부채꼴 – ㉡

03 $\angle COB=360^\circ-(100^\circ+140^\circ)=120^\circ$

($\widehat{ACB}$에 대한 중심각의 크기)

$=\angle AOC+\angle COB$

$=100^\circ+120^\circ$

$=220^\circ$

다른 풀이 ($\widehat{ACB}$에 대한 중심각의 크기)

$=360^\circ-\angle AOB=360^\circ-140^\circ=220^\circ$

04 한 원에서 부채꼴과 활꼴이 같을 때는 현이 지름인 경우, 즉 부채꼴이 반원인 경우이므로 부채꼴의 중심각의 크기는 180°이다.

05 부채꼴 AOB의 중심각의 크기를 x°라고 하면, 한 원에서 부채꼴의 넓이는 중심각의 크기에 정비례하므로

$360 : x=6 : 1$

$\therefore x=60$

$\triangle AOB$에서 $\overline{OA}=\overline{OB}$이므로

$\angle OAB=\angle OBA=(180^\circ-60^\circ)\div2=60^\circ$

따라서 $\triangle AOB$는 정삼각형이므로

$\overline{AB}=7$ cm

06 ② 현의 길이는 중심각의 크기에 정비례하지 않으므로

$2\overline{AB}\neq\overline{AC}$

07 부채꼴 DOB의 넓이를 x cm^{2}라고 하면,

$\widehat{AD} : \widehat{DB}=2 : 3$이고 한 원에서 부채꼴의 호의 길이와 넓이는 중심각의 크기에 정비례하므로

$2 : 3=24 : x$

$\therefore x=36$

08 한 원에서 부채꼴의 넓이는 중심각의 크기에 정비례하므로

$(x-10) : (3x+30)=1 : 5$

$5(x-10)=3x+30$

$5x-50=3x+30$

$2x=80$

$\therefore x=40$

09 $\overline{AB}/\!/\overline{CD}$이므로

$\angle DCO=\angle COA=30^\circ$(엇각)

$\triangle OCD$에서 $\overline{OC}=\overline{OD}$이므로

$\angle CDO=\angle DCO=30^\circ$

$\angle COD=180^\circ-(30^\circ+30^\circ)=120^\circ$

한 원에서 부채꼴의 호의 길이는 중심각의 크기에 정비례하므로

$30 : 120 = \widehat{AC} : 20$

$1 : 4 = \widehat{AC} : 20$

$\therefore \widehat{AC} = 5(\text{cm})$

10 한 원에서 부채꼴의 넓이는 중심각의 크기에 정비례하므로

3 : (3+5+7)=(부채꼴 AOB의 넓이) : (원 O의 넓이)

1 : 5=(부채꼴 AOB의 넓이) : 60

(부채꼴 AOB의 넓이)×5=60

∴ (부채꼴 AOB의 넓이)=12(cm^2)

11 원의 반지름의 길이를 r cm라고 하면

$\pi r^2 = 36\pi$이므로 $r=6$

따라서

(원의 둘레의 길이)$=2\pi\times6=12\pi(\text{cm})$

12 (색칠한 부분의 둘레의 길이)

=(반지름의 길이가 5 cm인 원의 둘레의 길이)×2

$=(2\pi\times5)\times2$

$=20\pi(\text{cm})$

13 (색칠한 부분의 넓이)

=(큰 원의 넓이)−(작은 원의 넓이)

$=\pi\times9^2-\pi\times5^2$

$=81\pi-25\pi$

$=56\pi(\text{cm}^2)$

14 (부채꼴의 호의 길이)

$=2\pi\times3\times\frac{x}{360}=2\pi(\text{cm})$

$\frac{x}{120}=1$에서

$x=120$

15 부채꼴의 반지름의 길이를 r cm라고 하면

$\pi r^2\times\frac{144}{360}=40\pi$

$r^2\times\frac{2}{5}=40$에서 $r^2=100$

$\therefore r=10$

16 $\overline{AC}/\!/\overline{OD}$이므로

$\angle CAO=\angle DOB=40^\circ$(동위각)

△AOC에서 $\overline{OA}=\overline{OC}$이므로

$\angle ACO=\angle CAO=40^\circ$

$\angle AOC=180^\circ-(40^\circ+40^\circ)=100^\circ$

따라서

(부채꼴 AOC의 넓이)

$=\pi\times4^2\times\frac{100}{360}$

$=\frac{40}{9}\pi(\text{cm}^2)$

17 오른쪽 그림과 같이 색칠한 부분 중 오른쪽 반원을 왼쪽 원의 공백으로 이동하면, 색칠한 부분의 넓이는 가로와 세로의 길이가 각각 7 cm, 14 cm인 직사각형의 넓이와 같음을 알 수 있다.

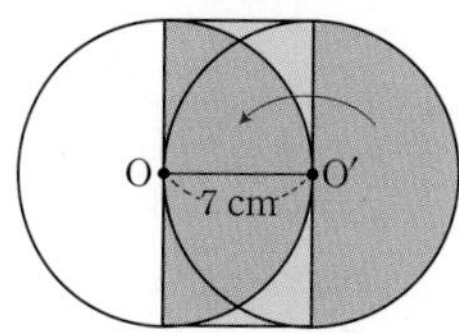

따라서

(색칠한 부분의 넓이)$=7\times14=98(\text{cm}^2)$

18 한 원에서 부채꼴의 호의 길이는 중심각의 크기에 정비례하므로

$\angle AOB : \angle BOC : \angle AOC = 4 : 3 : 2$

$\angle AOC=360^\circ\times\frac{2}{4+3+2}$

$=360^\circ\times\frac{2}{9}$

$=80^\circ$

따라서

(부채꼴 AOC의 호의 길이)

$=2\pi\times9\times\frac{80}{360}$

$=4\pi(\text{cm})$

19 정육각형의 한 내각의 크기는

$\frac{180^\circ\times(6-2)}{6}=120^\circ$이므로

(색칠한 부채꼴의 넓이)

$=\pi\times12^2\times\frac{120}{360}$

$=48\pi(\text{cm}^2)$

20 피자의 두께는 일정하므로 표면의 넓이가 더 넓은 피자 조각이 양이 더 많다.

(A 조각의 표면의 넓이)

$=\pi\times15^2\times\frac{60}{360}$

$=\frac{75}{2}\pi(\text{cm}^2)$

(B 조각의 표면의 넓이)

$=\pi\times20^2\times\frac{30}{360}$

$=\frac{100}{3}\pi(\text{cm}^2)$

$\frac{75}{2}\pi>\frac{100}{3}\pi$이므로 A 조각의 양이 B 조각의 양보다 더 많다.

21 (색칠한 부분의 넓이)

$=\pi\times4^2\times\frac{30}{360}-\pi\times2^2\times\frac{30}{360}$

$=\frac{4}{3}\pi-\frac{1}{3}\pi$

$=\pi(\text{cm}^2)$

22 (부채꼴의 넓이)

$=\frac{1}{2}\times5\times3\pi$

$=\frac{15}{2}\pi(\text{cm}^2)$

23 부채꼴의 반지름의 길이를 r cm라고 하면

$\frac{1}{2}\times r\times7\pi=21\pi$

$\therefore r=6$

24 (작은 원의 넓이)$=\pi\times2^2=4\pi(\text{cm}^2)$

색칠한 부채꼴의 넓이는 작은 원의 넓이와 같으므로

$\frac{1}{2}\times6\times\widehat{AB}=4\pi$

$3\times\widehat{AB}=4\pi$

$\therefore \widehat{AB}=\frac{4}{3}\pi(\text{cm})$

기출 예상 문제

본문 14~15쪽

01 ③	**02** ③	**03** ①, ④	**04** ④	**05** ⑤
06 ②	**07** ④	**08** ②	**09** $(9\pi-18)\text{cm}^2$	
10 ⑤	**11** ①	**12** ③		

01 ③ 원에서 길이가 가장 긴 현은 원의 지름이다.

02 정팔각형의 각 변의 길이는 모두 같고, 한 원에서 같은 길이의 현에 대한 중심각의 크기는 같으므로

$\angle AOB=360^\circ\times\frac{2}{8}=90^\circ$

03 한 원에서 중심각의 크기에 정비례하는 것은 부채꼴의 호의 길이와 부채꼴의 넓이이다.

04 한 원에서 부채꼴의 호의 길이는 중심각의 크기에 정비례하고, $\widehat{AB}:\widehat{AC}=1:5$이므로

$\angle AOB:\angle AOC=1:5$

$\angle AOB:180^\circ=1:5$

$\therefore \angle AOB=180^\circ\times\frac{1}{5}=36^\circ$

05 ⑤ 한 원에서 현의 길이는 중심각의 크기에 정비례하지 않으므로 $\overline{CE}\neq2\overline{AB}$이다.

06 $\overline{OC}/\!/\overline{BD}$이므로 $\angle DBO=\angle COA=25^\circ$(동위각)

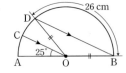

오른쪽 그림과 같이 $\overline{OD}$를 그으면 $\triangle DOB$에서 $\overline{OD}=\overline{OB}$(반지름)이므로

$\angle BDO=\angle DBO=25^\circ$

$\angle DOB=180^\circ-(25^\circ+25^\circ)=130^\circ$

한 원에서 부채꼴의 호의 길이는 중심각의 크기에 정비례하므로

$25:130=\widehat{AC}:26$

$130\times\widehat{AC}=25\times26$

$\therefore \widehat{AC}=5(\text{cm})$

07 원의 반지름의 길이를 r cm라고 하면

$2\pi r=18\pi$에서 $r=9$

따라서

(원의 넓이)$=\pi\times9^2=81\pi(\text{cm}^2)$

08 $\overline{OA}=\overline{OB}$이므로

$\angle AOB=180^\circ-(45^\circ+45^\circ)=90^\circ$

(부채꼴 AOB의 호의 길이)

$=2\pi\times8\times\frac{90}{360}$

$=4\pi(\text{cm})$

09 아래 그림과 같이 색칠한 부분의 일부를 이동하면, 색칠한 부분의 넓이는 부채꼴의 넓이에서 직각삼각형의 넓이를 뺀 값과 같음을 알 수 있다.

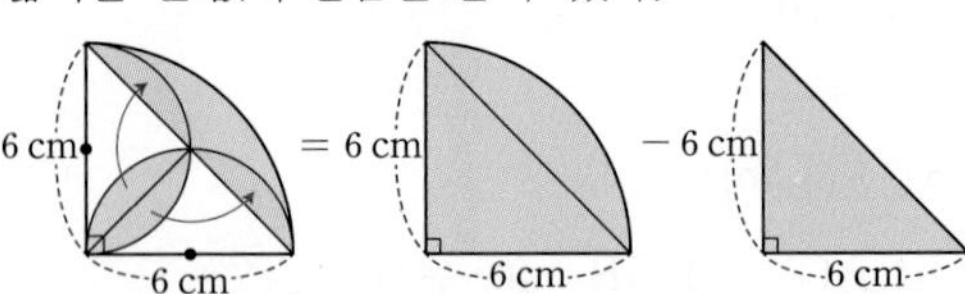

따라서

(색칠한 부분의 넓이)

$=\pi\times6^2\times\frac{90}{360}-\frac{1}{2}\times6\times6$

$=9\pi-18(\text{cm}^2)$

10 부채꼴의 중심각의 크기를 $x°$라고 하면

$\pi\times3^2\times\frac{x}{360}=4\pi$

$\therefore x=160$

11 (색칠한 부분의 둘레의 길이)

$=\left(2\pi\times2\times\frac{180}{360}\right)+\left(2\pi\times1\times\frac{180}{360}\right)\times2$

$=4\pi(\text{cm})$

12 (부채꼴의 넓이)$=\frac{1}{2}\times16\times9\pi=72\pi(\text{cm}^2)$

고난도 집중 연습

본문 16~17쪽

1 $54°$ **1-1** 90 cm **2** $(12\pi+48)$cm
2-1 $(6\pi+18)$cm **3** 2π cm **3-1** $\frac{5}{3}\pi$ cm
4 $20\pi\ \text{m}^2$ **4-1** $80\pi\ \text{m}^2$

1

풀이 전략 한 원에서 부채꼴의 호의 길이는 중심각의 크기에 정비례한다.

$\angle COD=\angle x$라고 하면, 한 원에서 부채꼴의 호의 길이는 중심각의 크기에 정비례하므로

$\angle COD : \angle BOC=6 : 18$

$\angle x : \angle BOC=1 : 3$

$\therefore \angle BOC=3\angle x$

$\overline{BC}/\!/\overline{OD}$이므로

$\angle BCO=\angle COD=\angle x$(엇각)

$\triangle BOC$에서 $\overline{OB}=\overline{OC}$이므로

$\angle CBO=\angle BCO=\angle x$

$3\angle x+\angle x+\angle x=180°$

$\therefore \angle x=36°$

따라서 $\angle AOB : 36°=9 : 6$이므로

$\angle AOB=54°$

1-1

풀이 전략 한 원에서 부채꼴의 호의 길이는 중심각의 크기에 정비례한다.

$\overline{AB}/\!/\overline{CD}$이므로

$\angle AOC=\angle DCO$(엇각)

$\triangle COD$에서 $\overline{OC}=\overline{OD}$이므로

$\angle CDO=\angle DCO$

$\angle DOB=\angle CDO$(엇각)

$\therefore \angle AOC=\angle DOB$

$\angle AOC : \angle COD=2 : 5$이므로

$\angle AOC : \angle COD : \angle DOB=2 : 5 : 2$

한 원에서 부채꼴의 호의 길이는 중심각의 크기에 정비례하므로

$7 : 18=\widehat{AD}$: (원 O의 둘레의 길이)

$7 : 18=35$: (원 O의 둘레의 길이)

따라서 원 O의 둘레의 길이는 90 cm이다.

2

풀이 전략 테이프가 통조림을 둘러싼 모양에서 곡선 부분과 직선 부분을 나누어 생각한다.

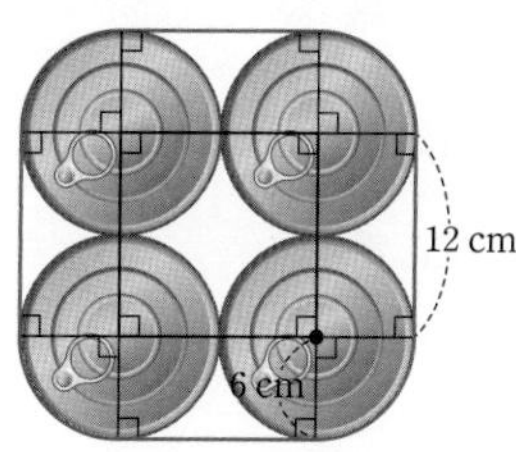

위의 그림에서 사용되는 테이프의 최소 길이는

$\left(2\pi\times6\times\frac{90}{360}\right)\times4+12\times4$

$=12\pi+48(\text{cm})$

2-1

풀이 전략 테이프가 통조림을 둘러싼 모양에서 곡선 부분과 직선 부분을 나누어 생각한다.

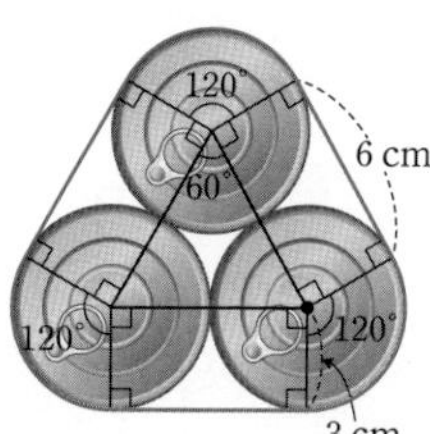

위의 그림에서 사용되는 테이프의 최소 길이는

$\left(2\pi\times3\times\frac{120}{360}\right)\times3+6\times3$

$=6\pi+18(\text{cm})$

3

풀이 전략 색칠한 두 부분의 넓이가 같음을 이용하여 넓이가 같은 서로 다른 두 도형을 찾는다.

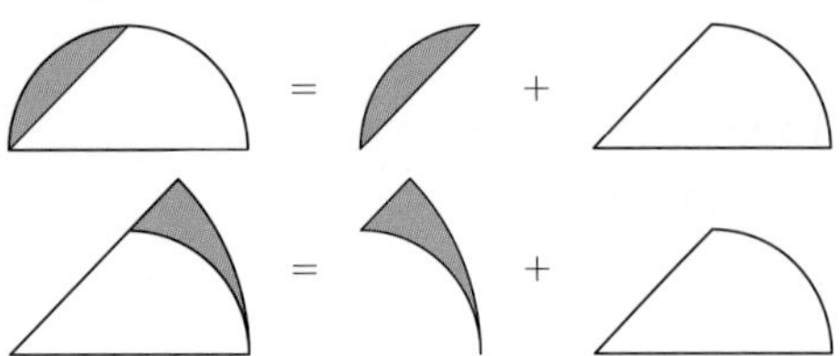

색칠한 두 부분의 넓이가 같으므로

(반원의 넓이)=(부채꼴 AOB의 넓이)

부채꼴 AOB의 중심각의 크기를 $x°$라고 하면

$\pi\times4^2\times\frac{180}{360}=\pi\times8^2\times\frac{x}{360}$

$\therefore x=45$

따라서

$\overset{\frown}{AB}=2\pi\times8\times\frac{45}{360}$

$=2\pi(\text{cm})$

3-1

풀이 전략 색칠한 두 부분의 넓이가 같음을 이용하여 넓이가 같은 서로 다른 두 도형을 찾는다.

색칠한 두 부분의 넓이가 같으므로

(반원 O′의 넓이)=(부채꼴 BOC의 넓이)

부채꼴 BOC의 중심각의 크기를 $x°$라고 하면

$\pi\times2^2\times\frac{180}{360}=\pi\times3^2\times\frac{x}{360}$

$\therefore x=80$

따라서

$\overset{\frown}{AB}=2\pi\times3\times\frac{180-80}{360}$

$=\frac{5}{3}\pi(\text{cm})$

4

풀이 전략 염소에 묶인 끈이 팽팽하게 당겨졌을 때, 그 끈으로 만들어지는 영역은 3개의 부채꼴이 합쳐진 도형이다.

염소가 움직일 수 있는 영역의 최대 넓이는 오른쪽 그림의 색칠한 부분의 넓이와 같다. 즉, 구하는 넓이는 오른쪽 그림에서 반지름의 길이가 각각 1 m, 2 m, 5 m인 부채꼴 3개의 넓이의 합과 같으므로

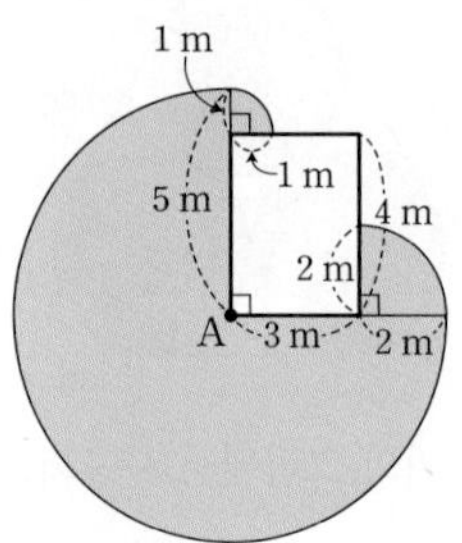

$\pi\times1^2\times\frac{90}{360}+\pi\times2^2\times\frac{90}{360}+\pi\times5^2\times\frac{270}{360}$

$=\frac{1}{4}\pi+\pi+\frac{75}{4}\pi$

$=20\pi(\text{m}^2)$

4-1

풀이 전략 소에 묶인 끈이 팽팽하게 당겨졌을 때, 그 끈으로 만들어지는 영역은 3개의 부채꼴이 합쳐진 도형이다.

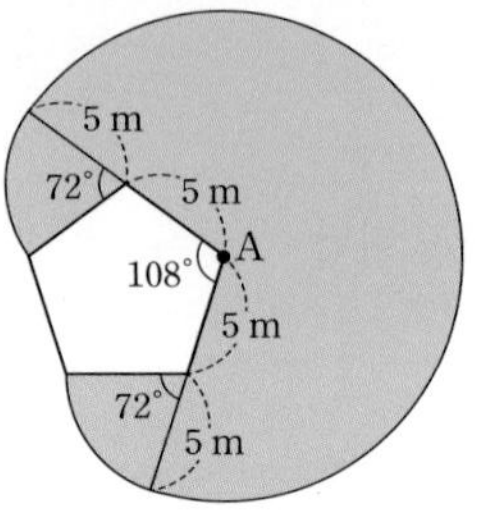

소가 움직일 수 있는 영역의 최대 넓이는 위의 그림의 색칠한 부분의 넓이와 같다. 즉, 구하는 넓이는 위의 그림에서 반지름의 길이가 5 m인 부채꼴 2개의 넓이와 10 m인 부채꼴 1개의 넓이의 합과 같다.

정오각형의 한 내각의 크기는 108°, 한 외각의 크기는 72°이므로

$\left(\pi\times5^2\times\frac{72}{360}\right)\times2+\pi\times10^2\times\frac{360-108}{360}$

$=10\pi+70\pi$

$=80\pi(\text{m}^2)$

서술형 집중 연습

본문 18~19쪽

예제 1 풀이 참조	**유제 1** 11 : 36
예제 2 풀이 참조	**유제 2** $x=30$, $y=150$
예제 3 풀이 참조	**유제 3** $30\pi\text{ cm}^2$
예제 4 풀이 참조	**유제 4** $(12+5\pi)\text{cm}$

예제 1

△OAB에서 $\overline{OA}=\overline{OB}$이므로

∠AOB=180°−(40°+[40]°)=[100]° ··· 1단계

한 원에서 부채꼴의 넓이는 중심각의 크기에 정비례하므로

(부채꼴 AOB의 넓이) : (원 O의 넓이)

=[100] : 360

=[5] : [18] ··· 2단계

채점 기준표

단계	채점 기준	비율
1단계	∠AOB의 크기를 구한 경우	50 %
2단계	부채꼴 AOB의 넓이와 원 O의 넓이의 비를 가장 간단한 자연수의 비로 나타낸 경우	50 %

유제 1

오른쪽 그림과 같이 $\overline{OA}$를 그으면

$\triangle$OAB에서 $\overline{OA}=\overline{OB}$이므로

$\angle BAO=55°$

$\angle AOB=180°-(55°+55°)=70°$

이므로

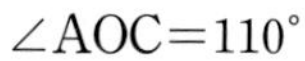

$\angle AOC=110°$ ··· 1단계

한 원에서 부채꼴의 호의 길이는 중심각의 크기에 정비례하므로

$\widehat{AC}$: (원 O의 둘레의 길이)

$=110:360$

$=11:36$ ··· 2단계

채점 기준표

단계	채점 기준	비율
1단계	∠AOC의 크기를 구한 경우	50 %
2단계	$\widehat{AC}$의 길이와 원 O의 둘레의 길이의 비를 가장 간단한 자연수의 비로 나타낸 경우	50 %

예제 2

한 원에서 부채꼴의 호의 길이는 중심각의 크기에 정비례하므로

$\boxed{20}:60=\boxed{2}:x$

$20x=\boxed{120}$

$\therefore x=\boxed{6}$ ··· 1단계

$20:y=\boxed{2}:10$

$2y=\boxed{200}$

$\therefore y=\boxed{100}$ ··· 2단계

채점 기준표

단계	채점 기준	비율
1단계	x의 값을 구한 경우	50 %
2단계	y의 값을 구한 경우	50 %

유제 2

$\widehat{AB}:\widehat{AC}=2:5$이므로

$12:x=2:5$

$2x=60$

$\therefore x=30$ ··· 1단계

한 원에서 부채꼴의 넓이는 호의 길이에 정비례하므로

$60:y=2:5$

$2y=300$

$\therefore y=150$ ··· 2단계

채점 기준표

단계	채점 기준	비율
1단계	x의 값을 구한 경우	50 %
2단계	y의 값을 구한 경우	50 %

예제 3

(큰 부채꼴의 넓이)

$=\pi\times\boxed{6}^2\times\dfrac{60}{360}$

$=\boxed{6}\pi(\text{cm}^2)$ ··· 1단계

(작은 부채꼴의 넓이)

$=\pi\times\boxed{3}^2\times\dfrac{60}{360}$

$=\dfrac{\boxed{3}}{\boxed{2}}\pi(\text{cm}^2)$ ··· 2단계

따라서

(색칠한 부분의 넓이)

=(큰 부채꼴의 넓이)−(작은 부채꼴의 넓이)

$=\dfrac{\boxed{9}}{\boxed{2}}\pi(\text{cm}^2)$ ··· 3단계

채점 기준표

단계	채점 기준	비율
1단계	큰 부채꼴의 넓이를 구한 경우	40 %
2단계	작은 부채꼴의 넓이를 구한 경우	40 %
3단계	색칠한 부분의 넓이를 구한 경우	20 %

유제 3

(큰 부채꼴의 넓이)

$=\pi\times8^2\times\dfrac{225}{360}$

$=40\pi(\text{cm}^2)$ ··· 1단계

(작은 부채꼴의 넓이)

$=\pi\times4^2\times\dfrac{225}{360}$

$=10\pi(\text{cm}^2)$ ··· 2단계

따라서

(색칠한 부분의 넓이)

=(큰 부채꼴의 넓이)−(작은 부채꼴의 넓이)

$=30\pi(\text{cm}^2)$ ··· 3단계

채점 기준표

단계	채점 기준	비율
1단계	큰 부채꼴의 넓이를 구한 경우	40 %
2단계	작은 부채꼴의 넓이를 구한 경우	40 %
3단계	색칠한 부분의 넓이를 구한 경우	20 %

예제 4

부채꼴의 호의 길이를 l cm라고 하면

$\frac{1}{2}\times\boxed{5}\times l=10\pi$

$\therefore l=\boxed{4\pi}$ ··· 1단계

따라서

(부채꼴의 둘레의 길이)

$=$(반지름의 길이)$\times2+$(부채꼴의 호의 길이)

$=\boxed{5}\times2+\boxed{4\pi}$

$=\boxed{10+4\pi}$(cm) ··· 2단계

채점 기준표

단계	채점 기준	비율
1단계	부채꼴의 호의 길이를 구한 경우	60 %
2단계	부채꼴의 둘레의 길이를 구한 경우	40 %

유제 4

부채꼴의 반지름의 길이를 r cm라고 하면

$\frac{1}{2}\times r\times5\pi=15\pi$

$\therefore r=6$ ··· 1단계

따라서

(부채꼴의 둘레의 길이)

$=$(반지름의 길이)$\times2+$(부채꼴의 호의 길이)

$=6\times2+5\pi$

$=12+5\pi$(cm) ··· 2단계

채점 기준표

단계	채점 기준	비율
1단계	부채꼴의 반지름의 길이를 구한 경우	60 %
2단계	부채꼴의 둘레의 길이를 구한 경우	40 %

중단원 실전 테스트 1회

본문 20~22쪽

01 ③ **02** ③ **03** ⑤ **04** ④ **05** ④
06 ② **07** ③ **08** ⑤ **09** ① **10** ③
11 ④ **12** ② **13** 40° **14** 12
15 48π cm², 24π cm **16** $(6\pi+30)$cm

01 ① $\overline{AC}$는 원 위의 두 점을 이은 선분이므로 현이다.
② $\widehat{AC}$보다 길이가 더 긴 호도 있다.(예 $\widehat{BAC}$)
④ $\widehat{AB}$에 대한 중심각은 $\angle AOB$이다.
⑤ 부채꼴 AOC의 중심각의 크기는 180°이다.

02 $\overline{OC}$는 원 O의 반지름이므로
$\overline{OA}=\overline{OB}=\overline{OC}$
$\triangle OAC$, $\triangle OCB$는 정삼각형이고 정삼각형의 한 내각의 크기는 60°이므로
($\widehat{AB}$에 대한 중심각의 크기)
$=\angle AOC+\angle COB$
$=120°$

03 $45:90=4:x$에서
$45x=360$이므로 $x=8$
$45:y=4:12$에서
$4y=540$이므로 $y=135$

04 (원 O의 둘레의 길이)$=\widehat{AB}+\widehat{ACB}$이고 한 원에서 부채꼴의 넓이는 호의 길이에 정비례하므로
$4:(4+11)=12:$(원 O의 넓이)
$4:15=12:$(원 O의 넓이)
따라서 원 O의 넓이는 45 cm²이다.

05 $\overline{OA}=\overline{OB}$이므로
$\angle AOB=180°-(45°+45°)=90°$
한 원에서 부채꼴의 호의 길이는 중심각의 크기에 정비례하므로
$90:360$
$=$(부채꼴 AOB의 호의 길이) $:$ (원 O의 둘레의 길이)
$90:360=10:$(원 O의 둘레의 길이)
따라서 원 O의 둘레의 길이는 40 cm이다.

06 한 원에서 부채꼴의 넓이는 중심각의 크기에 정비례하므로 $\angle AOB$의 크기를 $z°$라고 하면
$z:360=8\pi:48\pi$
$z:360=1:6$에서 $6z=360$
$\therefore z=60$
삼각형의 내각의 크기의 합은 180°이므로
$\triangle OCD$에서
$60°+\angle x+\angle y=180°$
따라서 $\angle x+\angle y=120°$

07 색칠한 부분의 둘레의 길이는 반지름의 길이가 2 cm인 원의 둘레의 길이와 같다.
따라서
(색칠한 부분의 둘레의 길이)
$=2\pi\times2=4\pi$(cm)

08 부채꼴의 중심각의 크기를 $x°$라고 하면

$2\pi\times6\times\frac{x}{360}=9\pi \quad \therefore x=270$

09 정팔각형의 한 내각의 크기는

$\frac{180°\times(8-2)}{8}=135°$이므로

(색칠한 부채꼴의 넓이)

$=\pi\times8^2\times\frac{135}{360}=24\pi(\text{cm}^2)$

10 한 원에서 길이가 가장 긴 현은 지름이므로 원 O의 반지름의 길이는 3 cm이다.

따라서

$\widehat{AB}=2\pi\times3\times\frac{80}{360}$

$=\frac{4}{3}\pi(\text{cm})$

11 색칠한 두 부분의 넓이가 같으므로

(직각삼각형의 넓이)=(부채꼴의 넓이)

$x\times12\times\frac{1}{2}=\pi\times12^2\times\frac{90}{360}$

$\therefore x=6\pi$

12 부채꼴의 호의 길이를 l cm라고 하면

$\frac{1}{2}\times2\times l=\pi$

$\therefore l=\pi$

13 $\widehat{AC}:\widehat{BC}=4:5$이므로

$\angle AOC:\angle COB=4:5$

$\angle AOC+\angle COB=180°$이므로

$\angle COB=180°\times\frac{5}{4+5}=100°$ ··· 1단계

$\triangle OCB$에서 $\overline{OC}=\overline{OB}$이므로

$\angle OCB=(180°-100°)\times\frac{1}{2}$

$=40°$ ··· 2단계

채점 기준표

단계	채점 기준	비율
1단계	∠COB의 크기를 구한 경우	70 %
2단계	∠OCB의 크기를 구한 경우	30 %

14 $\overline{AD}/\!/\overline{OC}$이므로 $\angle DAO=\angle COB=30°$(동위각)

오른쪽 그림과 같이 $\overline{OD}$를 그으면 $\triangle ADO$에서 $\overline{OA}=\overline{OD}$(반지름)이므로

$\angle ADO=\angle DAO=30°$

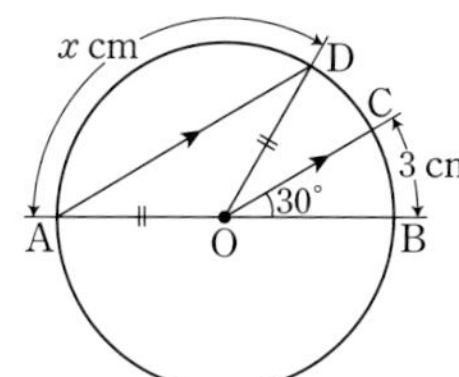

$\angle AOD=180°-(30°+30°)=120°$ ··· 1단계

한 원에서 부채꼴의 호의 길이는 중심각의 크기에 정비례하므로

$30:120=3:x$

$\therefore x=12$ ··· 2단계

채점 기준표

단계	채점 기준	비율
1단계	∠AOD의 크기를 구한 경우	50 %
2단계	x의 값을 구한 경우	50 %

15 (색칠한 부분의 넓이)

=(큰 원의 넓이)−(작은 원의 넓이)

$=\pi\times8^2-\pi\times4^2$

$=48\pi(\text{cm}^2)$ ··· 1단계

(색칠한 부분의 둘레의 길이)

=(큰 원의 둘레의 길이)+(작은 원의 둘레의 길이)

$=2\pi\times8+2\pi\times4$

$=24\pi(\text{cm})$ ··· 2단계

채점 기준표

단계	채점 기준	비율
1단계	색칠한 부분의 넓이를 구한 경우	50 %
2단계	색칠한 부분의 둘레의 길이를 구한 경우	50 %

16

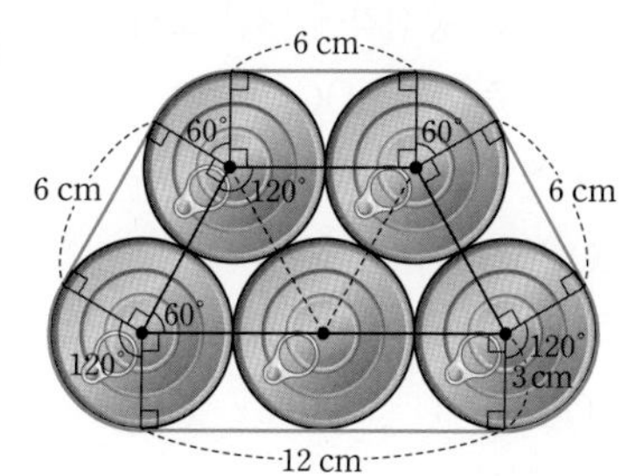

위의 그림에서 사용되는 테이프에서

(곡선 부분의 길이)

$=\left(2\pi\times3\times\frac{60}{360}\right)\times2+\left(2\pi\times3\times\frac{120}{360}\right)\times2$

$=2\pi+4\pi$

$=6\pi(\text{cm})$ ··· 1단계

(직선 부분의 길이)$=6\times3+12$

$=30(\text{cm})$ ··· 2단계

따라서 사용되는 테이프의 최소 길이는

$(6\pi+30)$ cm이다. ··· 3단계

채점 기준표

단계	채점 기준	비율
1단계	곡선 부분의 길이를 구한 경우	50 %
2단계	직선 부분의 길이를 구한 경우	40 %
3단계	사용되는 테이프의 최소 길이를 구한 경우	10 %

중단원 실전 테스트 2회

본문 23~25쪽

01 ① **02** (1) = (2) = (3) = (4) <
03 $\widehat{BD}$, $\widehat{CE}$, $\widehat{DF}$ **04** ③ **05** ② **06** ④
07 ① **08** ⑤ **09** ① **10** ④ **11** ④
12 ② **13** $x=9$, $y=45$ **14** 2 : 9
15 100π cm^2 **16** 27π cm^2

01 ① 원과 할선은 두 점에서 만난다.

02 (1) 한 원에서 크기가 같은 중심각에 대한 호의 길이는 같으므로
$\widehat{AB}=\widehat{BC}$
(2) 한 원에서 부채꼴의 호의 길이는 중심각의 크기에 정비례하므로
$\widehat{AC}=2\widehat{BC}$
(3) 한 원에서 크기가 같은 중심각에 대한 현의 길이는 같으므로
$\overline{AB}=\overline{BC}$
(4) $\triangle$ABC에서
$\overline{AC}<\overline{AB}+\overline{BC}=\overline{AB}+\overline{AB}=2\overline{AB}$

03 한 원에서 크기가 같은 중심각에 대한 호의 길이는 같으므로 $\widehat{AC}$에 대한 중심각 AOC와 같은 크기의 중심각을 찾으면 된다.
$\angle FOD=\angle AOC$(맞꼭지각)
$\overline{AB}/\!/\overline{CD}$이므로
$\angle BAO=\angle AOC$(엇각)
$\overline{OA}=\overline{OB}$(반지름)이므로
$\angle ABO=\angle BAO$
$\angle ABO=\angle COE$(동위각)
$\angle COE=\angle DOB$(맞꼭지각)
$\therefore \angle AOC=\angle FOD=\angle COE=\angle DOB$
따라서 $\widehat{AC}$와 길이가 같은 호는 $\widehat{BD}$, $\widehat{CE}$, $\widehat{DF}$이다.

04 $\angle AOB+\angle BOC+\angle COD=180^\circ$이므로
$(2x^\circ+10^\circ)+(x^\circ-10^\circ)=90^\circ$
$3x^\circ=90^\circ$, $x=30$
$\therefore \angle COD=30^\circ-10^\circ=20^\circ$
$\angle AOE=\angle BOD=110^\circ$이고, 한 원에서 부채꼴의 호의 길이는 중심각의 크기에 정비례하므로
$20 : 110=4 : \widehat{AE}$
$\therefore \widehat{AE}=22$(cm)

05 한 원에서 부채꼴의 넓이는 중심각의 크기에 정비례하므로
$90 : 270=7\pi :$ (큰 부채꼴의 넓이)
$1 : 3=7\pi :$ (큰 부채꼴의 넓이)
따라서 큰 부채꼴의 넓이는 21π cm^{2}이다.

06 $\overline{AD}/\!/\overline{BC}$이므로
$\angle BCO=\angle COD=30^\circ$(엇각)
오른쪽 그림과 같이 $\overline{OB}$를 그으면 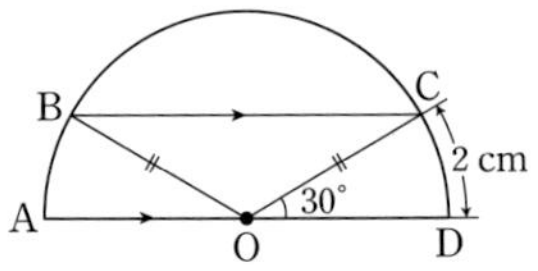
$\triangle$OBC에서 $\overline{OB}=\overline{OC}$이므로
$\angle CBO=\angle BCO=30^\circ$
$\therefore \angle BOC=180^\circ-(30^\circ+30^\circ)=120^\circ$
한 원에서 부채꼴의 호의 길이는 중심각의 크기에 정비례하므로
$120 : 30=\widehat{BC} : 2$
$\therefore \widehat{BC}=8$(cm)

07 (색칠한 부분의 둘레의 길이)
$=2\pi\times4+2\pi\times2$
$=12\pi$(cm)

08 정육각형의 한 내각의 크기는
$\frac{180^\circ\times(6-2)}{6}=120^\circ$이므로
(색칠한 부분의 넓이)
$=\left(\pi\times5^2\times\frac{120}{360}\right)\times6=50\pi$(cm^2)

09 $\overline{OA}=\overline{OB}$(반지름)이고 $\overline{AB}=\overline{OB}$이므로
$\triangle$OAB는 정삼각형이다.
$\widehat{AB}$에 대한 중심각 AOB의 크기는 60°이다.
$\widehat{AB}=2\pi\times3\times\frac{60}{360}$
$=\pi$(cm)

10 부채꼴의 중심각의 크기를 x°라고 하면
$2\pi\times8\times\frac{x}{360}=2\pi$
$\therefore x=45$
(부채꼴의 넓이)$=\frac{1}{2}\times8\times2\pi=8\pi$(cm^2)

11 $\overline{OC}=\overline{PC}$이므로

$\angle POC=\angle OPC=25^\circ$

삼각형의 외각의 성질에 의해

$\angle OCD=25^\circ+25^\circ=50^\circ$

$\overline{OD}=\overline{OC}$(반지름)이므로

$\angle ODC=\angle OCD=50^\circ$

삼각형의 외각의 성질에 의해

$\angle BOD=25^\circ+50^\circ=75^\circ$

따라서

(부채꼴 BOD의 넓이)

$=\pi\times 6^2\times\frac{75}{360}$

$=\frac{15}{2}\pi(\text{cm}^2)$

12 (부채꼴의 넓이)$=\frac{1}{2}\times x\times 10\pi=35\pi$

$\therefore x=7$

13 $\overset{\frown}{AB}:\overset{\frown}{AD}=2:3$이므로

$6:x=2:3$

$2x=18$

$\therefore x=9$ ··· 1단계

한 원에서 부채꼴의 넓이는 호의 길이에 정비례하므로

$18:y=2:5$

$2y=90$

$\therefore y=45$ ··· 2단계

채점 기준표

단계	채점 기준	비율
1단계	x의 값을 구한 경우	50 %
2단계	y의 값을 구한 경우	50 %

14 오른쪽 그림과 같이 $\overline{OC}$를 그으면

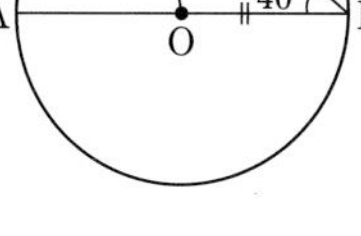

$\triangle BOC$에서 $\overline{OB}=\overline{OC}$이므로

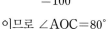

$\angle BCO=\angle CBO=40^\circ$

$\angle COB=180^\circ-(40^\circ+40^\circ)$

$=100^\circ$

이므로 $\angle AOC=80^\circ$ ··· 1단계

한 원에서 부채꼴의 호의 길이는 중심각의 크기에 정비례하므로

$\overset{\frown}{AC}$: (원 O의 둘레의 길이)

$=80:360$

$=2:9$ ··· 2단계

채점 기준표

단계	채점 기준	비율
1단계	$\angle AOC$의 크기를 구한 경우	50 %
2단계	$\overset{\frown}{AC}$의 길이와 원 O의 둘레의 길이의 비를 가장 간단한 자연수의 비로 나타낸 경우	50 %

15 원의 반지름의 길이를 r cm라고 하면

$2\pi\times r=20\pi$

$\therefore r=10$ ··· 1단계

따라서

(원의 넓이)

$=\pi\times 10^2$

$=100\pi(\text{cm}^2)$ ··· 2단계

채점 기준표

단계	채점 기준	비율
1단계	원의 반지름의 길이를 구한 경우	50 %
2단계	원의 넓이를 구한 경우	50 %

16 두 원 O, O′은 서로 합동이므로

$\overline{OA}=\overline{O'A}=\overline{OO'}=9(\text{cm})$ (반지름)

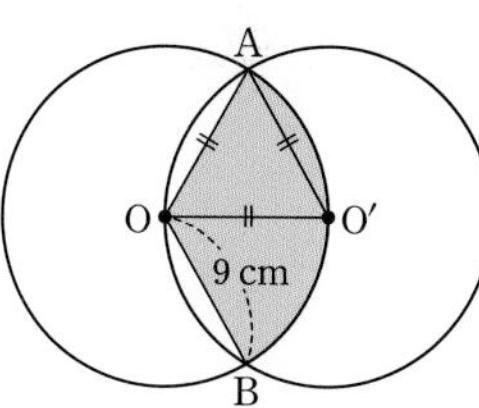

$\triangle AOO'$은 정삼각형이므로

$\angle AOO'=60^\circ$

같은 방법으로 $\angle BOO'=60^\circ$

$\angle AOB=120^\circ$ ··· 1단계

따라서 색칠한 부분은 반지름의 길이가 9 cm이고 중심각의 크기가 120°인 부채꼴이므로

(색칠한 부분의 넓이)

$=\pi\times 9^2\times\frac{120}{360}=27\pi(\text{cm}^2)$ ··· 2단계

채점 기준표

단계	채점 기준	비율
1단계	$\angle AOB$의 크기를 구한 경우	60 %
2단계	색칠한 부분의 넓이를 구한 경우	40 %

Ⅶ 입체도형

1 다면체와 회전체

개념 체크

본문 28~29쪽

01 (1) 칠면체 (2) 칠면체
(3) 육면체 (4) 오면체

02 (1) 8, 5 (2) 9, 6

03 육각뿔대

04 정사면체, 정팔면체, 정이십면체

05 ③

06 ㄱ, ㄹ, ㅂ

07 (1) 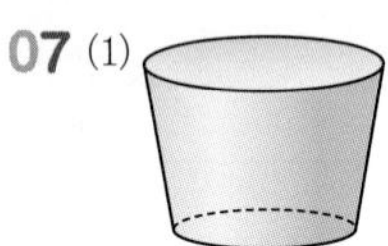 (2) 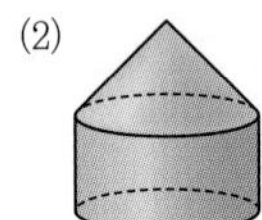

08 $25\pi\ \text{cm}^2$

09 원뿔

대표유형

본문 30~33쪽

01 ④ **02** ④ **03** ③ **04** ④
05 팔각기둥 **06** ① **07** ①
08 ④, ⑤ **09** ④ **10** ④ **11** ② **12** ⑤
13 ⑤ **14** 점 I, 점 M **15** ② **16** ③
17 ⑤ **18** ① **19** ⑤ **20** ④ **21** ③
22 ③ **23** ① **24** ⑤

01 ㄱ. 사각기둥 – 육면체
ㄴ. 오각뿔대 – 칠면체
ㄷ. 육각뿔 – 칠면체
ㅂ. 칠각뿔대 – 구면체

02 ① 팔면체이다.
② 모서리의 개수는 18이다.
③ 꼭짓점의 개수는 12이다.
⑤ 옆면의 모양은 사다리꼴이다.

03 모서리의 개수는 각각 다음과 같다.
① 삼각뿔 – 6
② 사각기둥 – 12
③ 오각뿔대 – 15
④ 육각뿔 – 12
⑤ 칠각뿔 – 14
따라서 모서리의 개수가 가장 많은 것은 ③이다.

04 ① 삼각기둥 – 직사각형
② 사각뿔 – 삼각형
③ 오각뿔대 – 사다리꼴
⑤ 칠각기둥 – 직사각형

05 조건 (나), (다)를 만족하는 다면체는 각기둥이다.
그런데 n각기둥의 면의 개수는 $n+2$이므로
조건 (가)에서
$n+2=10$
$\therefore n=8$
따라서 조건을 모두 만족하는 다면체는 팔각기둥이다.

06 주어진 다면체는 오각뿔로 꼭짓점의 개수는 6이다.
각각의 꼭짓점의 개수는 다음과 같다.
① 삼각뿔대 – 6
② 사각뿔 – 5
③ 사각기둥 – 8
④ 육각뿔 – 7
⑤ 칠각기둥 – 14
따라서 주어진 다면체와 꼭짓점의 개수가 같은 것은 ①이다.

07 ① 정다면체의 종류는 5가지뿐이다.

08 정다면체의 면의 모양은 정삼각형, 정사각형, 정오각형의 3가지뿐이다.

09 한 꼭짓점에 모인 면의 개수는 각각 다음과 같다.
① 정사면체 – 3
② 정육면체 – 3
③ 정팔면체 – 4
⑤ 정이십면체 – 5

10 정다면체의 면의 모양은 각각 다음과 같다.
① 정사면체 – 정삼각형
② 정육면체 – 정사각형
③ 정팔면체 – 정삼각형
⑤ 정이십면체 – 정삼각형

11 한 꼭짓점에 모인 면의 개수가 4인 정다면체는 정팔면체로 꼭짓점의 개수는 6이다.

12 주어진 전개도로 만들어지는 정다면체는 정십이면체로 모서리의 개수는 30이다.

13 주어진 전개도로 만들어지는 정다면체는 다음 그림과 같은 정팔면체이다.

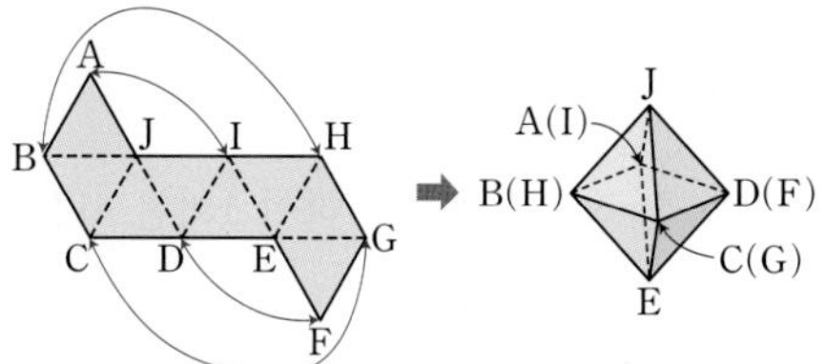

따라서 모서리 AB와 겹쳐지는 모서리는 모서리 HI이다.

14 주어진 전개도로 만들어지는 정육면체는 다음 그림과 같다.

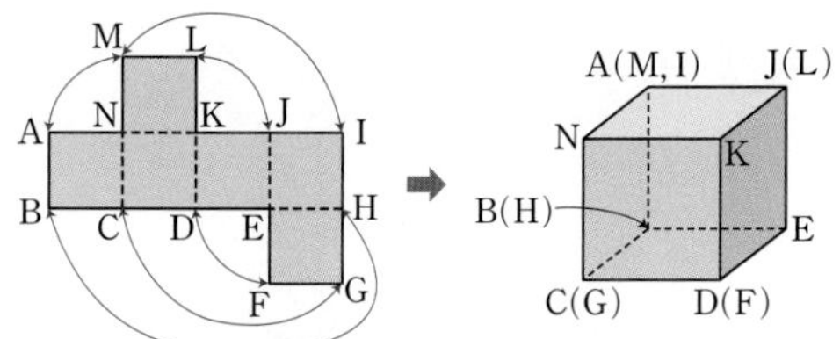

따라서 점 A와 겹치는 꼭짓점은 점 I와 점 M이다.

15 주어진 전개도로 만들어지는 정다면체는 다음 그림과 같은 정사면체이다.

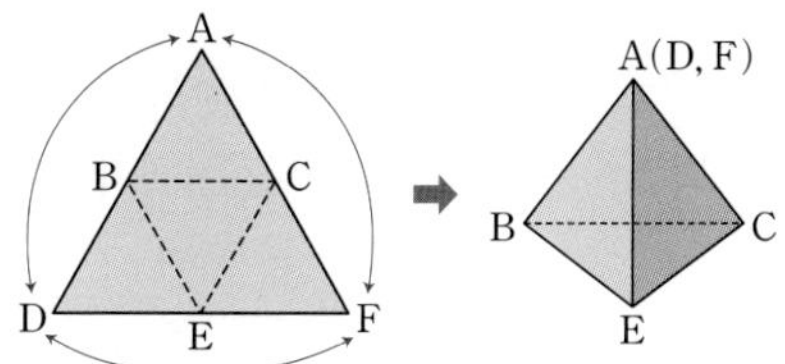

따라서 $\overline{AB}$와 꼬인 위치에 있는 모서리는 모서리 CE이다.

16 ③ 오각기둥은 다면체이다.

17 ①과 ②는 회전체가 아니다.

③ 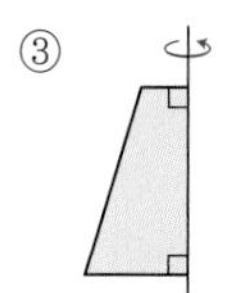 ④ 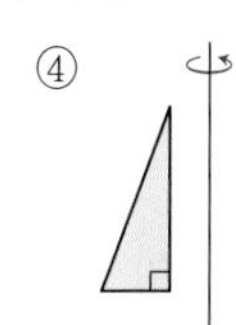

18 구를 회전축을 포함하는 평면으로 자르거나 회전축에 수직인 평면으로 자른 단면은 모두 원이다.

19 주어진 직각삼각형을 직선 l을 축으로 하여 1회전 시킬 때 생기는 회전체는 다음 그림과 같은 원뿔이다.

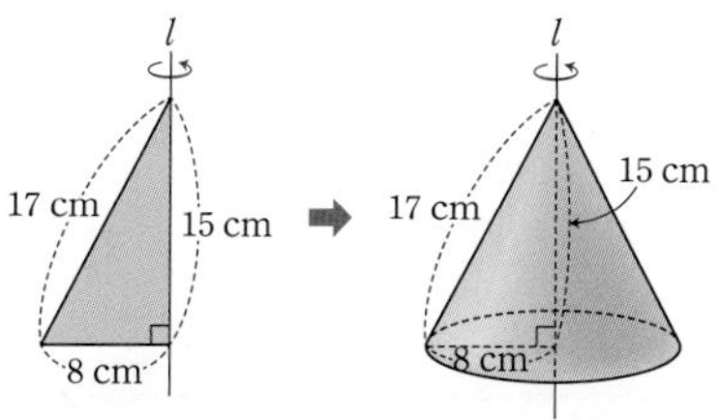

따라서 원뿔의 모선의 길이는 17 cm이다.

20

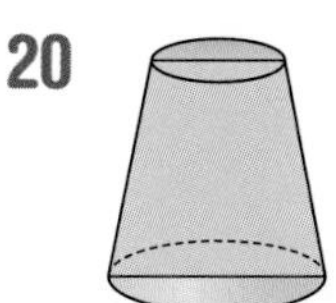

21 원기둥을 회전축에 수직인 평면으로 자를 때 생기는 단면은 반지름의 길이가 3 cm인 원이므로

(단면의 넓이)$=\pi\times3^2=9\pi$ (cm^2)

22 원기둥의 전개도는 다음 그림과 같다.

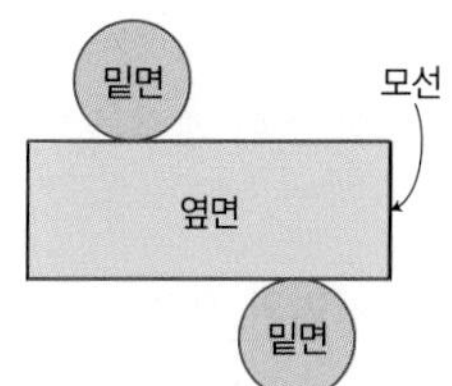

따라서 옆면의 모양은 직사각형이다.

23 주어진 전개도로 만들어지는 입체도형은 다음 그림과 같은 원뿔이다.

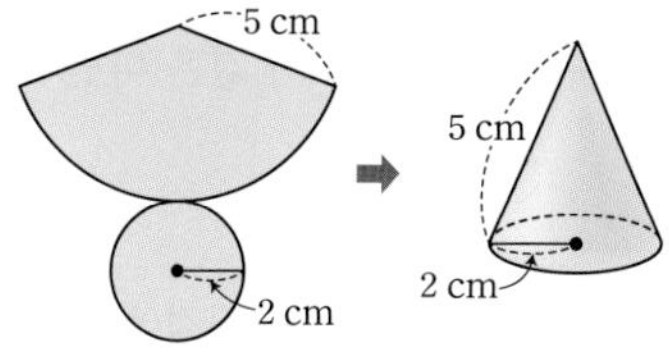

24 주어진 원뿔대를 만들 수 있는 전개도는 다음 그림과 같다.

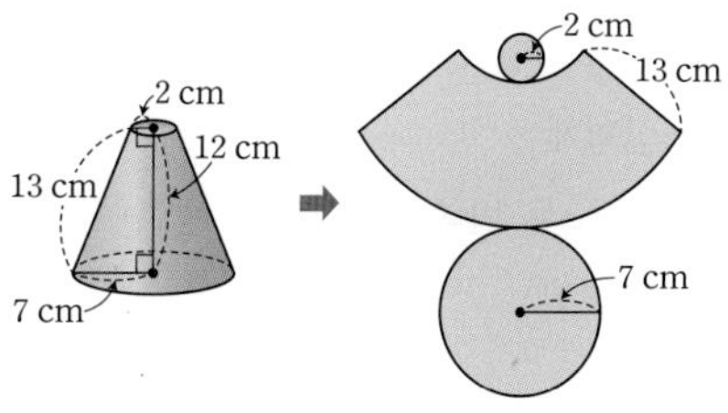

$\therefore x=13$

기출 예상 문제

본문 34~35쪽

01 ③, ④ **02** ② **03** ③ **04** ① **05** ⑤
06 각 꼭짓점에 모인 면의 개수가 다르기 때문에 정다면체가 아니다.
07 ② **08** ④ **09** $\overline{CD}$ **10** ④ **11** ⑤
12 ③

01 ① 사각기둥 - 육면체
② 오각뿔 - 육면체
⑤ 육각기둥 - 팔면체

02 모서리의 개수가 18인 각기둥을 n각기둥이라고 하면
$3n=18$
$\therefore n=6$
따라서 육각기둥의 면의 개수는 8이다.

03 ③ 두 밑면의 모양은 사각형으로 같지만, 크기는 서로 다르다.

04 주어진 다면체의 꼭짓점의 개수와 면의 개수를 각각 구하면 다음과 같다.

	꼭짓점의 개수	면의 개수
① 삼각뿔	4	4
② 사각기둥	8	6
③ 오각뿔대	10	7
④ 육각기둥	12	8
⑤ 칠각뿔대	14	9

따라서 꼭짓점의 개수와 면의 개수가 같은 다면체는 ①이다.

05 모든 면이 합동인 정다각형이고 각 꼭짓점에 모인 면의 개수가 같은 입체도형은 정다면체이다.
(가) 모든 면이 합동인 정삼각형이다.
➡ 정사면체, 정팔면체, 정이십면체
(나) 각 꼭짓점에 모인 면의 개수는 5이다.
➡ 정이십면체
따라서 조건을 모두 만족하는 입체도형은 정이십면체이다.

06

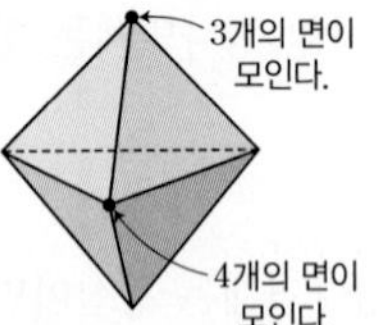

위의 그림과 같이 각 꼭짓점에 모인 면의 개수가 다르므로 정다면체가 아니다.

07 주어진 전개도로 만들어지는 정다면체는 정팔면체로 꼭짓점의 개수는 6이다.

08 구는 반원을 한 직선을 축으로 하여 1회전 시킬 때 생기는 입체도형이다.

09 $\overline{CD}$를 회전축으로 하여 1회전 시키면 원뿔대를 만들 수 있다.

10 주어진 평면도형을 직선 l을 회전축으로 하여 1회전 시킬 때 생기는 회전체는 다음 그림과 같다.

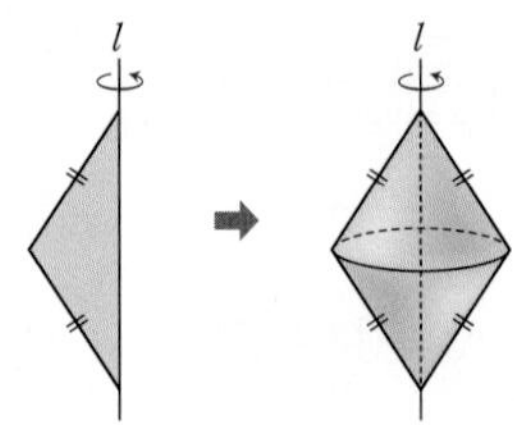

따라서 이 회전체를 회전축을 포함하는 평면으로 자른 단면의 모양은 네 변의 길이가 같은 사각형인 마름모이다.

11 주어진 평면도형을 직선 l을 회전축으로 하여 1회전 시킬 때 생기는 회전체는 다음 그림과 같은 원기둥이다.

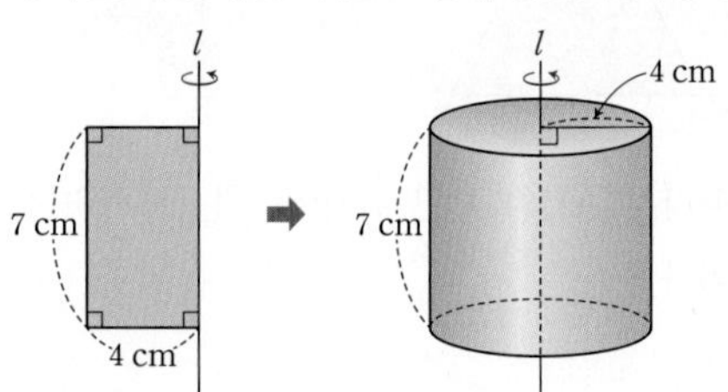

따라서 이 회전체를 회전축을 포함하는 평면으로 자른 단면의 모양은 가로, 세로의 길이가 각각 8 cm, 7 cm인 직사각형이므로
(단면의 넓이)$=8\times7=56$ (cm^2)

12 원뿔에서 밑면인 원의 둘레의 길이는 옆면인 부채꼴의 호의 길이와 같다.

고난도 집중 연습

본문 36~37쪽

1 21　**1-1** 12　**2** 5　**2-1** 4
3 $72\pi\ \text{cm}^2$　**3-1** $32\pi\ \text{cm}^2$　**4** $(14\pi+10)\text{cm}$
4-1 $(10\pi+26)\text{cm}$

1

풀이 전략 n각뿔대의 꼭짓점과 면의 개수는 각각 $2n$, $n+2$이다.

주어진 조건을 만족시키는 각뿔대를 n각뿔대라고 하면 꼭짓점은 $2n$개, 면은 $(n+2)$개이므로

$2n-(n+2)=5$

$n-2=5$

$\therefore n=7$

따라서 칠각뿔대의 모서리의 개수는 21이다.

1-1

풀이 전략 n각기둥의 모서리와 면의 개수는 각각 $3n$, $n+2$이다.

주어진 조건을 만족시키는 각기둥을 n각기둥이라고 하면 모서리는 $3n$개, 면은 $(n+2)$개이므로

$3n+(n+2)=26$

$4n+2=26$

$\therefore n=6$

따라서 육각기둥의 꼭짓점의 개수는 12이다.

2

풀이 전략 정육면체에서 서로 평행한 면은 세 쌍이다.

서로 평행한 면에 적힌 수는 a와 c, b와 5, 6과 4이다.

서로 평행한 두 면에 적힌 수의 합이 모두 같으므로

$6+4=10$에서

$a+c=10$

$b+5=10$　　$\therefore b=5$

따라서 $a-b+c=(a+c)-b=10-5=5$

2-1

풀이 전략 정팔면체에서 서로 평행한 면은 네 쌍이다.

서로 평행한 면에 적힌 수는 a와 6, b와 7, c와 8, d와 5이다. 평행한 두 면에 적힌 수의 합은 7이므로

$a+6=7$　$\therefore a=1$

$b+7=7$　$\therefore b=0$

$c+8=7$　$\therefore c=-1$

$d+5=7$　$\therefore d=2$

따라서 $a+b-c+d=1+0-(-1)+2=4$

3

풀이 전략 구를 회전축을 포함하는 평면으로 자른 단면은 원이다.

주어진 평면도형을 직선 l을 회전축으로 하여 1회전 시킬 때 생기는 회전체는 다음 그림과 같이 구 안에 더 작은 구 모양의 빈 공간이 있는 입체도형이다.

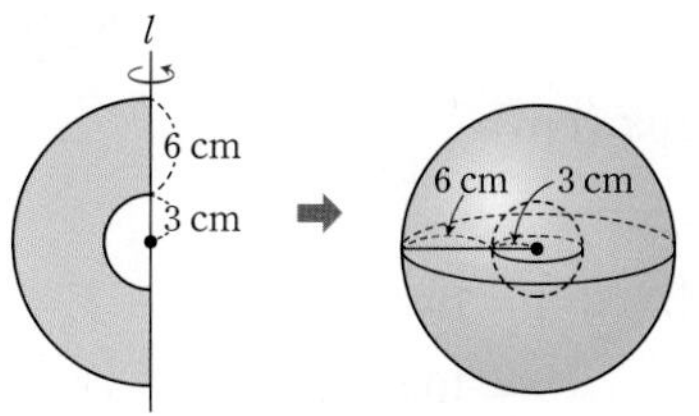

따라서 이 회전체를 회전축을 포함하는 평면으로 자른 단면의 모양은 오른쪽 그림과 같으므로

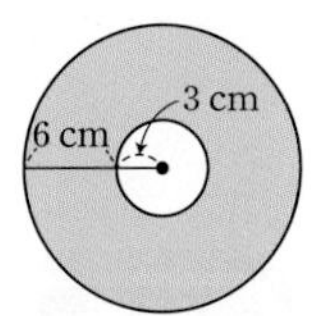

$$(\text{단면의 넓이})=\pi\times9^2-\pi\times3^2$$
$$=81\pi-9\pi$$
$$=72\pi\ (\text{cm}^2)$$

3-1

풀이 전략 원기둥을 회전축에 수직인 평면으로 자른 단면은 원이다.

주어진 평면도형을 직선 l을 회전축으로 하여 1회전 시킬 때 생기는 회전체는 다음 그림과 같다.

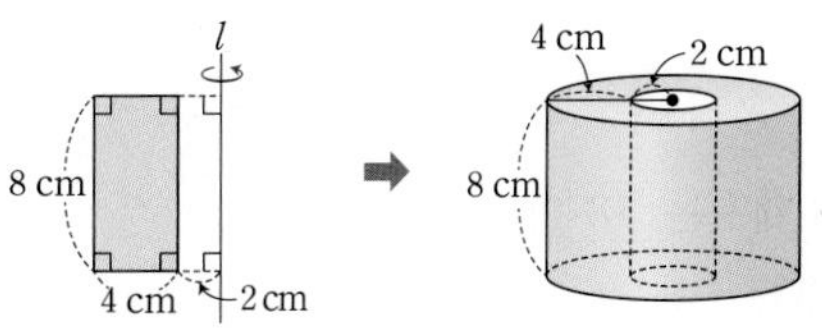

따라서 이 회전체를 회전축에 수직인 평면으로 자른 단면의 모양은 오른쪽 그림과 같으므로

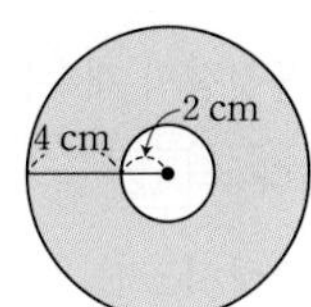

$$(\text{단면의 넓이})=\pi\times6^2-\pi\times2^2$$
$$=36\pi-4\pi$$
$$=32\pi\ (\text{cm}^2)$$

4

풀이 전략 원뿔대에서 밑면인 두 원의 둘레의 길이는 각각 전개도의 옆면에서 곡선으로 된 두 부분의 길이와 같다.

주어진 원뿔대의 전개도는 오른쪽 그림과 같다.

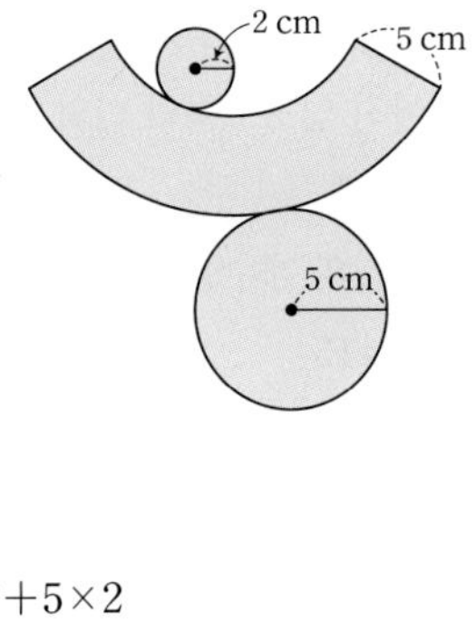

(작은 원의 둘레의 길이)

$=2\pi\times2=4\pi\ (\text{cm})$

(큰 원의 둘레의 길이)

$=2\pi\times5=10\pi\ (\text{cm})$

따라서

$$(\text{옆면의 둘레의 길이})=4\pi+10\pi+5\times2$$
$$=14\pi+10\ (\text{cm})$$

4-1

풀이 전략 원뿔에서 밑면인 원의 둘레의 길이는 전개도의 옆면에서 부채꼴의 호의 길이와 같다.

주어진 원뿔의 전개도는 오른쪽 그림과 같다.

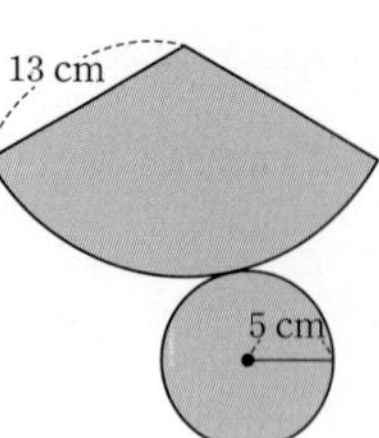

(부채꼴의 호의 길이)

$=2\pi\times5=10\pi$ (cm)

따라서

(옆면의 둘레의 길이)$=10\pi+13\times2$

$=10\pi+26$ (cm)

서술형 집중 연습

본문 38~39쪽

예제 **1** 풀이 참조　　유제 **1** 32

예제 **2** 풀이 참조　　유제 **2** 오각뿔대, 칠면체

예제 **3** 풀이 참조　　유제 **3** 풀이 참조, 32 cm^2

예제 **4** 풀이 참조　　유제 **4** 18 cm, 6 cm

예제 1

육각뿔대의 면의 개수는 [8]이므로

(가)=[8]

모서리의 개수는 [18]이므로

(나)=[18]

꼭짓점의 개수는 [12]이므로

(다)=[12] ··· 1단계

따라서 (가), (나), (다)에 들어갈 수의 합은 [38]이다. ··· 2단계

채점 기준표

단계	채점 기준	비율
1단계	(가), (나), (다)에 들어갈 수를 구한 경우	90 %
2단계	(가), (나), (다)에 들어갈 수의 합을 구한 경우	10 %

유제 1

주어진 입체도형의 면의 개수는 7이므로

(가)=7

모서리의 개수는 15이므로

(나)=15

꼭짓점의 개수는 10이므로

(다)=10 ··· 1단계

따라서 (가), (나), (다)에 들어갈 수의 합은 32이다. ··· 2단계

채점 기준표

단계	채점 기준	비율
1단계	(가), (나), (다)에 들어갈 수를 구한 경우	90 %
2단계	(가), (나), (다)에 들어갈 수의 합을 구한 경우	10 %

예제 2

조건 (가), (나)를 만족하는 다면체는 [각뿔]이다.

그런데 n각뿔의 꼭짓점의 개수는 [$n+1$]이므로

조건 (다)에서

n=[9], 즉 [구각뿔]이다. ··· 1단계

따라서 이 다면체의 면의 개수는 [10]이므로 주어진 조건을 모두 만족하는 다면체는 [십면체]이다. ··· 2단계

채점 기준표

단계	채점 기준	비율
1단계	조건을 모두 만족하는 입체도형을 구한 경우	70 %
2단계	조건을 모두 만족하는 입체도형이 몇 면체인지 구한 경우	30 %

유제 2

조건 (가), (나)를 만족하는 다면체는 각뿔대이다.

그런데 n각뿔대의 꼭짓점의 개수는 $2n$이므로 조건 (다)에서

$n=5$, 즉 오각뿔대 ··· 1단계

따라서 이 다면체의 면의 개수는 7이므로 주어진 조건을 모두 만족하는 다면체는 칠면체이다. ··· 2단계

채점 기준표

단계	채점 기준	비율
1단계	조건을 모두 만족하는 입체도형을 구한 경우	70 %
2단계	조건을 모두 만족하는 입체도형이 몇 면체인지 구한 경우	30 %

예제 3

주어진 원기둥을 회전축에 수직인 평면으로 자른 단면의 모양은 오른쪽 그림과 같이 반지름의 길이가 [6] cm인  [원]이다. ··· 1단계

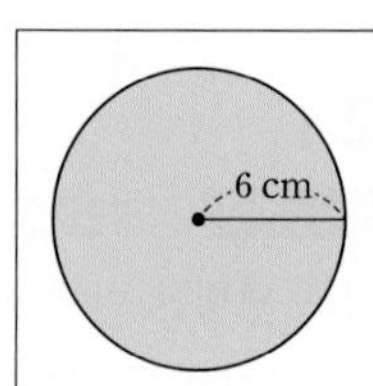

따라서

(단면의 넓이)$=\pi\times$[6]^2

=[36]π (cm^2) ··· 2단계

채점 기준표

단계	채점 기준	비율
1단계	단면의 모양을 그린 경우	50 %
2단계	단면의 넓이를 구한 경우	50 %

유제 3

주어진 원뿔을 회전축을 포함하는 평면으로 자른 단면의 모양은 오른쪽 그림과 같은 이등변삼각형이다. ••• 1단계

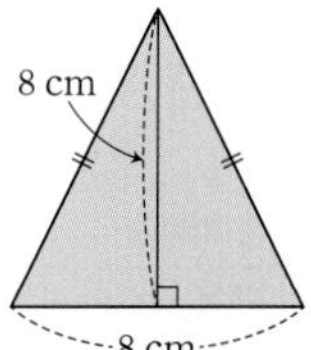

따라서

(단면의 넓이)$=8\times8\times\frac{1}{2}$

$=32\ (\text{cm}^2)$ ••• 2단계

채점 기준표

단계	채점 기준	비율
1단계	단면의 모양을 그린 경우	50 %
2단계	단면의 넓이를 구한 경우	50 %

예제 4

전개도에서 옆면인 직사각형의 세로의 길이는 원기둥의 높이와 같으므로

(원기둥의 높이)$=\boxed{30}$ cm ••• 1단계

전개도에서 밑면인 원의 둘레의 길이와 옆면인 직사각형의 가로의 길이는 서로 같으므로 원의 반지름의 길이를 r cm라고 하면

$2\pi\times r=\boxed{30\pi}$

$\therefore r=\boxed{15}$ ••• 2단계

따라서 원기둥의 높이와 원의 반지름의 길이는 각각 $\boxed{30}$ cm, $\boxed{15}$ cm이다.

채점 기준표

단계	채점 기준	비율
1단계	원기둥의 높이를 구한 경우	30 %
2단계	원의 반지름의 길이를 구한 경우	70 %

유제 4

전개도에서 옆면인 부채꼴의 반지름의 길이는 원뿔의 모선의 길이와 같으므로

(모선의 길이)$=18$ cm ••• 1단계

전개도에서 밑면인 원의 둘레의 길이와 옆면인 부채꼴의 호의 길이는 서로 같으므로 원의 반지름의 길이를 r cm라고 하면

$2\pi\times r=12\pi$

$\therefore r=6$ ••• 2단계

따라서 원뿔의 모선의 길이와 원의 반지름의 길이는 각각 18 cm, 6 cm이다.

채점 기준표

단계	채점 기준	비율
1단계	원뿔의 모선의 길이를 구한 경우	30 %
2단계	원의 반지름의 길이를 구한 경우	70 %

중단원 실전 테스트 1회

본문 40~42쪽

01 ② 02 ⑤ 03 ③ 04 ④
05 점 D, 점 F 06 ④ 07 ① 08 ⑤
09 ③ 10 ② 11 ④ 12 ③ 13 12
14 24 15 풀이 참조, 36 cm^2 16 $(6\pi+10)$cm

01 다면체는 다각형인 면으로만 둘러싸인 입체도형으로 〈보기〉 중에서 다면체인 것은 ㄴ, ㅁ, ㅂ의 3개이다.

02 면의 개수는 각각 다음과 같다.

① 삼각뿔대 – 5
② 사각뿔 – 5
③ 사각기둥 – 6
④ 오각뿔 – 6
⑤ 오각뿔대 – 7

따라서 면의 개수가 가장 많은 것은 ⑤이다.

03 주어진 다면체는 사각기둥으로 모서리의 개수는 12이다.

모서리의 개수는 각각 다음과 같다.

① 삼각뿔 – 6
② 오각뿔대 – 15
③ 육각뿔 – 12
④ 칠각뿔대 – 21
⑤ 팔각뿔 – 16

따라서 주어진 다면체와 모서리의 개수가 같은 것은 ③이다.

04 주어진 조건을 만족시키는 각뿔대를 n각뿔대라고 하면 꼭짓점은 $2n$개, 면은 $(n+2)$개이므로

$2n-(n+2)=10$

$n-2=10$

$\therefore n=12$

따라서 십이각뿔대의 모서리의 개수는 36이다.

05 주어진 전개도로 만들어지는 정다면체는 다음 그림과 같은 정사면체이다.

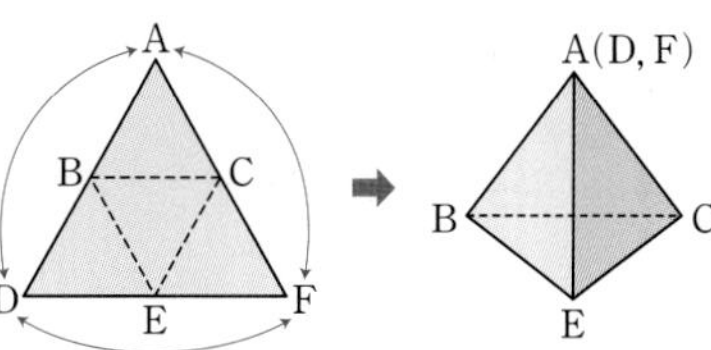

따라서 점 A와 겹치는 점은 점 D, 점 F이다.

06 ④ 주어진 전개도에서 각 면의 모양은 정오각형이다. 하지만 정이십면체의 각 면의 모양은 정삼각형이다.

07 정팔면체의 모서리의 개수는 12이므로

$a=12$

정팔면체의 꼭짓점의 개수는 6이므로

$b=6$

따라서 $a-b=12-6=6$

08 ⑤

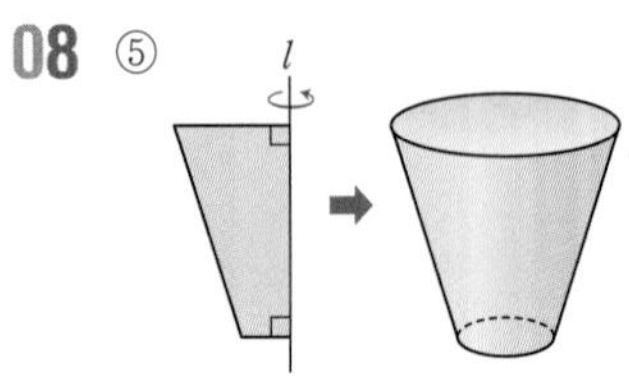

09 직각삼각형 ABC를 $\overline{AC}$를 회전축으로 하여 1회전 시킬 때 생기는 회전체는 다음 그림과 같다.

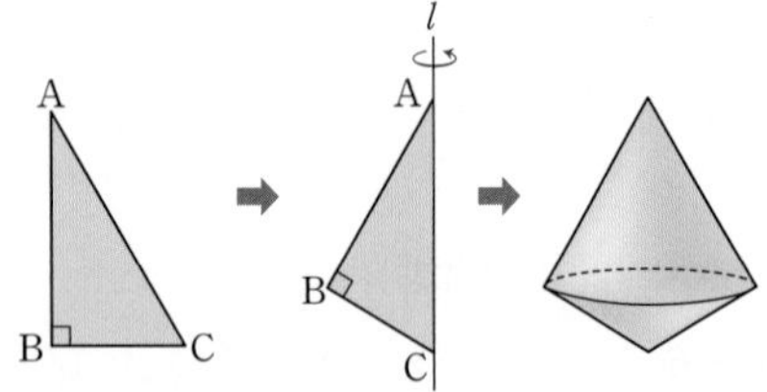

10

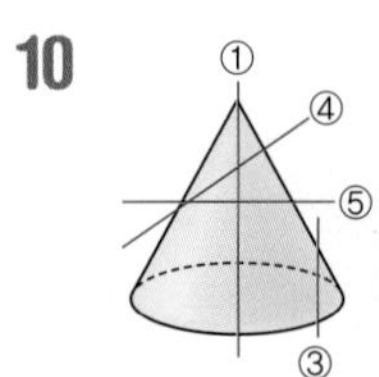

11 구는 구의 중심을 지나는 평면으로 자를 때, 그 단면의 넓이가 가장 넓다.

따라서

(단면의 넓이)$=\pi\times8^2=64\pi(\text{cm}^2)$

12 작은 원의 둘레의 길이와 부채꼴의 호의 길이 $\widehat{AD}$는 서로 같다.

13 주어진 조건을 만족하는 각뿔을 n각뿔이라고 하면 모서리의 개수는 $2n$이므로

$2n=10 \quad \therefore n=5$

즉 오각뿔이다.

오각뿔의 면의 개수는 6이므로

$a=6$

오각뿔의 꼭짓점의 개수는 6이므로

$b=6$ ··· 1단계

따라서 $a+b=12$ ··· 2단계

채점 기준표

단계	채점 기준	비율
1단계	a, b의 값을 구한 경우	80 %
2단계	$a+b$의 값을 구한 경우	20 %

14 조건 (가), (나)를 만족하는 다면체는 각기둥이다.

그런데 n각기둥의 꼭짓점의 개수는 $2n$이므로 조건 (다)에서

$2n=16 \quad \therefore n=8$

즉 팔각기둥이다. ··· 1단계

따라서 주어진 조건을 모두 만족하는 다면체의 모서리의 개수는 24이다. ··· 2단계

채점 기준표

단계	채점 기준	비율
1단계	조건을 모두 만족하는 입체도형을 구한 경우	70 %
2단계	조건을 모두 만족하는 입체도형의 모서리의 개수를 구한 경우	30 %

15 주어진 원뿔대를 회전축을 포함하는 평면으로 자른 단면의 모양은 오른쪽 그림과 같은 사다리꼴이다. ··· 1단계

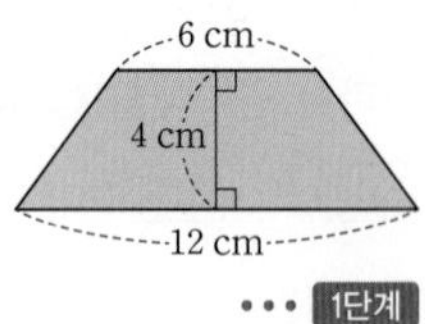

따라서

(단면의 넓이)$=(12+6)\times4\times\frac{1}{2}$

$=36(\text{cm}^2)$ ··· 2단계

채점 기준표

단계	채점 기준	비율
1단계	단면의 모양을 그린 경우	50 %
2단계	단면의 넓이를 구한 경우	50 %

16 주어진 원뿔의 전개도는 다음 그림과 같다.

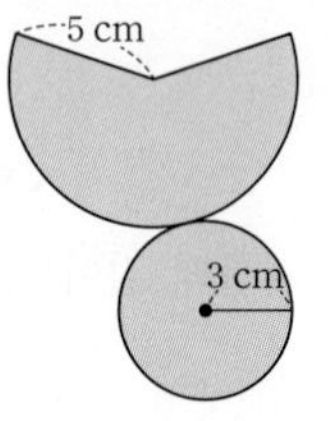

(부채꼴의 호의 길이)$=2\pi\times3=6\pi$ (cm) ··· 1단계

(옆면의 둘레의 길이)$=6\pi+5\times2$

$=6\pi+10$ (cm) ··· 2단계

채점 기준표

단계	채점 기준	비율
1단계	옆면의 부채꼴의 호의 길이를 구한 경우	70 %
2단계	옆면의 둘레의 길이를 구한 경우	30 %

중단원 실전 테스트 2회

본문 43~45쪽

01 ② **02** ⑤ **03** 육각형, 칠각형, 육각형
04 ② **05** ③ **06** ④ **07** ④ **08** ③
09 ④ **10** ⑤ **11** ① **12** ② **13** 23
14 3 **15** 풀이 참조, 60 cm^2 **16** 15 cm, 6 cm

01 ② 삼각뿔대는 오면체이다.

02 꼭짓점의 개수는 각각 다음과 같다.
① 삼각뿔 – 4
② 사각기둥 – 8
③ 오각뿔 – 6
④ 오각뿔대 – 10
⑤ 육각기둥 – 12
따라서 꼭짓점의 개수가 가장 많은 것은 ⑤이다.

03 팔면체인 각기둥은 육각기둥이므로 밑면의 모양은 육각형이다.
팔면체인 각뿔은 칠각뿔이므로 밑면의 모양은 칠각형이다.
팔면체인 각뿔대는 육각뿔대이므로 밑면의 모양은 육각형이다.

04 주어진 입체도형 중 조건 (가)를 만족하는 것은 오각뿔대와 육각뿔이다. 이 중 조건 (나), (다)를 만족하는 입체도형은 오각뿔대이다.
따라서 주어진 조건을 모두 만족하는 입체도형은 오각뿔대이다.

05 ① 정사면체 – 정삼각형
② 정육면체 – 정사각형
④ 정십이면체 – 정오각형
⑤ 정이십면체 – 정삼각형

06 주어진 전개도로 만들어지는 정육면체는 다음 그림과 같다.

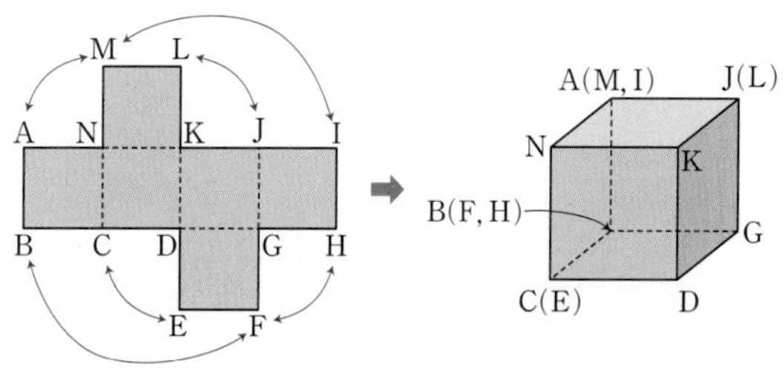

따라서 $\overline{ML}$과 꼬인 위치에 있는 선분은 $\overline{DG}$이다.

07 ① 구의 전개도는 그릴 수 없다.
② 구는 밑면을 가지고 있지 않다.
③ 구를 평면으로 자른 단면의 모양은 항상 원이지만 크기는 모두 다르다.
⑤ 회전체를 회전축에 수직인 평면으로 자를 때 생기는 단면의 모양은 원이다.

08 사다리꼴 ABCD를 $\overline{BC}$를 회전축으로 하여 1회전 시킬 때 생기는 회전체는 다음 그림과 같다.

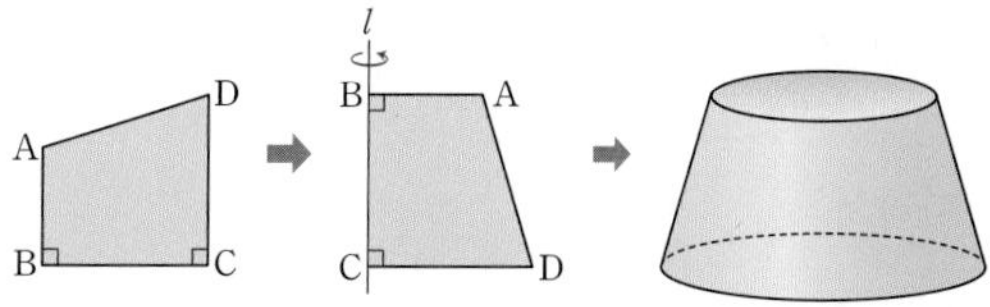

09 주어진 직각삼각형을 직선 l을 축으로 하여 1회전 시킬 때 생기는 회전체는 다음 그림과 같은 원뿔이다.

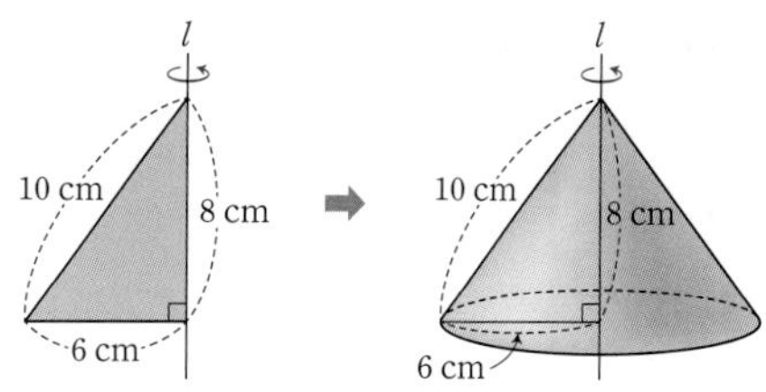

원뿔의 모선의 길이는 10 cm이므로
$a=10$
원뿔의 높이는 8 cm이므로
$b=8$
따라서 $a+b=10+8=18$

10 회전축을 포함하는 평면으로 자를 때 생기는 단면의 모양은 각각 다음과 같다.
① 구 – 원
② 반구 – 반원
③ 원뿔 – 이등변삼각형
④ 원기둥 – 직사각형

11 주어진 직사각형을 직선 l을 회전축으로 하여 1회전 시킬 때 생기는 회전체는 다음 그림과 같다.

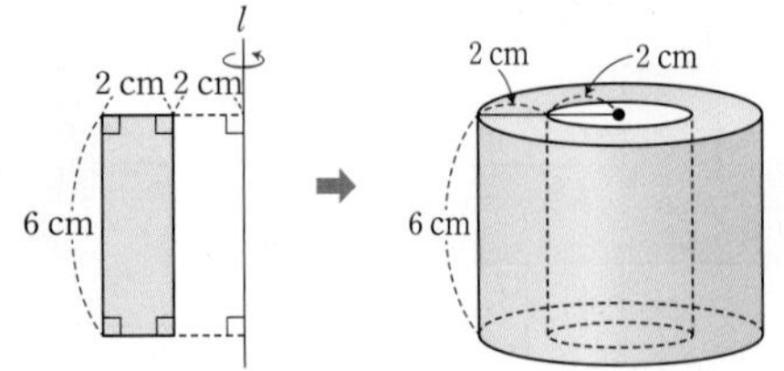

따라서 이 회전체를 회전축에 수직인 평면으로 자른 단면의 모양은 오른쪽 그림과 같으므로

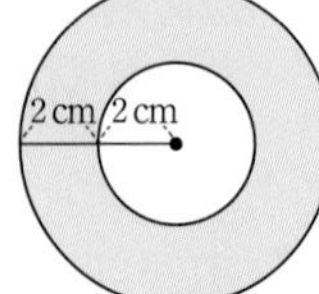

(단면의 넓이)$=\pi\times4^2-\pi\times2^2$

$=16\pi-4\pi$

$=12\pi(\text{cm}^2)$

12 주어진 전개도로 만들어지는 회전체는 원뿔대로, 이 원뿔대를 회전축을 포함하는 평면으로 자른 단면의 모양은 다음 그림과 같은 사다리꼴이다.

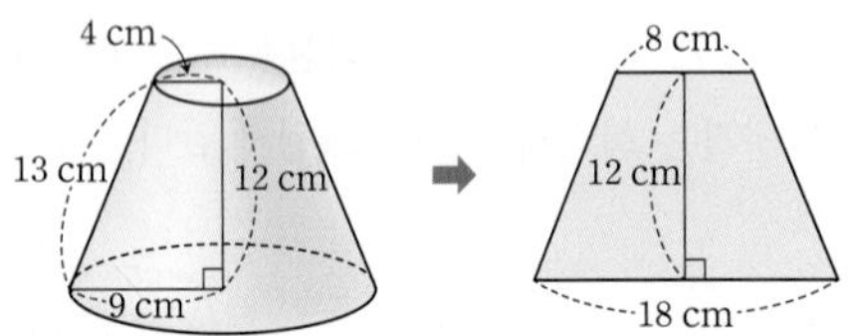

따라서

(단면의 넓이)$=(18+8)\times12\times\frac{1}{2}=156(\text{cm}^2)$

13 정육면체의 모서리의 개수는 12이므로

$a=12$

정육면체의 꼭짓점의 개수는 8이므로

$b=8$

정육면체의 한 꼭짓점에 모인 면의 개수는 3이므로

$c=3$ ··· 1단계

따라서 $a+b+c=12+8+3=23$ ··· 2단계

채점 기준표

단계	채점 기준	비율
1단계	a, b, c의 값을 구한 경우	90 %
2단계	$a+b+c$의 값을 구한 경우	10 %

14 서로 평행한 면에 적힌 수는 3과 5, a와 2, b와 4, c와 1이다.

평행한 두 면에 적힌 수의 합은 $3+5=8$이므로

$a+2=8$ $\therefore a=6$

$b+4=8$ $\therefore b=4$

$c+1=8$ $\therefore c=7$ ··· 1단계

따라서 $a+b-c=6+4-7=3$ ··· 2단계

채점 기준표

단계	채점 기준	비율
1단계	a, b, c의 값을 구한 경우	90 %
2단계	$a+b-c$의 값을 구한 경우	10 %

15 주어진 회전체를 회전축을 포함하는 평면으로 자른 단면의 모양은 다음 그림과 같다.

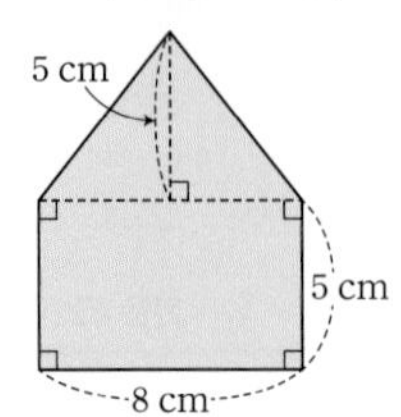

··· 1단계

따라서

(단면의 넓이)

$=(8\times5)+\left(8\times5\times\frac{1}{2}\right)$

$=40+20$

$=60(\text{cm}^2)$ ··· 2단계

채점 기준표

단계	채점 기준	비율
1단계	단면의 모양을 그린 경우	40 %
2단계	단면의 넓이를 구한 경우	60 %

16 전개도에서 옆면인 직사각형의 세로의 길이는 원기둥의 높이와 같으므로

(원기둥의 높이)$=15$ cm ··· 1단계

전개도에서 밑면인 원의 둘레의 길이와 옆면인 직사각형의 가로의 길이는 서로 같으므로 원의 반지름의 길이를 r cm라고 하면

$2\pi\times r=12\pi$

$\therefore r=6$ ··· 2단계

따라서 원기둥의 높이와 원의 반지름의 길이는 각각 15 cm, 6 cm이다.

채점 기준표

단계	채점 기준	비율
1단계	원기둥의 높이를 구한 경우	30 %
2단계	원의 반지름의 길이를 구한 경우	70 %

2 입체도형의 겉넓이와 부피

개념 체크

본문 48~49쪽

01 (1) 6 cm^2 (2) 50 cm^2 (3) 62 cm^2 (4) 30 cm^3

02 (1) 4 cm (2) $16\pi\text{ cm}^2$ (3) $48\pi\text{ cm}^2$ (4) $80\pi\text{ cm}^2$ (5) 6 cm (6) $96\pi\text{ cm}^3$

03 (1) 5 cm (2) $25\pi\text{ cm}^2$ (3) $65\pi\text{ cm}^2$ (4) $90\pi\text{ cm}^2$ (5) 12 cm (6) $100\pi\text{ cm}^3$

04 $100\pi\text{ cm}^2$

05 $18\pi\text{ cm}^3$

대표유형

본문 50~53쪽

01 (1) 60 cm^2 (2) $80\pi\text{ cm}^2$ **02** 126 cm^2
03 ② **04** (1) 120 cm^3 (2) $100\pi\text{ cm}^3$ **05** ①
06 ① **07** (1) 120 cm^2 (2) $36\pi\text{ cm}^2$ **08** ②
09 ④ **10** (1) 32 cm^3 (2) $72\pi\text{ cm}^3$ **11** ①
12 ③ **13** $16\pi\text{ cm}^2$ **14** ③ **15** ⑤
16 $288\pi\text{ cm}^3$ **17** ③ **18** ③
19 (1) 130 cm^2 (2) $40\pi\text{ cm}^2$ **20** ②
21 $80\pi\text{ cm}^2$ **22** (1) $40\pi\text{ cm}^3$ (2) $84\pi\text{ cm}^3$
23 $20\pi\text{ cm}^3$ **24** ③

01 (1) (밑넓이)$=\frac{1}{2}\times3\times4=6(\text{cm}^2)$

(옆넓이)$=(3+4+5)\times4=48(\text{cm}^2)$

따라서 (겉넓이)$=6\times2+48=60(\text{cm}^2)$

(2) (밑넓이)$=\pi\times4^2=16\pi(\text{cm}^2)$

(옆넓이)$=(2\pi\times4)\times6=48\pi(\text{cm}^2)$

따라서 (겉넓이)$=16\pi\times2+48\pi=80\pi(\text{cm}^2)$

02 (밑넓이)$=\frac{1}{2}\times(3+6)\times4=18(\text{cm}^2)$

(옆넓이)$=(3+4+6+5)\times5=90(\text{cm}^2)$

따라서 (겉넓이)$=18\times2+90=126(\text{cm}^2)$

03 (밑넓이)$=\pi\times5^2=25\pi(\text{cm}^2)$

원기둥의 높이를 x cm라고 하면

(옆넓이)$=(2\pi\times5)\times x=10\pi x(\text{cm}^2)$

(겉넓이)$=25\pi\times2+10\pi x=80\pi$이므로

$50\pi+10\pi x=80\pi$

$10\pi x=30\pi$

$\therefore x=3$

따라서 원기둥의 높이는 3 cm이다.

04 (1) (밑넓이)$=\frac{1}{2}\times5\times12=30(\text{cm}^2)$

(높이)$=4\text{ cm}$

따라서 (부피)$=30\times4=120(\text{cm}^3)$

(2) (밑넓이)$=\pi\times5^2=25\pi(\text{cm}^2)$

(높이)$=4\text{ cm}$

따라서 (부피)$=25\pi\times4=100\pi(\text{cm}^3)$

05 첫 번째 원기둥에서

(밑넓이)$=\pi\times4^2=16\pi(\text{cm}^2)$

(높이)$=8\text{ cm}$

따라서 첫 번째 원기둥의 부피는

$16\pi\times8=128\pi(\text{cm}^3)$이다.

두 번째 원기둥에서

(밑넓이)$=\pi\times8^2=64\pi(\text{cm}^2)$

(높이)$=h\text{ cm}$

따라서 두 번째 원기둥의 부피는

$64\pi\times h=64\pi h(\text{cm}^3)$이다.

두 원기둥의 부피가 같으므로 $128\pi=64\pi h$

$\therefore h=2$

06 (밑넓이)$=\frac{1}{2}\times(5+8)\times4=26(\text{cm}^2)$

(높이)$=3\text{ cm}$

따라서 (부피)$=26\times3=78(\text{cm}^3)$

07 (1) (밑넓이)$=6\times6=36(\text{cm}^2)$

(옆넓이)$=\left(\frac{1}{2}\times6\times7\right)\times4=84(\text{cm}^2)$

따라서 (겉넓이)$=36+84=120(\text{cm}^2)$

(2) (밑넓이)$=\pi\times4^2=16\pi(\text{cm}^2)$

(옆넓이)$=\frac{1}{2}\times(2\pi\times4)\times5=20\pi(\text{cm}^2)$

따라서 (겉넓이)$=16\pi+20\pi=36\pi(\text{cm}^2)$

08 (밑넓이)$=5\times5=25(\text{cm}^2)$

(옆넓이)$=\left(\frac{1}{2}\times5\times7\right)\times4=70(\text{cm}^2)$

따라서 (겉넓이)$=25+70=95(\text{cm}^2)$

09 원뿔의 밑면의 반지름의 길이를 x cm라고 하고, 원뿔의 전개도를 그리면 다음과 같다.

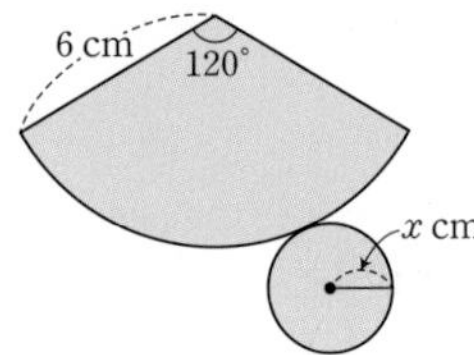

(부채꼴의 호의 길이)$=2\pi\times6\times\frac{120}{360}=4\pi$(cm)

이때 부채꼴의 호의 길이와 밑면인 원의 둘레의 길이가 같으므로 $4\pi=2\pi\times x$

$\therefore x=2$

(밑넓이)$=\pi\times2^2=4\pi$(cm^2)

(옆넓이)$=\frac{1}{2}\times6\times4\pi=12\pi$(cm^2)

따라서 (겉넓이)$=4\pi+12\pi=16\pi$(cm^2)

10 (1) (밑넓이)$=4\times4=16$(cm^2)

(높이)$=6$ cm

따라서 (부피)$=\frac{1}{3}\times16\times6=32$(cm^3)

(2) (밑넓이)$=\pi\times6^2=36\pi$(cm^2)

(높이)$=6$ cm

따라서 (부피)$=\frac{1}{3}\times36\pi\times6=72\pi$(cm^3)

11 (밑넓이)$=\frac{1}{2}\times3\times4=6$(cm^2)

(높이)$=7$ cm

따라서 (부피)$=\frac{1}{3}\times6\times7=14$(cm^3)

12 (밑넓이)$=\pi\times4^2=16\pi$(cm^2)

원뿔의 높이를 x cm라고 하면

원뿔의 부피는 $\frac{1}{3}\times16\pi\times x=\frac{16\pi}{3}x$(cm^3)이므로

$\frac{16\pi}{3}x=16\pi$

$\therefore x=3$

13 반지름의 길이가 r인 구의 겉넓이는 $4\pi r^2$이므로

$4\pi\times2^2=16\pi$(cm^2)

14 반구의 겉넓이는

$\frac{1}{2}\times(4\pi\times4^2)+(\pi\times4^2)$

$=32\pi+16\pi$

$=48\pi$(cm^2)

15 원기둥의 높이를 x cm라고 하면

(원기둥의 밑넓이)$=\pi\times5^2=25\pi$(cm^2)

(원기둥의 옆넓이)$=2\pi\times5\times x=10\pi x$(cm^2)

따라서 원기둥의 겉넓이는

$25\pi\times2+10\pi x$

$=50\pi+10\pi x$(cm^2)

반지름의 길이가 5 cm인 구의 겉넓이는

$4\pi\times5^2=100\pi$(cm^2)이므로

$50\pi+10\pi x=100\pi$

$10\pi x=50\pi$

$\therefore x=5$

16 반지름의 길이가 r인 구의 부피는 $\frac{4}{3}\pi r^3$이므로

$\frac{4}{3}\pi\times6^3=288\pi$(cm^3)

17 $\frac{3}{4}\times\frac{4}{3}\pi\times3^3=27\pi$(cm^3)

18 반구의 반지름의 길이를 r cm라고 하면

반구의 겉넓이는

$\frac{1}{2}\times4\pi r^2+\pi r^2=3\pi r^2$(cm^2)이므로

$3\pi r^2=108\pi$

$\therefore r=6$

반지름의 길이가 6 cm인 반구의 부피는

$\frac{1}{2}\times\frac{4}{3}\pi\times6^3=144\pi$(cm^3)

19 (1) (기둥의 밑넓이)

$=(5\times6)-(3\times3)$

$=21$(cm^2)

이때 기둥의 옆넓이는 가로의 길이, 세로의 길이, 높이가 각각 6 cm, 5 cm, 4 cm인 직육면체의 옆넓이와 같다.

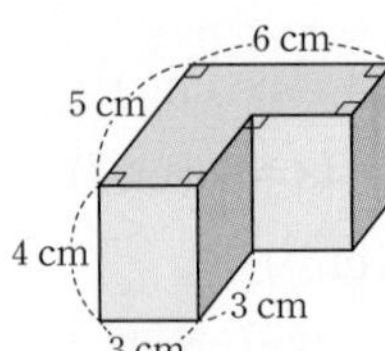

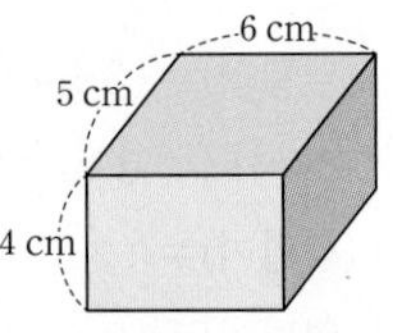

즉, 기둥의 옆넓이는 $2\times(5+6)\times4=88$(cm^2)

따라서 기둥의 겉넓이는 $21\times2+88=130$(cm^2)

(2) 그림과 같이 빗금친 부분의 넓이가 같으므로 큰 원기둥의 겉넓이에 작은 원기둥의 옆넓이를 더하면 된다.

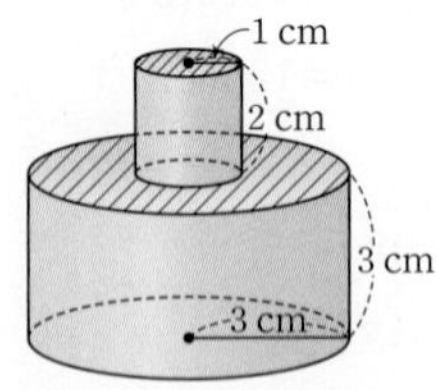

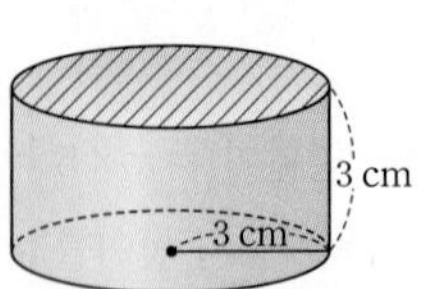

(큰 원기둥의 밑넓이)$=\pi\times3^2=9\pi(\text{cm}^2)$
(큰 원기둥의 옆넓이)$=2\pi\times3\times3=18\pi(\text{cm}^2)$
(큰 원기둥의 겉넓이)$=9\pi\times2+18\pi=36\pi(\text{cm}^2)$
(작은 원기둥의 옆넓이)$=2\pi\times1\times2=4\pi(\text{cm}^2)$
따라서 입체도형의 겉넓이는
$36\pi+4\pi=40\pi(\text{cm}^2)$

20 반구 2개의 겉넓이는 구 1개의 겉넓이와 같으므로
$4\pi\times2^2=16\pi(\text{cm}^2)$
(원기둥의 옆넓이)$=2\pi\times2\times4=16\pi(\text{cm}^2)$
따라서 입체도형의 겉넓이는
$16\pi+16\pi=32\pi(\text{cm}^2)$

21 직사각형을 직선 l을 회전축으로 하여 1회전 시킬 때 생기는 입체도형은 다음 그림과 같다.

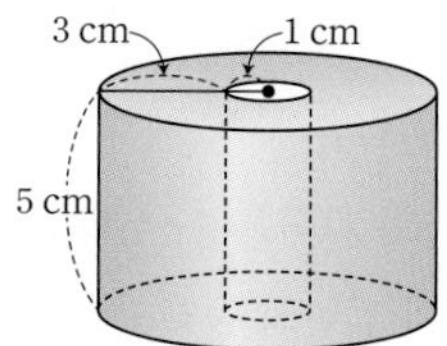

(밑넓이)$=\pi\times4^2-\pi\times1^2=15\pi(\text{cm}^2)$
(원기둥의 옆넓이)$=2\pi\times4\times5=40\pi(\text{cm}^2)$
(안쪽 부분의 겉넓이)$=2\pi\times1\times5=10\pi(\text{cm}^2)$
따라서 주어진 입체도형의 겉넓이는
$15\pi\times2+40\pi+10\pi=80\pi(\text{cm}^2)$

22 (1) (기둥의 밑넓이)$=\pi\times6^2\times\dfrac{80}{360}$
$=8\pi(\text{cm}^2)$
(높이)$=5$ cm
따라서 기둥의 부피는
$8\pi\times5=40\pi(\text{cm}^3)$

(2) 원뿔대의 부피는 큰 원뿔의 부피에서 작은 원뿔의 부피를 빼면 된다.
(큰 원뿔의 밑넓이)$=\pi\times6^2=36\pi(\text{cm}^2)$
(큰 원뿔의 높이)$=8$ cm
(큰 원뿔의 부피)$=\dfrac{1}{3}\times36\pi\times8=96\pi(\text{cm}^3)$
(작은 원뿔의 밑넓이)$=\pi\times3^2=9\pi(\text{cm}^2)$
(작은 원뿔의 높이)$=4$ cm
(작은 원뿔의 부피)$=\dfrac{1}{3}\times9\pi\times4=12\pi(\text{cm}^3)$
따라서 원뿔대의 부피는
$96\pi-12\pi=84\pi(\text{cm}^3)$

23 주어진 입체도형의 부피는 원뿔의 부피에서 원기둥의 부피를 빼면 된다.
(원뿔의 밑넓이)$=\pi\times4^2=16\pi(\text{cm}^2)$
(원뿔의 높이)$=6$ cm
(원뿔의 부피)$=\dfrac{1}{3}\times16\pi\times6=32\pi(\text{cm}^3)$
(원기둥의 밑넓이)$=\pi\times2^2=4\pi(\text{cm}^2)$
(원기둥의 높이)$=3$ cm
(원기둥의 부피)$=4\pi\times3=12\pi(\text{cm}^3)$
따라서 주어진 입체도형의 부피는
$32\pi-12\pi=20\pi(\text{cm}^3)$이다.

24 (원기둥의 밑넓이)$=\pi\times6^2=36\pi(\text{cm}^2)$
(원기둥의 높이)$=12$ cm
(원기둥의 부피)$=36\pi\times12=432\pi(\text{cm}^3)$
(구의 부피)$=\dfrac{4}{3}\pi\times6^3=288\pi(\text{cm}^3)$
따라서 원기둥의 부피와 구의 부피의 차는
$432\pi-288\pi=144\pi(\text{cm}^3)$

기출 예상 문제

본문 54~57쪽

01 ③	**02** ⑤	**03** ⑤	**04** ①	**05** ①
06 ①	**07** ③	**08** ①	**09** 135°	**10** ⑤
11 ①	**12** ①	**13** ②	**14** ④	**15** ⑤
16 ③	**17** ③	**18** ④	**19** ②	**20** ③
21 ⑤	**22** ④	**23** ④	**24** ⑤	

01 (밑넓이)$=3\times4=12(\text{cm}^2)$
(옆넓이)$=2\times(3+4)\times x=14x(\text{cm}^2)$
따라서 직육면체의 겉넓이는
$12\times2+14x=24+14x(\text{cm}^2)$이므로
$24+14x=66$
$14x=42$
$\therefore x=3$

02 전개도로 만들어지는 입체도형은 원기둥이다. 이때 전개도에서 직사각형의 가로의 길이는 원기둥의 밑면의 둘레의 길이와 같다.
원기둥의 밑면의 반지름의 길이를 x cm라고 하면
$2\pi\times x=10\pi$, $x=5$이다.

(밑넓이)$=\pi\times5^2=25\pi(\text{cm}^2)$

(옆넓이)$=10\pi\times5=50\pi(\text{cm}^2)$

따라서 원기둥의 겉넓이는

$25\pi\times2+50\pi=100\pi(\text{cm}^2)$이다.

03 (밑넓이)$=\pi\times3^2\times\frac{120}{360}=3\pi(\text{cm}^2)$

(옆넓이)$=\left(2\pi\times3\times\frac{120}{360}+3+3\right)\times5$

$=(2\pi+6)\times5=10\pi+30(\text{cm}^2)$

따라서 기둥의 겉넓이는

$3\pi\times2+(10\pi+30)$

$=6\pi+10\pi+30$

$=16\pi+30(\text{cm}^2)$

04 (밑넓이)$=\frac{1}{2}\times(4+7)\times5=\frac{55}{2}(\text{cm}^2)$

(높이)$=6$ cm

따라서

(부피)$=\frac{55}{2}\times6=165(\text{cm}^3)$

05 밑면의 지름의 길이가 4 cm이므로 반지름의 길이는 2 cm이다.

(밑넓이)$=\pi\times2^2=4\pi(\text{cm}^2)$

(높이)$=5$ cm

따라서

(부피)$=4\pi\times5=20\pi(\text{cm}^3)$

06 주어진 입체도형을 2개 연결하면 그림과 같다.

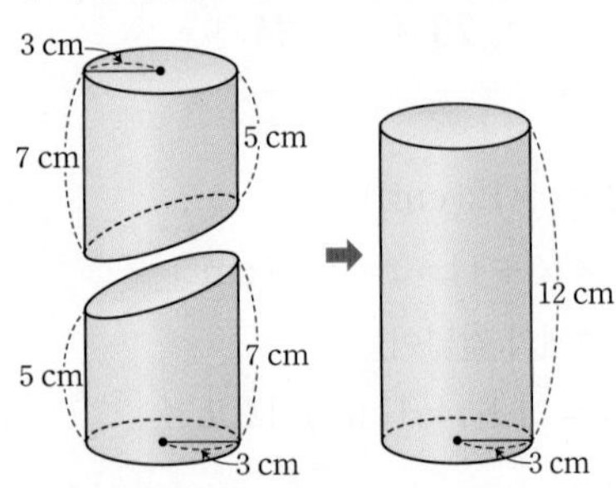

이때 주어진 입체도형의 부피는 오른쪽 원기둥의 부피의 $\frac{1}{2}$이다.

(오른쪽 원기둥의 밑넓이)$=\pi\times3^2=9\pi(\text{cm}^2)$

(오른쪽 원기둥의 높이)$=12$ cm

(오른쪽 원기둥의 부피)$=9\pi\times12=108\pi(\text{cm}^3)$

따라서 주어진 입체도형의 부피는

$\frac{1}{2}\times108\pi=54\pi(\text{cm}^3)$이다.

07 (밑넓이)$=4\times4=16(\text{cm}^2)$

(옆넓이)$=\left(\frac{1}{2}\times4\times5\right)\times4=40(\text{cm}^2)$

따라서 (겉넓이)$=16+40=56(\text{cm}^2)$

08 원뿔의 전개도를 그리면 다음과 같다.

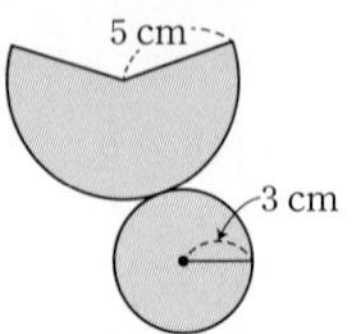

이때 부채꼴의 호의 길이는 원뿔의 밑면의 둘레의 길이와 같으므로

(호의 길이)$=2\pi\times3=6\pi(\text{cm})$

원뿔의 옆넓이는 전개도에서 부채꼴의 넓이와 같으므로

(원뿔의 옆넓이)$=\frac{1}{2}\times5\times6\pi=15\pi(\text{cm}^2)$

09 (원뿔의 밑넓이)$=\pi\times3^2=9\pi(\text{cm}^2)$

전개도에서 부채꼴의 반지름의 길이를 r cm라고 하자.

부채꼴의 호의 길이는 원뿔의 밑면의 둘레의 길이와 같으므로

(호의 길이)$=2\pi\times3=6\pi(\text{cm})$

(부채꼴의 넓이)$=\frac{1}{2}\times r\times6\pi=3\pi r(\text{cm}^2)$

원뿔의 옆넓이는 전개도에서 부채꼴의 넓이와 같다.

(원뿔의 겉넓이)$=9\pi+3\pi r=33\pi$

$3\pi r=24\pi$ $\quad\therefore r=8$

부채꼴의 중심각의 크기를 $x°$라고 하면

(부채꼴의 호의 길이)$=2\pi\times8\times\frac{x}{360}=6\pi$

양변을 2π로 나누면

$\frac{8x}{360}=3$, $\frac{x}{45}=3$

$\therefore x=135$

10 오각뿔의 높이를 x cm라고 하면

(오각뿔의 부피)$=\frac{1}{3}\times36\times x=144$

$12x=144$

$\therefore x=12$

11 직각삼각형을 직선 l을 회전축으로 하여 1회전 시킬 때 생기는 입체도형은 다음 그림과 같다.

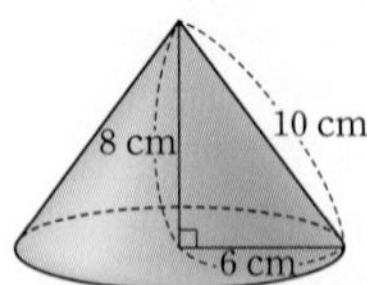

(밑넓이)$=\pi\times6^2=36\pi(\text{cm}^2)$

(높이)$=8$ cm

따라서 원뿔의 부피는

$\frac{1}{3}\times36\pi\times8=96\pi(\text{cm}^3)$

12 담긴 물의 모양은 삼각뿔이다.

(밑넓이)$=\frac{1}{2}\times3\times4=6(\text{cm}^2)$

(높이)$=6$ cm

따라서 물의 부피는

$\frac{1}{3}\times6\times6=12(\text{cm}^3)$

13 반지름의 길이가 r인 구의 겉넓이는 $4\pi r^2$이므로

$4\pi\times3^2=36\pi(\text{cm}^2)$

14 구의 $\frac{1}{4}$을 잘라냈으므로 남은 입체도형의 겉넓이는 구의 $\frac{3}{4}$의 겉넓이와 새로 생긴 반원 2개의 넓이를 더하면 된다.

$\frac{3}{4}\times(4\pi\times2^2)+2\times\left(\frac{1}{2}\times\pi\times2^2\right)$

$=12\pi+4\pi=16\pi(\text{cm}^2)$

15 반지름의 길이가 r인 구의 부피는 $\frac{4}{3}\pi r^3$이므로

반지름의 길이가 2 cm인 구의 부피는

$\frac{4}{3}\pi\times2^3=\frac{32}{3}\pi(\text{cm}^3)$이고

반지름의 길이가 6 cm인 구의 부피는

$\frac{4}{3}\pi\times6^3=288\pi(\text{cm}^3)$

반지름의 길이가 6 cm인 구의 부피가 반지름의 길이가 2 cm인 구의 부피의 □배라 하면

$\frac{32}{3}\pi\times\square=288\pi$

$\square=288\pi\times\frac{3}{32\pi}=27$

즉, 반지름의 길이가 6 cm인 구의 부피는 반지름의 길이가 2 cm인 구의 부피의 27배이다.

16 구의 반지름의 길이가 2 cm이므로

(구의 부피)$=\frac{4}{3}\pi\times2^3=\frac{32}{3}\pi(\text{cm}^3)$

(정육면체의 부피)$=4\times4\times4=64(\text{cm}^3)$

따라서

(구의 부피) : (정육면체의 부피)

$=\frac{32}{3}\pi:64=\pi:6$

17 주어진 입체도형을 앞과 뒤, 위와 아래, 왼쪽과 오른쪽에서 보이는 면을 그리면 다음과 같다.

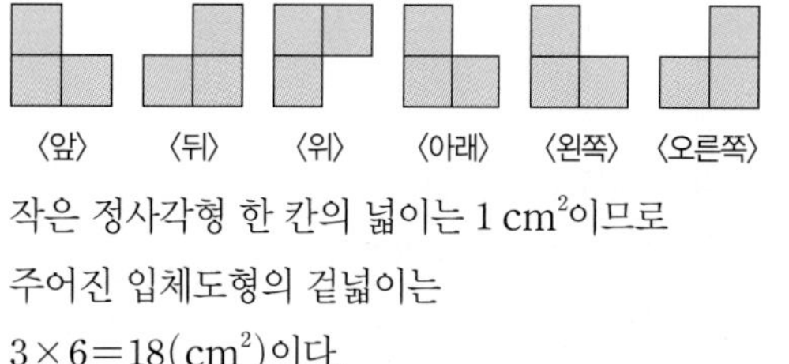

작은 정사각형 한 칸의 넓이는 1 cm^{2}이므로

주어진 입체도형의 겉넓이는

$3\times6=18(\text{cm}^2)$이다.

18 (밑넓이)$=5\times5-\pi\times1^2$

$=25-\pi(\text{cm}^2)$

(사각기둥의 옆넓이)$=20\times7=140(\text{cm}^2)$

(안쪽 부분의 겉넓이)$=(2\pi\times1)\times7=14\pi(\text{cm}^2)$

따라서 주어진 입체도형의 겉넓이는

$(25-\pi)\times2+140+14\pi$

$=50-2\pi+140+14\pi$

$=190+12\pi(\text{cm}^2)$

19 사각형을 직선 l을 회전축으로 하여 1회전 시킬 때 생기는 입체도형은 다음 그림과 같다.

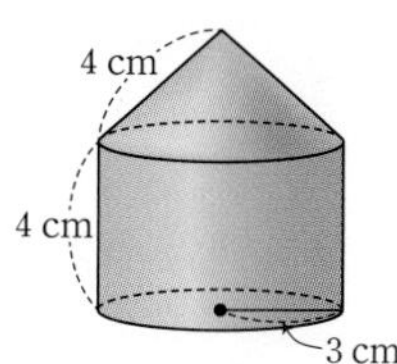

(원뿔의 옆넓이)$=\frac{1}{2}\times(2\pi\times3)\times4=12\pi(\text{cm}^2)$

(원기둥의 옆넓이)$=(2\pi\times3)\times4=24\pi(\text{cm}^2)$

(원기둥의 밑넓이)$=\pi\times3^2=9\pi(\text{cm}^2)$

따라서 입체도형의 겉넓이는

$12\pi+24\pi+9\pi=45\pi(\text{cm}^2)$

20 원뿔대의 전개도를 그리면 다음과 같다.

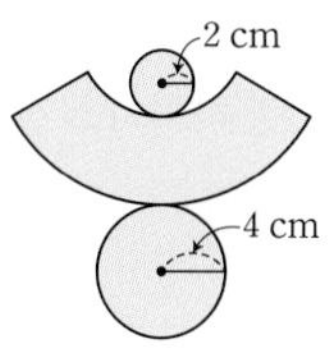

이때 원뿔대의 옆면은 부채꼴의 일부이고 그림으로 나타내면 다음과 같다.

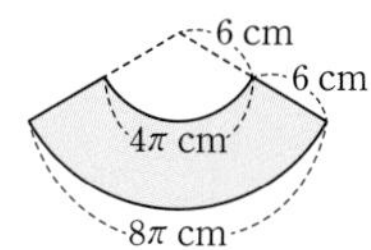

(원뿔대의 옆넓이)

=(큰 부채꼴의 넓이)−(작은 부채꼴의 넓이)

$=\frac{1}{2}\times12\times8\pi-\frac{1}{2}\times6\times4\pi$

$=36\pi(\text{cm}^2)$

따라서 원뿔대의 겉넓이는

$(\pi\times2^2)+(\pi\times4^2)+36\pi$

$=56\pi(\text{cm}^2)$

21 주어진 입체도형의 부피는 직육면체의 부피에서 잘라 낸 삼각뿔의 부피를 빼면 된다.

(직육면체의 부피)$=6\times6\times8=288(\text{cm}^3)$

잘라낸 삼각뿔을 그리면 다음과 같다.

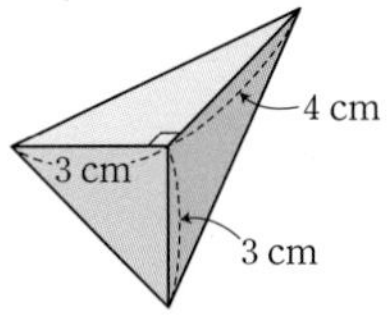

(삼각뿔의 밑넓이)$=\frac{1}{2}\times3\times4=6(\text{cm}^2)$

(삼각뿔의 높이)$=3$ cm

(삼각뿔의 부피)$=\frac{1}{3}\times6\times3=6(\text{cm}^3)$

따라서 주어진 입체도형의 부피는

$288-6=282(\text{cm}^3)$이다.

22 주어진 입체도형의 부피는 반구의 부피와 원뿔의 부피를 더하면 된다.

(반구의 부피)$=\frac{1}{2}\times\left(\frac{4}{3}\times\pi\times3^3\right)$

$=18\pi(\text{cm}^3)$

(원뿔의 밑넓이)$=\pi\times3^2=9\pi(\text{cm}^2)$

(원뿔의 높이)$=7$ cm

(원뿔의 부피)$=\frac{1}{3}\times9\pi\times7=21\pi(\text{cm}^3)$

따라서 주어진 입체도형의 부피는

$18\pi+21\pi=39\pi(\text{cm}^3)$

23 색칠한 부분을 직선 l을 회전축으로 하여 1회전 시킬 때 생기는 입체도형은 다음 그림과 같다.

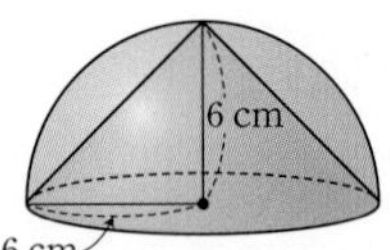

이때 입체도형의 부피는 반구의 부피에서 원뿔의 부피를 빼면 된다.

(원뿔의 밑넓이)$=\pi\times6^2=36\pi(\text{cm}^2)$

(원뿔의 높이)$=6$ cm

(원뿔의 부피)$=\frac{1}{3}\times36\pi\times6=72\pi(\text{cm}^3)$

(반구의 부피)$=\frac{1}{2}\times\left(\frac{4}{3}\times\pi\times6^3\right)$

$=144\pi(\text{cm}^3)$

따라서 입체도형의 부피는

$144\pi-72\pi=72\pi(\text{cm}^3)$

24 (원기둥의 밑넓이)$=\pi\times3^2=9\pi(\text{cm}^2)$

(원기둥의 높이)$=12$ cm

(원기둥의 부피)$=9\pi\times12=108\pi(\text{cm}^3)$

(공 1개의 부피)$=\frac{4}{3}\pi\times3^3=36\pi(\text{cm}^3)$

원기둥에서 공 2개를 제외한 빈 공간의 부피는

$108\pi-36\pi\times2=36\pi(\text{cm}^3)$이다.

고난도 집중 연습

본문 58~59쪽

1 96π cm² **1-1** 186π cm² **2** $\frac{3}{2}$ cm
2-1 24π cm² **3** $\frac{64}{3}$ cm³ **3-1** 9 cm³ **4** 9 cm
4-1 10 cm

1

풀이 전략 원기둥의 겉넓이에서 추가되거나 삭제된 넓이를 찾는다.

사다리꼴을 직선 l을 회전축으로 하여 1회전 시킬 때 생기는 입체도형은 다음 그림과 같다.

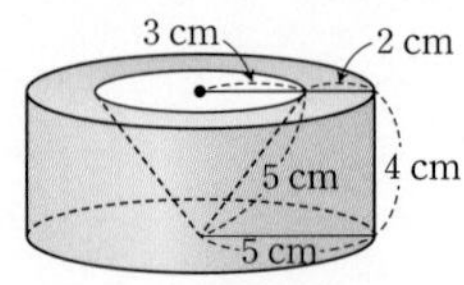

원기둥의 겉넓이에서 윗면의 넓이가 일부 삭제되었고 원뿔의 옆넓이가 추가되었다.

(원기둥의 밑넓이)$=\pi\times5^2=25\pi(\text{cm}^2)$

(원기둥의 옆넓이)$=(2\pi\times5)\times4=40\pi(\text{cm}^2)$

(삭제된 넓이)$=\pi\times3^2=9\pi(\text{cm}^2)$

(추가된 넓이)=(원뿔의 옆넓이)

$=\frac{1}{2}\times(2\pi\times3)\times5=15\pi(\text{cm}^2)$

따라서 입체도형의 겉넓이는

$25\pi\times2+40\pi-9\pi+15\pi=96\pi(\text{cm}^2)$

1-1

풀이 전략 원기둥의 겉넓이에서 추가되거나 삭제된 넓이를 찾는다.

오각형을 직선 l을 회전축으로 하여 1회전 시킬 때 생기는 입체도형은 다음 그림과 같다.

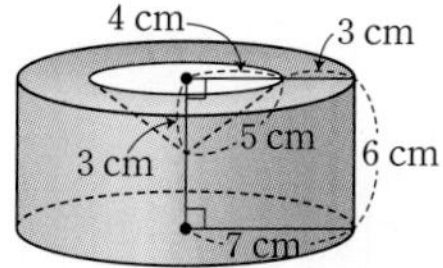

원기둥의 겉넓이에서 윗면의 넓이가 일부 삭제되었고 원뿔의 옆넓이가 추가되었다.

(원기둥의 밑넓이)$=\pi\times7^2=49\pi(\text{cm}^2)$

(원기둥의 옆넓이)$=(2\pi\times7)\times6=84\pi(\text{cm}^2)$

(삭제된 넓이)$=\pi\times4^2=16\pi(\text{cm}^2)$

(추가된 넓이)=(원뿔의 옆넓이)

$=\frac{1}{2}\times(2\pi\times4)\times5=20\pi(\text{cm}^2)$

따라서 입체도형의 겉넓이는

$49\pi\times2+84\pi-16\pi+20\pi=186\pi(\text{cm}^2)$

2

풀이 전략 원뿔의 전개도를 이용하여 부채꼴의 호의 길이를 찾는다.

원뿔을 4바퀴를 굴려서 원래의 자리로 돌아왔으므로 원뿔의 옆면은 중심각의 크기가 $\frac{360^\circ}{4}=90^\circ$인 부채꼴 모양이다.

원뿔의 모선의 길이가 6 cm이므로 원뿔의 전개도를 그리면 다음과 같다.

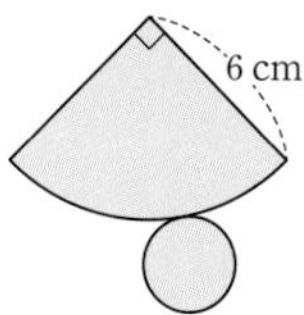

(부채꼴의 호의 길이)$=2\pi\times6\times\frac{90}{360}=3\pi(\text{cm})$

원뿔의 밑면의 반지름의 길이를 x cm라고 하면

부채꼴의 호의 길이는 원뿔의 밑면의 둘레의 길이와 같으므로 $2\pi x=3\pi$, $x=\frac{3}{2}$이다.

따라서 반지름의 길이는 $\frac{3}{2}$ cm이다.

2-1

풀이 전략 원뿔의 전개도를 이용하여 부채꼴의 반지름의 길이를 찾는다.

원뿔을 5바퀴를 굴려서 원래의 자리로 돌아왔으므로 원뿔의 옆면은 중심각의 크기가 $\frac{360^\circ}{5}=72^\circ$인 부채꼴 모양이다.

부채꼴의 호의 길이는 원뿔의 밑면의 둘레의 길이와 같으므로 4π cm이고 원뿔의 전개도를 그리면 다음과 같다.

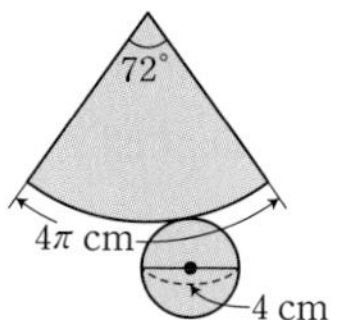

부채꼴의 반지름의 길이를 x cm라고 하면

(부채꼴의 호의 길이)$=2\pi\times x\times\frac{72}{360}=4\pi$

$\frac{2}{5}\pi x=4\pi \qquad \therefore x=10$

(원뿔의 밑넓이)$=\pi\times2^2=4\pi(\text{cm}^2)$

(원뿔의 옆넓이)$=\frac{1}{2}\times10\times4\pi=20\pi(\text{cm}^2)$

따라서 원뿔의 겉넓이는

$4\pi+20\pi=24\pi(\text{cm}^2)$

3

풀이 전략 삼각뿔의 밑넓이와 높이를 구한다.

정사각형을 점선을 따라 접으면 다음과 같은 삼각뿔이 만들어진다.

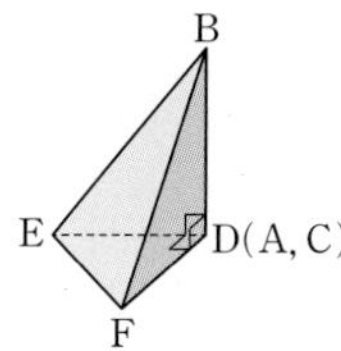

밑면을 삼각형 DEF로 두면 삼각뿔의 높이는 $\overline{AB}(=\overline{BC})$이다.

(삼각뿔의 밑넓이)$=\frac{1}{2}\times4\times4=8(\text{cm}^2)$

(삼각뿔의 높이)$=8$ cm

따라서 삼각뿔의 부피는

$\frac{1}{3}\times8\times8=\frac{64}{3}(\text{cm}^3)$

3-1

풀이 전략 삼각뿔의 밑넓이와 높이를 구한다.

정사각형을 점선을 따라 접으면 다음과 같은 삼각뿔이 만들어진다.

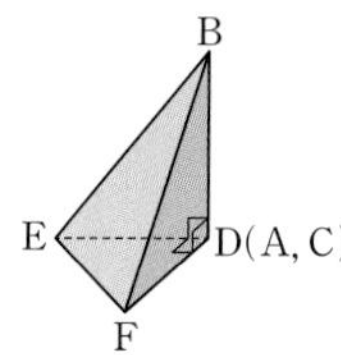

밑면을 삼각형 DEF로 두면 삼각뿔의 높이는 $\overline{AB}(=\overline{BC})$이다.

(삼각뿔의 밑넓이)$=\frac{1}{2}\times3\times3=\frac{9}{2}(\text{cm}^2)$

(삼각뿔의 높이)$=6$ cm

따라서 삼각뿔의 부피는 $\frac{1}{3}\times\frac{9}{2}\times6=9(\text{cm}^3)$

4

풀이 전략 구의 부피를 계산하여 흘러 나간 물의 양을 구한다.

(원기둥의 밑넓이)$=\pi\times6^2=36\pi(\text{cm}^2)$

(원기둥의 높이)$=10$ cm

(원기둥의 부피)$=36\pi\times10=360\pi(\text{cm}^3)$

주어진 원기둥에 물이 가득 차 있으므로 처음 물의 부피는 360π cm^3이다.

반지름의 길이가 3 cm인 구 모양의 공의 부피는

$\frac{4}{3}\pi\times3^3=36\pi(\text{cm}^3)$이므로

공을 넣었다가 꺼내면 남는 물의 양은

$360\pi-36\pi=324\pi(\text{cm}^3)$이다.

남아 있는 물의 높이를 x cm라고 하면

$\pi\times6^2\times x=324\pi$

$\therefore x=9$

따라서 남아 있는 물의 높이는 9 cm이다.

다른 풀이

반지름의 길이가 3 cm인 구 모양의 공의 부피는

$\frac{4}{3}\pi\times3^3=36\pi(\text{cm}^3)$이므로

36π cm^3의 부피만큼 물이 흘러 나간다.

이때 흘러 나간 36π cm^3의 물을 밑면의 반지름의 길이가 6 cm인 원기둥에 채우면

(원기둥의 밑넓이)$=\pi\times6^2=36\pi(\text{cm}^2)$이므로

물의 높이는 1 cm가 된다.

즉, 밑면의 반지름의 길이가 6 cm인 원기둥에서 공을 넣었다가 다시 꺼내면 물의 높이가 1 cm가 줄어든다.

따라서 남아 있는 물의 높이는

$10-1=9(\text{cm})$이다.

4-1

풀이 전략 구의 부피를 계산하여 흘러 나간 물의 양을 구한다.

(원기둥의 밑넓이)$=\pi\times4^2=16\pi(\text{cm}^2)$

(원기둥의 높이)$=12$ cm

(원기둥의 부피)$=16\pi\times12=192\pi(\text{cm}^3)$

주어진 원기둥에 물이 가득 차 있으므로 처음 물의 부피는 192π cm^3이다.

반지름의 길이가 2 cm인 구 모양의 공 3개의 부피는

$\left(\frac{4}{3}\pi\times2^3\right)\times3=32\pi(\text{cm}^3)$이므로

공을 넣었다가 꺼내면 남는 물의 양은

$192\pi-32\pi=160\pi(\text{cm}^3)$이다.

남아 있는 물의 높이를 x cm라고 하면

$\pi\times4^2\times x=160\pi$

$\therefore x=10$

따라서 남아 있는 물의 높이는 10 cm이다.

다른 풀이

반지름의 길이가 2 cm인 구 모양의 공 3개의 부피는

$\left(\frac{4}{3}\pi\times2^3\right)\times3=32\pi(\text{cm}^3)$이므로

32π cm^3의 부피만큼 물이 흘러 나간다.

이때 흘러 나간 32π cm^3의 물을 밑면의 반지름의 길이가 4 cm인 원기둥에 채우면

(원기둥의 밑넓이)$=\pi\times4^2=16\pi(\text{cm}^2)$이므로

물의 높이는 2 cm가 된다.

즉, 밑면의 반지름의 길이가 4 cm인 원기둥에서 공 3개를 넣었다가 다시 꺼내면 물의 높이가 2 cm가 줄어든다.

따라서 남아 있는 물의 높이는

$12-2=10(\text{cm})$이다.

서술형 집중 연습

본문 60~61쪽

예제 1 풀이 참조	**유제 1** 90π cm^2
예제 2 풀이 참조	**유제 2** 100π cm^2
예제 3 풀이 참조	**유제 3** 224π cm^3
예제 4 풀이 참조	**유제 4** 1 : 1

예제 1

원뿔의 전개도에서 부채꼴의 호의 길이는

$2\times\pi\times6\times\frac{\boxed{120}}{360}=\boxed{4\pi}(\text{cm})$이다.

이때 부채꼴의 호의 길이는 원뿔의 밑면인 원의 둘레의 길이와 같다.

따라서 원뿔의 밑면의 반지름의 길이는 $\boxed{2}$ cm이다. ··· 1단계

(원뿔의 밑넓이)$=\pi\times\boxed{2}^2=\boxed{4}\pi(\text{cm}^2)$

(원뿔의 옆넓이)$=\pi\times6^2\times\frac{\boxed{120}}{360}=\boxed{12}\pi(\text{cm}^2)$ ··· 2단계

$\therefore$ (원뿔의 겉넓이)$=\boxed{16}\pi(\text{cm}^2)$ ··· 3단계

채점 기준표

단계	채점 기준	비율
1단계	원뿔의 밑면의 반지름의 길이를 구한 경우	40 %
2단계	원뿔의 밑넓이와 옆넓이를 구한 경우	30 %
3단계	원뿔의 겉넓이를 구한 경우	30 %

유제 1

원뿔의 전개도에서 부채꼴의 반지름의 길이를 x cm라고 하면 부채꼴의 호의 길이와 원뿔의 밑면인 원의 둘레의 길이가 같으므로

$2\pi\times x\times\frac{240}{360}=12\pi$

$\frac{4}{3}\pi x=12\pi$

$\therefore x=9$ ··· 1단계

(원뿔의 밑넓이)$=\pi\times6^2=36\pi(\text{cm}^2)$

(원뿔의 옆넓이)$=\pi\times9^2\times\frac{240}{360}=54\pi(\text{cm}^2)$ ··· 2단계

$\therefore$ (원뿔의 겉넓이)$=90\pi(\text{cm}^2)$ ··· 3단계

채점 기준표

단계	채점 기준	비율
1단계	원뿔의 전개도에서 부채꼴의 반지름의 길이를 구한 경우	40 %
2단계	원뿔의 밑넓이와 옆넓이를 구한 경우	30 %
3단계	원뿔의 겉넓이를 구한 경우	30 %

예제 2

(반구의 겉넓이)$=\frac{\boxed{1}}{\boxed{2}}\times4\pi\times3^2$

$=\boxed{18}\pi(\text{cm}^2)$ ··· 1단계

(원기둥의 옆넓이)$=(2\pi\times\boxed{3})\times5=\boxed{30}\pi(\text{cm}^2)$

(원기둥의 밑넓이)$=\pi\times\boxed{3}^2=\boxed{9}\pi(\text{cm}^2)$ ··· 2단계

$\therefore$ (입체도형의 겉넓이)$=\boxed{57}\pi(\text{cm}^2)$ ··· 3단계

채점 기준표

단계	채점 기준	비율
1단계	반구의 겉넓이를 구한 경우	30 %
2단계	원기둥의 옆넓이와 밑넓이를 구한 경우	30 %
3단계	입체도형의 겉넓이를 구한 경우	40 %

유제 2

(원뿔의 옆넓이)$=\frac{1}{2}\times(2\pi\times5)\times7$

$=35\pi(\text{cm}^2)$ ··· 1단계

(원기둥의 옆넓이)$=2\pi\times5\times4=40\pi(\text{cm}^2)$

(원기둥의 밑넓이)$=\pi\times5^2=25\pi(\text{cm}^2)$ ··· 2단계

$\therefore$ (입체도형의 겉넓이)$=100\pi(\text{cm}^2)$ ··· 3단계

채점 기준표

단계	채점 기준	비율
1단계	원뿔의 옆넓이를 구한 경우	30 %
2단계	원기둥의 옆넓이와 밑넓이를 구한 경우	30 %
3단계	입체도형의 겉넓이를 구한 경우	40 %

예제 3

사각뿔대의 부피는 큰 사각뿔의 부피에서 작은 사각뿔의 부피를 빼면 된다.

(큰 사각뿔의 부피)$=\frac{1}{\boxed{3}}\times9\times9\times\boxed{12}$

$=\boxed{324}(\text{cm}^3)$ ··· 1단계

(작은 사각뿔의 부피)$=\frac{1}{\boxed{3}}\times3\times3\times\boxed{4}$

$=\boxed{12}(\text{cm}^3)$ ··· 2단계

$\therefore$ (사각뿔대의 부피)$=\boxed{312}(\text{cm}^3)$ ··· 3단계

채점 기준표

단계	채점 기준	비율
1단계	큰 사각뿔의 부피를 구한 경우	40 %
2단계	작은 사각뿔의 부피를 구한 경우	40 %
3단계	사각뿔대의 부피를 구한 경우	20 %

유제 3

사각뿔대의 부피는 큰 사각뿔의 부피에서 작은 사각뿔의 부피를 빼면 된다.

(큰 사각뿔의 부피)$=\frac{1}{3}\times8\times8\times12$

$=256(\text{cm}^3)$ ··· 1단계

(작은 사각뿔의 부피)$=\frac{1}{3}\times4\times4\times6$

$=32(\text{cm}^3)$ ··· 2단계

$\therefore$ (사각뿔대의 부피)$=224(\text{cm}^3)$ ··· 3단계

채점 기준표

단계	채점 기준	비율
1단계	큰 사각뿔의 부피를 구한 경우	40 %
2단계	작은 사각뿔의 부피를 구한 경우	40 %
3단계	사각뿔대의 부피를 구한 경우	20 %

예제 4

구의 지름의 길이가 $\boxed{12}$ cm이므로 구의 반지름의 길이는 $\boxed{6}$ cm이다.

(구의 부피)$=\frac{\boxed{4}}{\boxed{3}}\times\pi\times6^3=\boxed{288\pi}(\text{cm}^3)$ ··· 1단계

원뿔의 밑면의 반지름의 길이는 $\boxed{6}$ cm, 높이는 $\boxed{12}$ cm이므로

(원뿔의 부피)$=\frac{\boxed{1}}{\boxed{3}}\times\pi\times6^2\times12=\boxed{144\pi}(\text{cm}^3)$

··· 2단계

$\therefore$ (두 입체도형의 부피의 차)$=\boxed{144\pi}(\text{cm}^3)$ ··· 3단계

채점 기준표

단계	채점 기준	비율
1단계	구의 부피를 구한 경우	40 %
2단계	원뿔의 부피를 구한 경우	40 %
3단계	구와 원뿔의 부피의 차를 구한 경우	20 %

유제 4

구의 지름의 길이가 6 cm이므로 구의 반지름의 길이는 3 cm이다.

(구의 부피)$=\frac{4}{3}\times\pi\times3^3=36\pi(\text{cm}^3)$ ··· 1단계

원뿔의 밑면의 반지름의 길이는 3 cm, 높이는 12 cm이므로

(원뿔의 부피)$=\frac{1}{3}\times\pi\times3^2\times12=36\pi(\text{cm}^3)$ ··· 2단계

$\therefore$ (구의 부피) : (원뿔의 부피)

$=36\pi : 36\pi=1 : 1$ ··· 3단계

채점 기준표

단계	채점 기준	비율
1단계	구의 부피를 구한 경우	40 %
2단계	원뿔의 부피를 구한 경우	40 %
3단계	구와 원뿔의 부피의 비를 구한 경우	20 %

중단원 실전 테스트 1회

본문 62~64쪽

01 ③ **02** ① **03** ③ **04** ③ **05** ⑤
06 ② **07** ② **08** ① **09** ③ **10** ④
11 ① **12** ③ **13** 66π cm^2 **14** 8 cm
15 72 **16** 264π cm^3

01 밑면인 오각형은 사각형과 삼각형으로 나누어 그 넓이를 구한다.

(밑넓이)$=\left(\frac{1}{2}\times3\times4\right)+(5\times5)=6+25=31(\text{cm}^2)$

(옆넓이)$=(3+4+5+5+5)\times6=132(\text{cm}^2)$

따라서

(겉넓이)$=31\times2+132=194(\text{cm}^2)$

02 (사각뿔의 옆넓이)$=\left(\frac{1}{2}\times5\times6\right)\times4=60(\text{cm}^2)$

(사각기둥의 밑넓이)$=5\times5=25(\text{cm}^2)$

(사각기둥의 옆넓이)$=(5\times6)\times4=120(\text{cm}^2)$

따라서 주어진 입체도형의 겉넓이는

$60+25+120=205(\text{cm}^2)$

03 원뿔의 밑넓이를 x cm^{2}라고 하면

원뿔의 부피는 $\frac{1}{3}\times x\times12=48\pi$

$4x=48\pi$

$\therefore x=12\pi$

04 ① 원뿔의 밑면의 반지름의 길이를 x cm라고 하면 원뿔의 전개도에서 부채꼴의 호의 길이는 원뿔의 밑면의 둘레의 길이와 같으므로

$2\pi\times4\times\frac{90}{360}=2\pi\times x$

$\therefore x=1$

② 원뿔의 밑넓이는 $\pi\times1^2=\pi(\text{cm}^2)$이다.

③ 원뿔의 옆넓이는 $\pi\times4^2\times\frac{90}{360}=4\pi(\text{cm}^2)$이다.

④ 원뿔의 겉넓이는 $\pi+4\pi=5\pi(\text{cm}^2)$이다.

⑤ 원뿔의 모선의 길이가 4 cm이다.

05 주어진 입체도형을 2개 연결하면 그림과 같다.

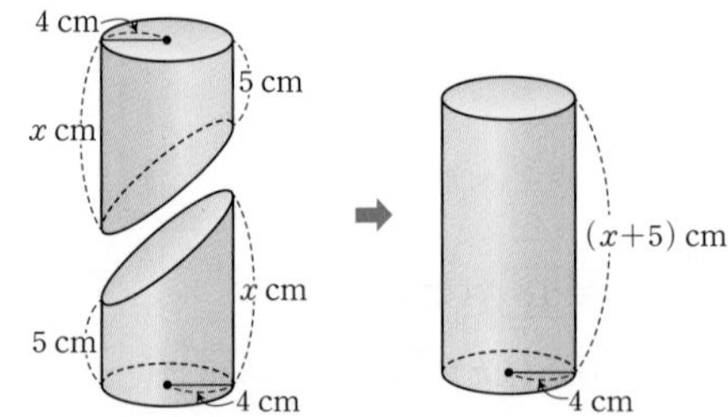

이때 주어진 입체도형의 부피는 오른쪽 원기둥의 부피의 $\frac{1}{2}$이다.

(오른쪽 원기둥의 밑넓이)$=\pi\times4^2=16\pi(\text{cm}^2)$

(오른쪽 원기둥의 높이)$=(x+5)$ cm

(오른쪽 원기둥의 부피)$=16\pi(x+5)(\text{cm}^3)$

따라서 주어진 입체도형의 부피가 120π cm^{3}이므로 오른쪽 원기둥의 부피는 240π cm^{3}이다.

즉, $16\pi(x+5)=240\pi$

양변을 16π로 나누면

$x+5=15$

$\therefore x=10$

06 (밑넓이)$=\frac{1}{2}\times(4+10)\times4=28(\text{cm}^2)$

(옆넓이)$=(4+5+10+5)\times5=120(\text{cm}^2)$

따라서 사각기둥의 겉넓이는

$28\times2+120=176(\text{cm}^2)$

07 구의 지름의 길이가 4 cm이므로 반지름의 길이는 2 cm이다.

(구의 부피)$=\frac{4}{3}\times\pi\times2^3=\frac{32}{3}\pi(\text{cm}^3)$

(원뿔의 밑넓이)$=\pi\times4^2=16\pi(\text{cm}^2)$

(원뿔의 높이)$=x$ cm

(원뿔의 부피)$=\frac{1}{3}\times16\pi\times x=\frac{16}{3}\pi x(\text{cm}^3)$

구의 부피와 원뿔의 부피가 같으므로

$\frac{32}{3}\pi=\frac{16}{3}\pi x$

$\therefore x=2$

08 원뿔대의 전개도를 그리면 다음과 같다.

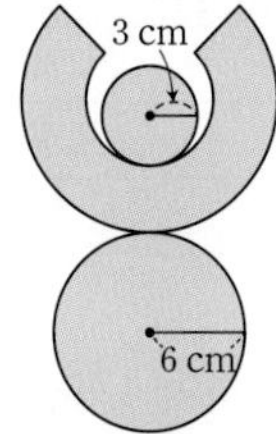

이때 원뿔대의 옆면은 부채꼴의 일부이고 그림으로 나타내면 다음과 같다.

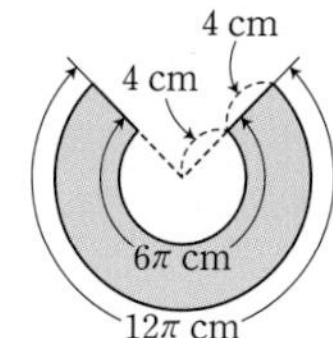

(원뿔대의 옆넓이)

=(큰 부채꼴의 넓이)−(작은 부채꼴의 넓이)

$=\frac{1}{2}\times8\times12\pi-\frac{1}{2}\times4\times6\pi$

$=36\pi(\text{cm}^2)$

따라서 원뿔대의 겉넓이는

$(\pi\times3^2)+(\pi\times6^2)+36\pi$

$=81\pi(\text{cm}^2)$

09 색칠한 부분을 직선 l을 회전축으로 하여 1회전 시킬 때 생기는 입체도형은 다음 그림과 같다.

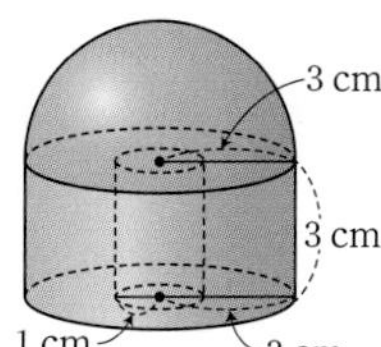

(반구의 부피)$=\frac{1}{2}\times\left(\frac{4}{3}\times\pi\times3^3\right)=18\pi(\text{cm}^3)$

(큰 원기둥의 부피)$=(\pi\times3^2)\times3=27\pi(\text{cm}^3)$

(작은 원기둥의 부피)$=(\pi\times1^2)\times3=3\pi(\text{cm}^3)$

따라서 회전체의 부피는

$18\pi+27\pi-3\pi=42\pi(\text{cm}^3)$

10 (밑넓이)$=\pi\times3^2\times\frac{300}{360}=\frac{15}{2}\pi(\text{cm}^2)$

(옆넓이)$=\left(2\pi\times3\times\frac{300}{360}+3+3\right)\times4$

$=(5\pi+6)\times4=20\pi+24(\text{cm}^2)$

따라서 기둥의 겉넓이는

$\frac{15}{2}\pi\times2+(20\pi+24)=15\pi+20\pi+24$

$=35\pi+24(\text{cm}^2)$

11 정팔면체의 부피는 다음 그림과 같은 사각뿔 두 개의 부피를 더하여 구한다.

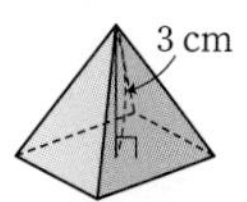

이때 사각뿔의 밑면은 다음과 같다.

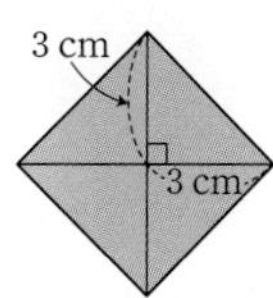

(사각뿔의 밑넓이)$=4\times\left(\frac{1}{2}\times3\times3\right)=18(\text{cm}^2)$

(사각뿔의 높이)$=3$ cm

(사각뿔의 부피)$=\frac{1}{3}\times18\times3=18(\text{cm}^3)$

따라서 정팔면체의 부피는

$18\times2=36(\text{cm}^3)$

12 그림과 같이 빗금친 부분의 넓이가 같으므로 큰 정육면체의 겉넓이에 작은 정육면체의 옆넓이를 더하면 된다.

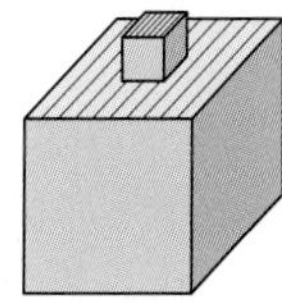
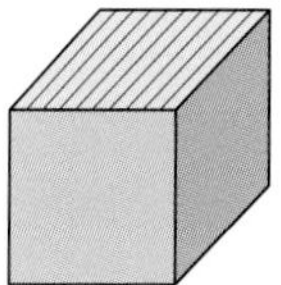

(큰 정육면체의 겉넓이)$=(4\times4)\times6=96(\text{cm}^2)$

(작은 정육면체의 옆넓이)$=(1\times4)\times1=4(\text{cm}^2)$

따라서 입체도형의 겉넓이는 $96+4=100(\text{cm}^2)$

13 전개도로 만든 입체도형은 원기둥이다.

원기둥의 밑면의 반지름의 길이를 x cm라고 하자.

전개도에서 직사각형의 가로의 길이는 원기둥의 밑면의 둘레의 길이와 같으므로 $2\pi\times x=6\pi$

$\therefore x=3$

즉 원기둥의 밑면의 반지름의 길이는 3 cm이다. ··· 1단계

(원기둥의 밑넓이)$=\pi\times3^2=9\pi(\mathrm{cm}^2)$

(원기둥의 옆넓이)$=6\pi\times8=48\pi(\mathrm{cm}^2)$

따라서 원기둥의 겉넓이는

$9\pi\times2+48\pi=66\pi(\mathrm{cm}^2)$ ··· 2단계

채점 기준표

단계	채점 기준	비율
1단계	원기둥의 밑면의 반지름의 길이를 구한 경우	40 %
2단계	입체도형의 겉넓이를 구한 경우	60 %

14 원뿔의 전개도를 그리면 다음과 같다.

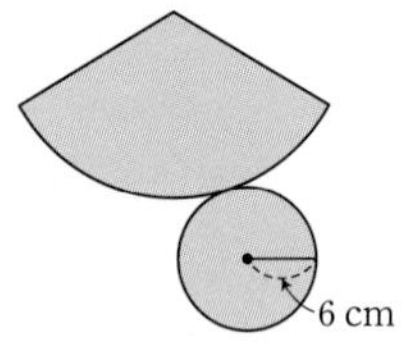

이때 부채꼴의 호의 길이는 원뿔의 밑면의 둘레의 길이와 같으므로 $2\pi\times6=12\pi(\mathrm{cm})$이다.

부채꼴의 반지름의 길이를 x cm라고 하면

원뿔의 옆넓이는 전개도에서 부채꼴의 넓이와 같으므로

(원뿔의 옆넓이)$=\frac{1}{2}\times x\times12\pi=6\pi x(\mathrm{cm}^2)$

(원뿔의 밑넓이)$=\pi\times6^2=36\pi(\mathrm{cm}^2)$

따라서 원뿔의 겉넓이는 $(36\pi+6\pi x)\mathrm{cm}^2$이다.

원뿔의 겉넓이가 $84\pi\ \mathrm{cm}^2$이므로

$36\pi+6\pi x=84\pi$ ··· 1단계

$6\pi x=48\pi$

양변을 6π로 나누면 $x=8$

원뿔의 모선의 길이는 전개도에서 부채꼴의 반지름의 길이와 같으므로 원뿔의 모선의 길이는 8 cm이다. ··· 2단계

채점 기준표

단계	채점 기준	비율
1단계	원뿔의 겉넓이에 대한 식을 세운 경우	70 %
2단계	원뿔의 모선의 길이를 구한 경우	30 %

15 정사각형을 점선을 따라 접으면 다음과 같은 삼각뿔이 만들어진다.

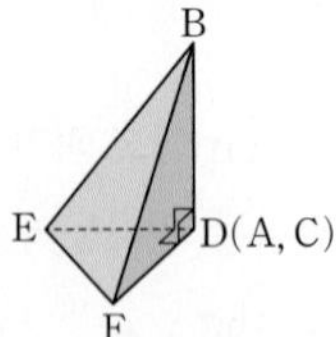

삼각뿔의 겉넓이는 전개도인 정사각형의 넓이와 같으므로 $12\times12=144(\mathrm{cm}^2)$이다.

$\therefore a=144$ ··· 1단계

밑면을 삼각형 DEF로 두면 삼각뿔의 높이는 $\overline{AB}(=\overline{BC})$이다.

(삼각뿔의 밑넓이)$=\frac{1}{2}\times6^2=18(\mathrm{cm}^2)$

(삼각뿔의 높이)$=12$ cm

따라서 삼각뿔의 부피는

$\frac{1}{3}\times18\times12=72(\mathrm{cm}^3)$

$\therefore b=72$ ··· 2단계

$\therefore a-b=144-72=72$ ··· 3단계

채점 기준표

단계	채점 기준	비율
1단계	a의 값을 구한 경우	30 %
2단계	b의 값을 구한 경우	50 %
3단계	$a-b$의 값을 구한 경우	20 %

16 색칠한 부분을 직선 l을 회전축으로 하여 1회전 시킬 때 생기는 입체도형은 다음 그림과 같다.

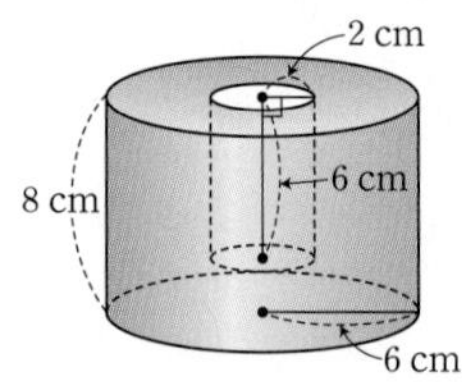

(큰 원기둥의 밑넓이)$=\pi\times6^2=36\pi(\mathrm{cm}^2)$

(큰 원기둥의 높이)$=8$ cm

(큰 원기둥의 부피)$=36\pi\times8=288\pi(\mathrm{cm}^3)$ ··· 1단계

(작은 원기둥의 밑넓이)$=\pi\times2^2=4\pi(\mathrm{cm}^2)$

(작은 원기둥의 높이)$=6$ cm

(작은 원기둥의 부피)$=4\pi\times6=24\pi(\mathrm{cm}^3)$ ··· 2단계

(회전체의 부피)

=(큰 원기둥의 부피)−(작은 원기둥의 부피)

$=288\pi-24\pi=264\pi(\mathrm{cm}^3)$ ··· 3단계

채점 기준표

단계	채점 기준	비율
1단계	큰 원기둥의 부피를 구한 경우	40 %
2단계	작은 원기둥의 부피를 구한 경우	40 %
3단계	회전체의 부피를 구한 경우	20 %

중단원 실전 테스트 2회

본문 65~67쪽

01 ④	02 ③	03 ③	04 ②	05 ①
06 ②	07 ④	08 ⑤	09 ③	10 ⑤
11 ③	12 ⑤	13 144 cm^2		
14 $170\pi\text{ cm}^2$		15 2 : 1	16 56분	

01 옆면은 밑변의 길이가 4 cm, 높이가 6 cm인 합동인 삼각형 6개로 이루어져 있다.

(옆넓이)$=\left(\frac{1}{2}\times4\times6\right)\times6=72(\text{cm}^2)$

02 반지름의 길이가 2 cm인 반구는 다음과 같다.

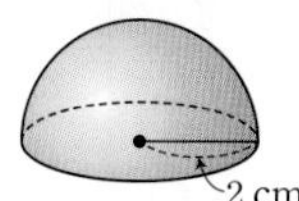

구의 겉넓이의 $\frac{1}{2}$과 원의 넓이를 더하면 된다.

$\frac{1}{2}\times(4\pi\times2^2)+(\pi\times2^2)=8\pi+4\pi$

$=12\pi(\text{cm}^2)$

03 전개도로 만들어지는 입체도형은 삼각기둥이다.

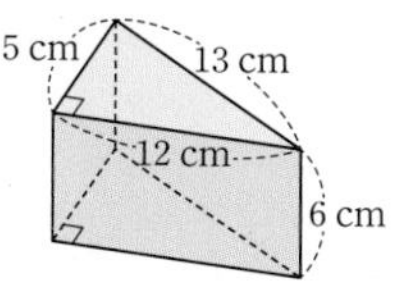

(삼각기둥의 밑넓이)$=\frac{1}{2}\times5\times12=30(\text{cm}^2)$

(삼각기둥의 높이)$=6$ cm

(삼각기둥의 부피)$=30\times6=180(\text{cm}^3)$

04 정사면체의 모든 면은 합동이므로 겉넓이가 12 cm^2인 정사면체의 한 면의 넓이는 3 cm^2이다.

따라서 육면체의 겉넓이는

$3\times6=18(\text{cm}^2)$

05 원뿔을 5바퀴를 굴려서 원래의 자리로 돌아왔으므로 원뿔의 옆면은 중심각의 크기가 $\frac{360^\circ}{5}=72^\circ$인 부채꼴 모양이다.

지름의 길이가 10 cm이므로 원 O의 반지름의 길이, 즉 원뿔의 모선의 길이는 5 cm이다.

원뿔의 전개도를 그리면 다음과 같다.

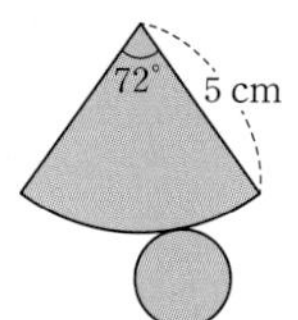

(부채꼴의 호의 길이)$=2\pi\times5\times\frac{72}{360}=2\pi(\text{cm})$

원뿔의 밑면의 반지름의 길이를 x cm라고 하면 부채꼴의 호의 길이는 원뿔의 밑면의 둘레의 길이와 같으므로 $2\pi x=2\pi$, $x=1$이다.

따라서 반지름의 길이는 1 cm이다.

06 주어진 입체도형은 구의 $\frac{1}{4}$이므로

입체도형의 부피는

$\frac{1}{4}\times\left(\frac{4}{3}\pi\times6^3\right)=72\pi(\text{cm}^3)$

07 주어진 입체도형의 부피는 정육면체의 부피에서 잘라 낸 삼각뿔의 부피를 빼면 된다.

(정육면체의 부피)$=8\times8\times8=512(\text{cm}^3)$

잘라낸 삼각뿔을 그리면 다음과 같다.

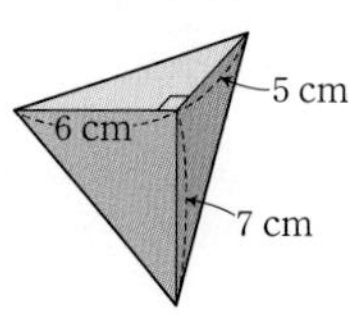

(삼각뿔의 밑넓이)$=\frac{1}{2}\times6\times5=15(\text{cm}^2)$

(삼각뿔의 높이)$=7$ cm

(삼각뿔의 부피)$=\frac{1}{3}\times15\times7=35(\text{cm}^3)$

따라서 주어진 입체도형의 부피는

$512-35=477(\text{cm}^3)$

08 색칠한 부분을 직선 l을 회전축으로 하여 1회전 시킬 때 생기는 입체도형은 원뿔대이며, 다음 그림과 같다.

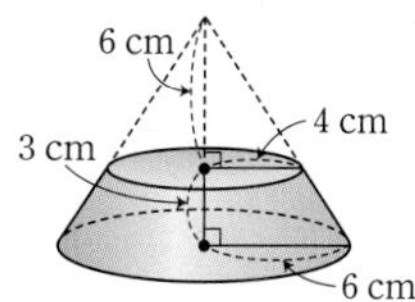

원뿔대의 부피는 큰 원뿔의 부피에서 작은 원뿔의 부피를 빼면 된다.

(큰 원뿔의 밑넓이)$=\pi\times6^2=36\pi(\text{cm}^2)$

(큰 원뿔의 높이)$=9$ cm

(큰 원뿔의 부피)$=\frac{1}{3}\times36\pi\times9=108\pi(\text{cm}^3)$

(작은 원뿔의 밑넓이)$=\pi\times4^2=16\pi(\text{cm}^2)$

(작은 원뿔의 높이)$=6$ cm

(작은 원뿔의 부피)$=\frac{1}{3}\times16\pi\times6=32\pi(\text{cm}^3)$

따라서 원뿔대의 부피는

$108\pi-32\pi=76\pi(\text{cm}^3)$

09 (기둥의 밑넓이)$=\pi\times4^2\times\frac{270}{360}=12\pi(\text{cm}^2)$

(기둥의 옆넓이)$=\left(2\pi\times4\times\frac{270}{360}+8\right)\times3$

$=(6\pi+8)\times3=18\pi+24(\text{cm}^2)$

따라서 기둥의 겉넓이는

$12\pi\times2+(18\pi+24)=42\pi+24(\text{cm}^2)$

10 반지름의 길이가 r인 구의 부피는 $\frac{4}{3}\pi r^3$이므로

반지름의 길이가 1 cm인 쇠공의 부피는

$\frac{4}{3}\pi\times1^3=\frac{4}{3}\pi(\text{cm}^3)$이고

반지름의 길이가 4 cm인 쇠공의 부피는

$\frac{4}{3}\pi\times4^3=\frac{256}{3}\pi(\text{cm}^3)$이다.

이때 큰 쇠공의 부피는 작은 쇠공의 부피의 64배이므로 반지름의 길이가 4 cm인 구 모양의 쇠공을 녹이면 반지름의 길이가 1 cm인 구 모양의 쇠공을 최대 64개 만들 수 있다.

11 원기둥의 옆넓이는

$(2\pi\times3)\times20=120\pi(\text{cm}^2)$이므로

롤러를 5바퀴 굴렸을 때, 페인트가 칠해진 면의 넓이는

$120\pi\times5=600\pi(\text{cm}^2)$

12 직각삼각형을 $\overline{\text{AC}}$를 회전축으로 하여 1회전 시킬 때 생기는 입체도형은 다음 그림과 같다.

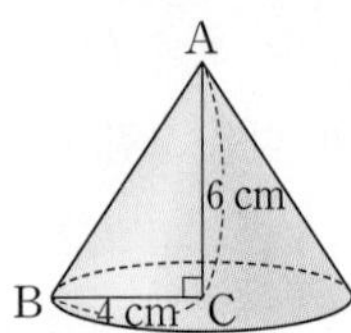

(원뿔의 밑넓이)$=\pi\times4^2=16\pi(\text{cm}^2)$

(원뿔의 높이)$=6$ cm

(원뿔의 부피)$=\frac{1}{3}\times16\pi\times6=32\pi(\text{cm}^3)$

한편, 직각삼각형을 $\overline{\text{BC}}$를 회전축으로 하여 1회전 시킬 때 생기는 입체도형은 다음 그림과 같다.

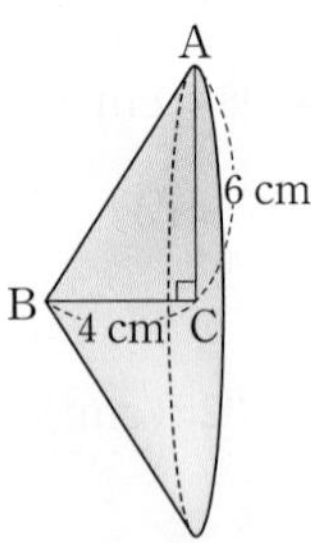

(원뿔의 밑넓이)$=\pi\times6^2=36\pi(\text{cm}^2)$

(원뿔의 높이)$=4$ cm

(원뿔의 부피)$=\frac{1}{3}\times36\pi\times4=48\pi(\text{cm}^3)$

따라서 두 원뿔의 부피의 차는

$48\pi-32\pi=16\pi(\text{cm}^3)$

13 (밑넓이)$=\frac{1}{2}\times(3+6)\times4=18(\text{cm}^2)$ ··· 1단계

(옆넓이)$=(3+4+6+5)\times6=108(\text{cm}^2)$ ··· 2단계

따라서 사각기둥의 겉넓이는

$18\times2+108=144(\text{cm}^2)$ ··· 3단계

채점 기준표

단계	채점 기준	비율
1단계	사각기둥의 밑넓이를 구한 경우	30 %
2단계	사각기둥의 옆넓이를 구한 경우	30 %
3단계	사각기둥의 겉넓이를 구한 경우	40 %

14 반구 2개의 겉넓이는 구 1개의 겉넓이와 같으므로

$4\pi\times5^2=100\pi(\text{cm}^2)$ ··· 1단계

(원기둥의 옆넓이)$=2\pi\times5\times7=70\pi(\text{cm}^2)$

··· 2단계

따라서 입체도형의 겉넓이는

$100\pi+70\pi=170\pi(\text{cm}^2)$ ··· 3단계

채점 기준표

단계	채점 기준	비율
1단계	반구 2개의 겉넓이를 구한 경우	30 %
2단계	원기둥의 옆넓이를 구한 경우	30 %
3단계	주어진 입체도형의 겉넓이를 구한 경우	40 %

15 (반구의 부피)

$=\frac{1}{2}\times\left(\frac{4}{3}\pi\times4^3\right)=\frac{128}{3}\pi(\text{cm}^3)$ ··· 1단계

(원뿔의 밑넓이)$=\pi\times4^2=16\pi(\text{cm}^2)$

(원뿔의 높이)$=4$ cm

(원뿔의 부피)$=\frac{1}{3}\times16\pi\times4=\frac{64}{3}\pi(\text{cm}^3)$ ··· 2단계

∴ (반구의 부피) : (원뿔의 부피)

$=\frac{128}{3}\pi : \frac{64}{3}\pi=2 : 1$ ··· 3단계

채점 기준표

단계	채점 기준	비율
1단계	반구의 부피를 구한 경우	30 %
2단계	원뿔의 부피를 구한 경우	30 %
3단계	반구와 원뿔의 부피의 비를 구한 경우	40 %

16 주어진 그릇의 부피는 원기둥의 부피와 원뿔의 부피를 더하면 된다.

(원기둥의 밑넓이)$=\pi\times4^2=16\pi(\text{cm}^2)$

(원기둥의 높이)$=5\text{ cm}$

(원기둥의 부피)$=16\pi\times5=80\pi(\text{cm}^3)$

(원뿔의 밑넓이)$=\pi\times4^2=16\pi(\text{cm}^2)$

(원뿔의 높이)$=6\text{ cm}$

(원뿔의 부피)$=\frac{1}{3}\times16\pi\times6=32\pi(\text{cm}^3)$

따라서 그릇의 부피는

$80\pi+32\pi=112\pi(\text{cm}^3)$ ··· 1단계

1분에 $2\pi\text{ cm}^3$씩 물을 넣으면 $112\pi\text{ cm}^3$를 채우는 데 $\frac{112\pi}{2\pi}$, 즉 56분이 걸린다. ··· 2단계

채점 기준표

단계	채점 기준	비율
1단계	그릇의 부피를 구한 경우	70 %
2단계	그릇에 물을 가득 채우는 데 걸리는 시간을 구한 경우	30 %

VIII 자료의 정리와 해석

1 자료의 정리와 해석

개념 체크

본문 70~71쪽

01 (1) 7, 8, 9 (2) 8 (3) 15명 (4) 7.2점
02 (1) 100 kcal (2) 4 (3) 30개 (4) 13개 (5) 13개
03 (1) 10분 (2) 25명 (3) 10분 이상 20분 미만
04 (1) 4개 (2) 21명 (3) 5명
05 (위에서부터) 0.15, 0.33, 60, 24, 20, 0.1, 200, 1

대표유형

본문 72~75쪽

01 ④ **02** 풀이 참조 **03** ③ **04** ⑤
05 ⑤ **06** 풀이 참조 **07** ② **08** ①
09 ⑤ **10** 풀이 참조
11 30시간 이상 40시간 미만 **12** ⑤
13 11초 이상 12초 미만 **14** 풀이 참조
15 ② **16** ② **17** $a=0.3$, $b=3$, $c=30$
18 ④ **19** ⑤ **20** ④ **21** ③

01 ④ 수학 점수가 80점 미만인 학생은 63점, 65점, 69점, 69점, 71점, 71점, 74점으로 총 7명이다.

⑤ 수학 점수가 90점 이상인 학생은 90점, 93점, 93점, 93점, 95점, 97점으로 총 6명이다. 이때 반 학생 수가 20명이므로 전체의 $\frac{6}{20}\times100=30(\%)$이다.

02 읽은 책의 수를 크기순으로 나열한 후, 줄기와 잎 그림에 나타내면 다음과 같다.

읽은 책의 수

(0|3은 3권)

줄기	잎
0	3 6 6 6 8
1	1 2 4 5 5 8
2	0 2 5
3	1 4

03 키가 큰 순서대로 나열하면 182 cm, 182 cm, 181 cm, 176 cm, ⋯이므로 키가 4번째로 큰 학생의 키는 176 cm이다.

04 혁진이의 키가 166 cm일 때 혁진이보다 키가 작은 학생은 총 10명이다. 이때 혁진이네 반 전체 학생 수는 20명이므로 혁진이보다 키가 작은 학생들의 비율은 전체의 $\frac{10}{20}\times 100=50(\%)$이다.

05 ① 계급의 크기는 5 ℃이다.
② 계급의 개수는 4이다.
③ 도수가 가장 큰 계급은 30 ℃ 이상 35 ℃ 미만이다.
④ 하루 최고 기온이 32 ℃인 날이 속하는 계급은 30 ℃ 이상 35 ℃ 미만이고, 이 계급의 도수는 7일이다.

06 각 계급에 속하는 도수를 구하여 도수분포표를 완성하면 다음과 같다.

자유투 성공 횟수

자유투 성공 횟수 (회)	도수(명)
0이상 ~ 10미만	3
10 ~ 20	6
20 ~ 30	5
30 ~ 40	5
40 ~ 50	2
합계	21

07 도수의 총합이 30이므로 $8+13+a+3=30$
$\therefore a=6$

08 계급의 개수는 4, 계급의 크기는 10점이므로
$x=4$, $y=10$이다.
도수가 가장 큰 계급은 영어 점수가 70점 이상 80점 미만이고, 이 계급의 도수는 13명이다.
$z=13$
$\therefore x-y+z=4-10+13=7$

09 히스토그램에서 전체 학생 수를 구하면
$4+6+5+3+2=20$(명)이다.
오래 매달리기 기록이 40초 이상인 학생은
$3+2=5$(명)으로 전체의
$\frac{5}{20}\times 100=25(\%)$이다.

10 주어진 도수분포표를 히스토그램으로 나타내면 다음과 같다.

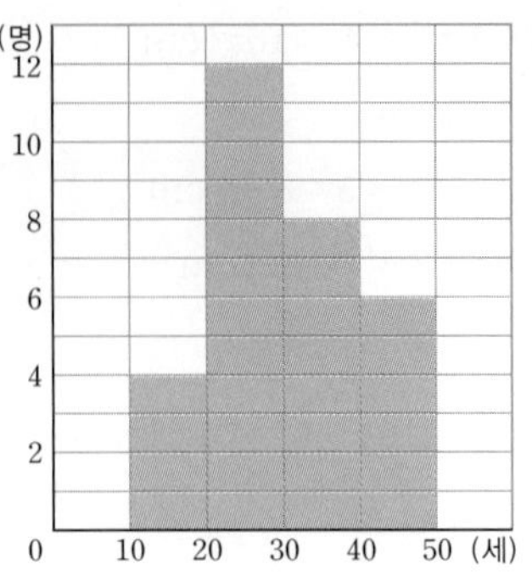

11 음악을 50시간 이상 60시간 미만 들은 학생이 1명,
40시간 이상 50시간 미만 들은 학생이 2명,
30시간 이상 40시간 미만 들은 학생이 5명이므로
음악을 5번째로 많이 들은 학생이 속하는 계급은
30시간 이상 40시간 미만이다.

12 히스토그램의 모든 직사각형의 넓이의 합은
(도수의 총합)×(계급의 크기)이다.
(도수의 총합)$=2+4+7+5+2+1=21$(명)
(계급의 크기)$=10$시간이므로
모든 직사각형의 넓이의 합은 $21\times 10=210$이다.

13 달리기 기록이 가장 느린 학생이 속하는 계급은 12초 이상 13초 미만으로 이 계급의 도수는 2명이다.
11초 이상 12초 미만인 계급의 도수는 4명으로 4번째로 느린 학생이 속하는 계급은 11초 이상 12초 미만이다.

14 히스토그램의 각 계급의 직사각형의 윗변의 중점을 찍고, 양 끝에 도수가 0인 계급이 있는 것으로 생각하여 그 중앙에 점을 찍는다. 찍은 점들을 차례로 선분으로 연결하면 다음과 같다.

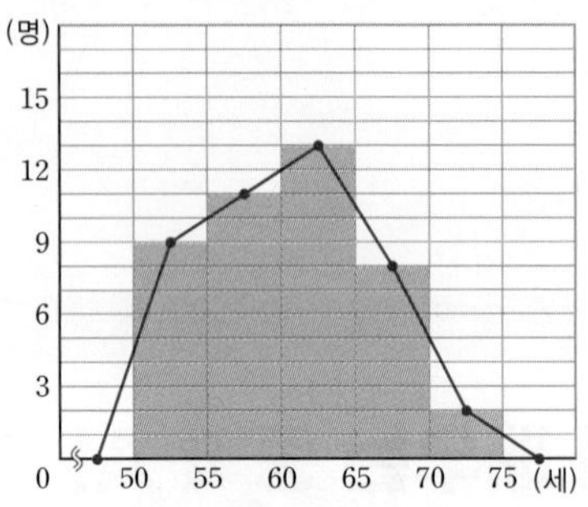

15 ① 계급의 크기는 2만 원이다.
② 도수가 가장 큰 계급은 2만 원 이상 4만 원 미만으로 이 계급의 도수는 9명이다.

③ 한 달 용돈이 5만 원인 학생이 속하는 계급은 4만 원 이상 6만 원 미만으로 이 계급의 도수는 8명이다.

④ 한 달 용돈이 5번째로 많은 학생이 속하는 계급은 6만 원 이상 8만 원 미만이다.

⑤ 한 달 용돈이 4만 원 미만인 학생 수는 $4+9=13$(명)이다.

16 20분 이상 25분 미만인 계급의 도수는 3명이고, 25분 이상 30분 미만인 계급의 도수는 1명이므로 20분 이상 걸리는 학생 수는 $3+1=4$(명)이다.

17 $(\text{어떤 계급의 상대도수})=\dfrac{(\text{그 계급의 도수})}{(\text{도수의 총합})}$이므로

$(\text{A형의 상대도수})=0.4=\dfrac{12}{(\text{도수의 총합})}$이다.

따라서 (도수의 총합)=30이다.

$\therefore c=30$

$(\text{B형의 상대도수})=\dfrac{9}{30}=\dfrac{3}{10}=0.3$

$\therefore a=0.3$

$(\text{O형의 상대도수})=0.1=\dfrac{b}{30}$

$\therefore b=3$

18 $(\text{어떤 계급의 상대도수})=\dfrac{(\text{그 계급의 도수})}{(\text{도수의 총합})}$이므로

$0.2=\dfrac{10}{(\text{도수의 총합})}$이다.

따라서 (도수의 총합)=50이다.

19 전력 사용량이 0 kWh 이상 50 kWh 미만인 상대도수는 0.04, 50 kWh 이상 100 kWh 미만인 상대도수는 0.16이므로 전력 사용량이 100 kWh 미만인 상대도수는 $0.04+0.16=0.2$이다.

전체 가구 수가 500가구이므로

전력 사용량이 100 kWh 미만인 가구 수는

$500\times0.2=100$(가구)이다.

20 $(\text{어떤 계급의 상대도수})=\dfrac{(\text{그 계급의 도수})}{(\text{도수의 총합})}$이므로

$a=\dfrac{7}{25}=0.28$이다.

마찬가지로 $c=\dfrac{6}{30}=0.2$이다.

또한 2반의 도수의 총합이 30이므로

$3+15+b+6=30$, $b=6$이다.

$\therefore 10a+b+c=10\times0.28+6+0.2=9$

21 주어진 표의 빈칸을 완성하면 다음과 같다.

몸무게(kg)	1반		2반	
	도수(명)	상대도수	도수(명)	상대도수
30이상 ~ 40미만	5	0.2	3	0.1
40 ~ 50	9	0.36	15	0.5
50 ~ 60	7	0.28	6	0.2
60 ~ 70	4	0.16	6	0.2
합계	25	1	30	1

이때 1반의 상대도수가 2반의 상대도수보다 큰 계급은 30 kg 이상 40 kg 미만, 50 kg 이상 60 kg 미만으로 2개이다.

기출 예상 문제

본문 76~79쪽

01 ③ **02** ③ **03** ④ **04** ③ **05** ③
06 ② **07** ④ **08** ④ **09** ④ **10** ③
11 ② **12** ④ **13** ⑤ **14** ③ **15** ④
16 ⑤ **17** ② **18** ④ **19** ⑤ **20** ④
21 ⑤

01 잎이 가장 많은 줄기는 2이다.

02 발의 길이가 가장 긴 학생의 발의 길이는 255 mm이고, 발의 길이가 가장 짧은 학생의 발의 길이는 224 mm이므로 두 학생의 발의 길이 차이는 $255-224=31$(mm)이다.

03 발의 길이가 230 mm 이상 235 mm 미만인 학생은 230 mm, 232 mm, 233 mm, 233 mm인 학생으로 모두 4명이다.

04 미세먼지 농도가 40 μg/m^3 이상인 날은 줄기가 4인 경우 7일, 줄기가 5인 경우 5일, 줄기가 6인 경우 4일이므로 모두 $7+5+4=16$(일)이다.

05 ① 계급의 크기는 100 m이다.

② 도수가 가장 큰 계급은 400 m 이상 500 m 미만인 계급이다.

③ 통학 거리가 가장 가까운 학생이 속한 계급은 200 m 이상 300 m 미만으로 이 계급의 도수는 4명이다.

④ 통학 거리가 500 m 이상인 학생은

$3+0+1=4$(명)으로 전체의 $\frac{4}{25}\times100=16(\%)$

이다.

⑤ 통학 거리가 250 m인 학생의 수는 도수분포표를 통해 알 수 없다.

06 계급의 크기는 10분, 계급의 개수는 5이다.

$x=10$, $y=5$이므로 $x+y=15$

07 배달 시간이 30분 이상 걸린 횟수는 전체의 30 %이므로 $30\times\frac{30}{100}=9$(회)이다.

$7+b=9 \quad \therefore b=2$

도수의 총합이 30이므로 $4+9+a+7+2=30$

$22+a=30 \quad \therefore a=8$

$\therefore a-b=6$

08 40세 미만의 주민은 $160+200=360$(명)이므로 전체의 $\frac{360}{800}\times100=45(\%)$이다.

09 계급의 크기는 20회, 계급의 개수는 6이다.

$a=20$, $b=6$

야구팀의 전체 선수 인원은

$3+7+3+10+6+1=30$(명)이다.

$c=30$

$\therefore 2a-b+c=2\times20-6+30=64$

10 안타를 4번째로 많이 친 선수가 속하는 계급은 150회 이상 170회 미만으로 이 계급의 도수는 6명이다.

11 안타를 75회 친 선수가 속하는 계급은 70회 이상 90회 미만으로 이 계급을 나타내는 직사각형의 넓이는

$20\times3=60$이다.

안타를 167회 친 선수가 속하는 계급은 150회 이상 170회 미만으로 이 계급을 나타내는 직사각형의 넓이는 $20\times6=120$이다.

두 직사각형의 넓이의 비는

$60:120=1:2$

12 ① 하연이네 반 전체 학생 수는

$4+5+9+6+3+2+1=30$(명)이다.

② 휴대폰을 사용한 지 12개월 미만인 학생 수는

$4+5+9=18$(명)이다.

③ 휴대폰을 사용한 지 5개월이 된 학생은 3개월 이상 6개월 미만의 계급에 속한다.

④ 휴대폰을 4번째로 오래 사용한 학생은 15개월 이상 18개월 미만의 계급에 속하지만 휴대폰 사용 기간은 알 수 없다.

⑤ 휴대폰을 가장 오래 사용한 학생이 속하는 계급은 21개월 이상 24개월 미만이고 이 계급의 도수는 1명이다.

13 도수가 가장 큰 계급은 60점 이상 80점 미만으로 이 계급의 도수는 12명이다. 이 계급을 나타내는 직사각형의 넓이는 $20\times12=240$이다.

14 한 상자에 담긴 사과 전체의 개수는

$4+7+10+3+1=25$(개)

15 사과의 무게가 300 g 이상인 사과의 개수는

$10+3+1=14$(개)이므로 전체의

$\frac{14}{25}\times100=56(\%)$

16 도수분포다각형과 가로축으로 둘러싸인 부분의 넓이는

(도수의 총합)$\times$(계급의 크기)이다.

(도수의 총합)$=2+6+7+5=20$(개)

(계급의 크기)$=5$개

따라서 도수분포다각형과 가로축으로 둘러싸인 부분의 넓이는 $20\times5=100$이다.

17 ㄴ. 도수가 가장 큰 계급은 15 ℃ 이상 20 ℃ 미만으로 이 계급의 도수는 7개이다.

ㄷ. 연간 평균 기온이 15 ℃ 미만인 도시의 개수는

$2+6=8$이므로 전체의 $\frac{8}{20}\times100=40(\%)$이다.

ㄹ. 연간 평균 기온이 가장 높은 도시가 속하는 계급은 25 ℃ 이상 30 ℃ 미만이다.

18 장미 한 송이의 가격이 0원 이상 1000원 미만인 계급의 상대도수는 0.14, 1000원 이상 2000원 미만인 계급의 상대도수는 0.22이므로

장미 한 송이의 가격이 2000원 미만의 상대도수의 합은 $0.14+0.22=0.36$이다.

도수의 총합이 50개이므로 장미 한 송이의 가격이 2000원 미만인 꽃집의 개수는

$50\times0.36=18$(개)

19 통화 시간이 가장 긴 학생이 속하는 계급은 20분 이상 25분 미만으로 이 계급의 상대도수는 0.1이다.

$(\text{어떤 계급의 상대도수})=\dfrac{(\text{그 계급의 도수})}{(\text{도수의 총합})}$이므로

$0.1=\dfrac{3}{(\text{도수의 총합})}$, (도수의 총합)=30(명)이다.

20 상대도수가 가장 큰 계급은 통화 시간이 15분 이상 20분 미만으로 이 계급의 상대도수는 0.5이다.
따라서 통화 시간이 15분 이상 20분 미만인 계급의 도수는 $30\times0.5=15$(명)이다.

21 남학생 중 운동 시간이 8시간 이상 10시간 미만인 계급의 상대도수는 0.25, 10시간 이상 12시간 미만인 계급의 상대도수는 0.3이므로 운동 시간이 8시간 이상의 상대도수는 0.55이다.
남학생 수는 20명이므로 운동 시간이 8시간 이상인 남학생 수는 $20\times0.55=11$(명)이다.
여학생 중 운동 시간이 8시간 이상 10시간 미만인 계급의 상대도수는 0.1, 10시간 이상 12시간 미만인 계급의 상대도수는 0이므로 운동 시간이 8시간 이상의 상대도수는 0.1이다.
여학생 수는 30명이므로 운동 시간이 8시간 이상인 여학생 수는 $30\times0.1=3$(명)이다.
따라서 운동 시간이 8시간 이상인 학생은 모두 14명이다.

고난도 집중 연습

본문 80~81쪽

1 35 **1-1** $a=16$, $b=20$
2 25 **2-1** 42 % **3** 8명 **3-1** 32 %
4 9명 **4-1** 25명

1

풀이 전략 각 조건에 맞는 도수의 총합과 순위를 구한다.
남학생의 전체 학생 수는 20명이고, 윗몸일으키기 횟수가 39회인 학생은 남학생 중 횟수가 많은 쪽에서 4번째이므로

상위 $\dfrac{4}{20}\times100=20(\%)$이다.

$\therefore a=20$

남학생과 여학생의 전체 학생 수는 40명이고, 윗몸일으키기 횟수가 39회인 학생은 남학생과 여학생 중 횟수가 많은 쪽에서 6번째이므로

상위 $\dfrac{6}{40}\times100=15(\%)$이다.

$\therefore b=15$

$\therefore a+b=35$

1-1

풀이 전략 각 조건에 맞는 도수의 총합과 순위를 구한다.
1반의 전체 학생 수는 25명이고, 과학 점수가 95점인 학생은 1반 학생 중 점수가 높은 쪽에서 4번째이므로

상위 $\dfrac{4}{25}\times100=16(\%)$이다.

$\therefore a=16$

1반과 2반의 전체 학생 수는 45명이고, 과학 점수가 95점인 학생은 1반과 2반 학생 중 점수가 높은 쪽에서 9번째이므로

상위 $\dfrac{9}{45}\times100=20(\%)$이다.

$\therefore b=20$

2

풀이 전략 주어진 조건과 도수의 총합을 이용하여 도수분포표의 빈칸에 들어갈 수를 구한다.
도수의 총합이 200명이므로 만족도가 8점 이상인 사람 수는 $200\times0.4=80$(명)이다.
만족도가 8점 이상 9점 미만인 계급의 도수가 55명이므로 만족도가 9점 이상 10점 미만인 계급의 도수는 $80-55=25$(명)이다.
도수의 총합이 200명이므로
$a+45+50+55+25=200$, $a=25$이다.

2-1

풀이 전략 주어진 조건과 도수의 총합을 이용하여 도수분포표의 빈칸에 들어갈 수를 구한다.
도수의 총합이 50명이므로 인터넷 사용 시간이 2시간 미만인 학생 수는 $50\times0.3=15$(명)이다.
인터넷 사용 시간이 1시간 이상 2시간 미만인 계급의 도수가 9명이므로 인터넷 사용 시간이 0시간 이상 1시간 미만인 계급의 도수는 $15-9=6$(명)이다.
인터넷 사용 시간이 3시간 이상인 학생 수를 x명이라고 하면 도수의 총합이 50명이므로
$6+9+14+x=50$, $x=21$이다.
따라서 인터넷 사용 시간이 3시간 이상인 학생은 전체의

$\dfrac{21}{50}\times100=42(\%)$이다.

3

풀이 전략 주어진 조건과 도수의 총합을 이용하여 찢어진 부분의 도수를 찾는다.

키가 160 cm 이상 170 cm 미만인 학생 수를 x명이라고 하면 키가 170 cm 미만인 학생 수는 $(x+6)$명이다.
키가 170 cm 미만인 학생 수가 키가 170 cm 이상인 학생 수보다 3명 많으므로 키가 170 cm 이상인 학생 수는 $(x+3)$명이다.
도수의 총합이 25명이므로
$(x+6)+(x+3)=25$, $2x+9=25$, $2x=16$
$\therefore x=8$
따라서 키가 160 cm 이상 170 cm 미만인 학생 수는 8명이다.

3-1

풀이 전략 주어진 조건과 도수의 총합을 이용하여 찢어진 부분의 도수를 찾는다.

봉사 시간이 8시간 이상 12시간 미만인 학생 수를 x명이라고 하면, 봉사 시간이 8시간 이상 12시간 미만인 학생 수가 봉사 시간이 12시간 이상 16시간 미만인 학생 수보다 1명 많으므로 봉사 시간이 12시간 이상 16시간 미만인 학생 수는 $(x-1)$명이다.
도수의 총합이 25명이므로
$8+3+x+(x-1)+3=25$
$2x+13=25$, $2x=12$
$\therefore x=6$
봉사 시간이 12시간 이상 16시간 미만인 학생 수는 5명이고, 16시간 이상 20시간 미만인 학생 수는 3명이므로 봉사 시간이 12시간 이상인 학생 수는 8명이다.
따라서 봉사 시간이 12시간 이상인 학생은 전체의
$\frac{8}{25}\times 100=32(\%)$이다.

4

풀이 전략 A 동아리 회원 수를 x명이라고 하여 조건에 맞는 식을 세운다.

A 동아리 회원 수를 x명이라고 하면,
B 동아리 회원 수는 A 동아리 회원 수보다 5명 많으므로 B 동아리 회원 수는 $(x+5)$명이다.
A 동아리의 50대 회원의 상대도수는 0.2이므로 A 동아리의 50대 회원 수는 $x\times 0.2=0.2x$(명)이다.
B 동아리의 50대 회원의 상대도수는 0.16이므로 B 동아리의 50대 회원 수는
$(x+5)\times 0.16=0.16x+0.8$(명)이다.
두 동아리의 50대 회원 수가 서로 같으므로
$0.2x=0.16x+0.8$
양변에 100을 곱하면 $20x=16x+80$
$4x=80$
$\therefore x=20$
즉, A 동아리 회원 수는 20명, B 동아리 회원 수는 25명이다.
A 동아리의 20대 회원의 상대도수는 0.15이므로 A 동아리의 20대 회원 수는 $20\times 0.15=3$(명)이다.
B 동아리의 20대 회원의 상대도수는 0.24이므로 B 동아리의 20대 회원 수는 $25\times 0.24=6$(명)이다.
따라서 두 동아리의 20대 회원 수는 9명이다.

4-1

풀이 전략 1반 학생 수를 x명이라고 하여 조건에 맞는 식을 세운다.

1반 학생 수를 x명이라고 하면,
1반 학생 수가 2반 학생 수보다 5명 적으므로 2반 학생 수는 $(x+5)$명이다.
1반에서 통학 시간이 5분 이상 10분 미만인 학생의 상대도수는 0.24이므로 이때 학생 수는 $x\times 0.24=0.24x$(명)이다.
2반에서 통학 시간이 5분 이상 10분 미만인 학생의 상대도수는 0.2이므로 이때 학생 수는
$(x+5)\times 0.2=0.2x+1$(명)
통학 시간이 5분 이상 10분 미만인 학생 수가 서로 같으므로
$0.24x=0.2x+1$
양변에 100을 곱하면 $24x=20x+100$
$4x=100$
$\therefore x=25$
따라서 1반의 학생 수는 25명이다.

서술형 집중 연습

본문 82~83쪽

예제 1 풀이 참조	**유제 1** 174 cm
예제 2 풀이 참조	**유제 2** 16명
예제 3 풀이 참조	**유제 3** 30 %
예제 4 풀이 참조	**유제 4** 24명

예제 1

지윤이네 반 전체 학생들은 [20]명이므로
상위 30 % 이내에 들려면 $[20]\times 0.3=[6]$(명) 이내에 들어야 한다. ••• 1단계

영어 점수가 [6]번째로 높은 학생은 [87]점이므로 상위 30 % 이내에 들려면 최소 [87]점을 받아야 한다. ··· 2단계

채점 기준표

단계	채점 기준	비율
1단계	상위 30 %의 등수를 구한 경우	50 %
2단계	상위 30 %의 기준 점수를 구한 경우	50 %

유제 1

영민이네 반 전체 학생들은 15명이므로

상위 20 % 이내에 들려면 $15\times0.2=3$(명) 이내에 들어야 한다. ··· 1단계

키가 3번째로 큰 학생은 174 cm이므로 상위 20 % 이내에 들려면 최소 174 cm 이상이어야 한다. ··· 2단계

채점 기준표

단계	채점 기준	비율
1단계	상위 20 %의 등수를 구한 경우	50 %
2단계	상위 20 %의 기준 키를 구한 경우	50 %

예제 2

도수의 총합이 [25]명이므로 $a+b=$[15]이다.

$a:b=3:2$이므로 $a=15\times\frac{\boxed{3}}{\boxed{5}}=\boxed{9}$이고

$b=15\times\frac{\boxed{2}}{\boxed{5}}=\boxed{6}$이다. ··· 1단계

따라서 한 달 용돈이 2만 원 미만인 학생 수는

$4+a=\boxed{13}$(명)이다. ··· 2단계

채점 기준표

단계	채점 기준	비율
1단계	a의 값을 구한 경우	60 %
2단계	한 달 용돈이 2만 원 미만인 학생 수를 구한 경우	40 %

유제 2

도수의 총합이 30명이므로 $a+b=12$이다.

$a:b=1:3$이므로 $a=12\times\frac{1}{4}=3$이고

$b=12\times\frac{3}{4}=9$이다. ··· 1단계

따라서 하루에 대중교통을 4회 이상 이용하는 시민 수는

$b+7=16$(명)이다. ··· 2단계

채점 기준표

단계	채점 기준	비율
1단계	b의 값을 구한 경우	60 %
2단계	대중교통을 4회 이상 이용하는 시민 수를 구한 경우	40 %

예제 3

축구 동호회의 전체 회원 수는 [30]명이고, ··· 1단계

40세 이상인 회원은 $11+\boxed{4}=\boxed{15}$(명)이다. ··· 2단계

따라서 나이가 40세 이상인 회원은 전체의

$\frac{\boxed{15}}{\boxed{30}}\times100=\boxed{50}(\%)$이다. ··· 3단계

채점 기준표

단계	채점 기준	비율
1단계	전체 회원 수를 구한 경우	30 %
2단계	40세 이상인 회원 수를 구한 경우	30 %
3단계	40세 이상인 회원의 비율을 구한 경우	40 %

유제 3

하민이네 반의 전체 학생 수는 30명이고, ··· 1단계

줄넘기 횟수가 20회 이상인 학생 수는 9명이다. ··· 2단계

따라서 줄넘기 횟수가 20회 이상인 학생은 전체의

$\frac{9}{30}\times100=30(\%)$이다. ··· 3단계

채점 기준표

단계	채점 기준	비율
1단계	전체 학생 수를 구한 경우	30 %
2단계	줄넘기 횟수가 20회 이상인 학생 수를 구한 경우	30 %
3단계	줄넘기 횟수가 20회 이상인 학생의 비율을 구한 경우	40 %

예제 4

1반의 전체 학생 수는 25명이고 B형의 상대도수는 0.32이므로 B형 학생 수는 $25\times\boxed{0.32}=\boxed{8}$(명)이다. ··· 1단계

2반의 전체 학생 수를 x명이라고 하면 B형의 상대도수는 0.4이므로 B형 학생 수는 $x\times\boxed{0.4}$(명)이다.

1반과 2반의 B형 학생 수가 서로 같으므로

$x\times\boxed{0.4}=\boxed{8}$, $x=\boxed{20}$

따라서 2반의 전체 학생은 [20]명이다. ··· 2단계

채점 기준표

단계	채점 기준	비율
1단계	1반의 B형 학생 수를 구한 경우	30 %
2단계	2반의 전체 학생 수를 구한 경우	70 %

유제 4

1반의 전체 학생 수는 20명이고 봄을 좋아하는 학생의 상대도수는 0.25이므로 봄을 좋아하는 학생 수는

$20\times0.25=5$(명)이다. ··· 1단계

2반의 전체 학생 수를 x명이라고 하면 봄을 좋아하는 학생

의 상대도수는 0.125이므로 봄을 좋아하는 학생 수는
$x\times0.125=0.125x$(명)이다.
봄을 좋아하는 학생 수는 1반이 2반보다 2명 더 많으므로
$0.125x=3$
양변에 1000을 곱하면 $125x=3000$
$\therefore x=24$
따라서 2반의 전체 학생 수는 24명이다. ··· 2단계

채점 기준표

단계	채점 기준	비율
1단계	1반에서 봄을 좋아하는 학생 수를 구한 경우	30 %
2단계	2반의 전체 학생 수를 구한 경우	70 %

중단원 실전 테스트 1회

본문 84~86쪽

01 ② **02** ③ **03** ④ **04** ② **05** ④
06 ⑤ **07** ⑤ **08** ⑤ **09** ③ **10** ②
11 44 % **12** 70 **13** 8개 **14** A 중학교, 11명

01 잎이 가장 많은 줄기는 1이다.

02 버스가 15대 이상 정차하는 버스 정류장은 16대, 19대, 21대로 총 3개이다.

03 버스가 5대 이하 정차하는 버스 정류장의 개수는 1대, 2대, 2대, 4대, 5대, 5대로 총 6개이므로 전체의
$\frac{6}{15}\times100=40(\%)$이다.

04 하루에 물을 1000 mL 이상 1500 mL 미만으로 마시는 학생 수는 4명이고 도수의 총합은 25명이므로 전체의
$\frac{4}{25}\times100=16(\%)$이다.

05 ① 도수의 총합이 25명이므로
$A+13+4+5=25$, $A=3$이다.
④ 하루에 물을 가장 많이 마시는 학생이 속하는 계급은 1500 mL 이상 2000 mL 미만이지만 정확히 마시는 물의 양은 알 수 없다.
⑤ 도수가 가장 큰 계급은 500 mL 이상 1000 mL 미만으로 이 계급의 도수는 13명이다.

06 최고 기온이 14 ℃ 미만인 날은 한 달의 40 %이므로
$30\times0.4=12$(일)이다.
최고 기온이 14 ℃ 이상인 날은 $30-12=18$(일)이므로
$14+c=18$
$\therefore c=4$
최고 기온이 12 ℃ 이상인 날은 최고 기온이 12 ℃ 미만인 날의 4배이므로 최고 기온이 12 ℃ 이상인 날은 $4a$이다.
이때 도수의 총합이 30일이므로
$a+4a=30$, $5a=30$
$\therefore a=6$
도수의 총합이 30일이므로 $6+b+14+4=30$
$b+24=30$
$\therefore b=6$
따라서 $2a+b-c=2\times6+6-4=14$이다.

07 우현이네 반 전체 학생 수는 $5+6+9+7+3=30$(명)이고, 볼링 점수가 70점 이상 80점 미만인 학생 수는 9명이므로 전체의
$\frac{9}{30}\times100=30(\%)$이다.

08 전체 학생 수를 x명이라고 하면,
독서 시간이 10시간 미만인 학생 수는 $5+11=16$(명)이고, 이는 전체의 40 %이므로
$0.4x=16$
양변에 10을 곱하면
$4x=160$
$\therefore x=40$
도수의 총합이 40명이므로 독서 시간이 10시간 이상 15시간 미만인 학생 수는
$40-(5+11+7+3+1)=13$(명)이다.
따라서 독서 시간이 10시간 이상 20시간 미만인 학생 수는 $13+7=20$(명)이다.

09 ㄱ. 응답한 전체 학생 수는 $5+16+19+10=50$(명)이다.
ㄴ. 계급의 크기는 2점이다.
ㄷ. 학교에 대한 만족도가 8점 이상인 학생 수는 10명이므로 전체의 $\frac{10}{50}\times100=20(\%)$이다.
ㄹ. 도수가 가장 큰 계급은 만족도가 6점 이상 8점 미만으로 이 계급의 도수는 19명이다.

10 상대도수의 분포표의 빈칸을 채우면 다음과 같다.

수면 시간 (시간)	도수(명)	상대도수
6이상 ~ 7미만	50	$\frac{50}{200}=0.25$
7 ~ 8	$200\times0.32=64$	0.32
8 ~ 9	22	0.11
9 ~ 10	$200\times0.18=36$	0.18
10 ~ 11	28	$\frac{28}{200}=0.14$
합계	200	1

11 $a:b:c=3:2:1$이므로

$a=3x$, $b=2x$, $c=x$라고 하자.

도수의 총합은 25명이므로

$3x+2+2x+5+x=25$

$6x+7=25$, $6x=18$

$\therefore x=3$

따라서 $a=9$, $b=6$, $c=3$이다. ••• 1단계

도수의 총합은 25명이고 영화를 6회 미만으로 관람한 학생은 $9+2=11$(명)이므로 전체의

$\frac{11}{25}\times100=44(\%)$이다. ••• 2단계

채점 기준표

단계	채점 기준	비율
1단계	a, b, c의 값을 구한 경우	60 %
2단계	영화를 6회 미만으로 관람한 학생 비율을 구한 경우	40 %

12 도수가 가장 큰 계급은 70점 이상 80점 미만으로 이 계급을 나타내는 직사각형의 넓이는 $10\times11=110$이다.

••• 1단계

도수가 가장 작은 계급은 60점 이상 70점 미만으로 이 계급을 나타내는 직사각형의 넓이는

$10\times4=40$이다. ••• 2단계

따라서 두 직사각형의 넓이의 차는 $110-40=70$이다.

••• 3단계

채점 기준표

단계	채점 기준	비율
1단계	도수가 가장 큰 계급을 나타내는 직사각형의 넓이를 구한 경우	40 %
2단계	도수가 가장 작은 계급을 나타내는 직사각형의 넓이를 구한 경우	40 %
3단계	두 직사각형의 넓이의 차를 구한 경우	20 %

13 귤의 전체 개수를 x라고 하자.

무게가 90 g 이상인 귤은 $9+3=12$(개)이고 전체의 30 %이므로 $0.3x=12$

양변에 10을 곱하면 $3x=120$

$\therefore x=40$ ••• 1단계

무게가 80 g 이상인 귤은 전체의 70 %이므로

$40\times0.7=28$(개)이다.

도수의 총합이 40개이므로

무게가 75 g 이상 80 g 미만인 귤의 개수는

$40-(4+28)=8$(개) ••• 2단계

채점 기준표

단계	채점 기준	비율
1단계	귤 전체의 개수를 구한 경우	50 %
2단계	무게가 75 g 이상 80 g 미만인 귤의 개수를 구한 경우	50 %

14 A 중학교 학생 수는 300명이고 A 중학교에서 게임 시간이 15시간 이상 20시간 미만인 학생의 상대도수는 0.23이므로, A 중학교에서 게임 시간이 15시간 이상 20시간 미만인 학생 수는

$300\times0.23=69$(명) ••• 1단계

B 중학교 학생 수는 200명이고 B 중학교에서 게임 시간이 15시간 이상 20시간 미만인 학생의 상대도수는 0.29이므로, B 중학교에서 게임 시간이 15시간 이상 20시간 미만인 학생 수는

$200\times0.29=58$(명) ••• 2단계

따라서 게임 시간이 15시간 이상 20시간 미만인 학생 수는 A 중학교가 11명 더 많다. ••• 3단계

채점 기준표

단계	채점 기준	비율
1단계	A 중학교에서 게임 시간이 15시간 이상 20시간 미만인 학생 수를 구한 경우	40 %
2단계	B 중학교에서 게임 시간이 15시간 이상 20시간 미만인 학생 수를 구한 경우	40 %
3단계	게임 시간이 15시간 이상 20시간 미만인 학생 수의 차를 구한 경우	20 %

중단원 실전 테스트 2회

본문 87~89쪽

01 ③ **02** ④ **03** ④ **04** ② **05** ②
06 ③ **07** ④ **08** ① **09** ④ **10** ⑤
11 ③ **12** 10 **13** 50 % **14** 62
15 풀이 참조

01 줄기와 잎 그림에서는 중복된 자료는 중복된 횟수만큼 적는다.

1|2가 3번 있으므로 시력이 1.2인 학생은 3명이다.

02 전체 학생 수는 15명이고, 시력이 1.0 이상인 학생 수는 6명이므로 전체의

$\frac{6}{15}\times100=40(\%)$이다.

03 계급의 시작값을 0회라고 하면, 계급의 크기가 4회인 도수분포표는 다음과 같다.

마트 이용 횟수

마트 이용 횟수 (회)	도수(가구)
$0^{이상}\sim4^{미만}$	3
$4\sim8$	4
⋮	⋮
합계	20

이때 마트 이용 횟수가 22회인 가구는 20회 이상 24회 미만인 계급에 속하므로 계급의 개수는 6이다.
같은 방법으로 계급의 시작값을 1회라고 하면, 계급의 크기가 4회인 도수분포표는 다음과 같다.

마트 이용 횟수

마트 이용 횟수 (회)	도수(가구)
$1^{이상}\sim5^{미만}$	5
$5\sim9$	2
⋮	⋮
합계	20

이때 마트 이용 횟수가 22회인 가구는 21회 이상 25회 미만인 계급에 속하므로 계급의 개수는 6이다.

04 계급의 크기는 1만 원이다.
$\therefore x=1$
도수가 가장 큰 계급은 0만 원 이상 1만 원 미만이고 이 계급의 도수는 10명이다.
$\therefore y=10$
따라서 $x+y=11$

05 교통비가 13500원인 학생이 속하는 계급은 1만 원 이상 2만 원 미만이고 이 계급의 도수는 5명이다.

06 ③ 손님이 가장 많이 방문한 날이 속하는 계급은 40명 이상 50명 미만이고 이 계급의 도수는 3일이다.
④ 손님이 30명 이상 방문한 날은 $5+3=8$(일)이다.
⑤ 도수의 총합은 40일이고 손님이 20명 이상 30명 미만 방문한 날은 18일이므로 전체의

$\frac{18}{40}\times100=45(\%)$이다.

07 도수의 총합이 30개이므로
10일 이상 15일 미만으로 눈이 내린 도시의 개수는
$30-(7+3+5+4)=11$(개)이다.

08 도수가 두 번째로 큰 계급은 5일 이상 10일 미만이고 이 계급을 나타내는 직사각형의 넓이는
$5\times7=35$이다.
도수가 가장 작은 계급은 15일 이상 20일 미만이고 이 계급을 나타내는 직사각형의 넓이는
$5\times3=15$이다.
따라서 두 직사각형의 넓이의 합은 50이다.

09 히스토그램에서 모든 직사각형의 넓이의 합은
(도수의 총합)×(계급의 크기)이다.
도수의 총합이 $6+8+5+2+3=24$(명)이고,
모든 직사각형의 넓이의 합이 120이므로 계급의 크기는 5일이다.

10 ㄱ. 도수가 가장 큰 계급은 80점 이상 90점 미만이다.
ㄴ. 히스토그램에서 각 직사각형의 넓이는 가로의 길이가 같으므로 세로의 길이, 즉 계급의 도수에 정비례한다.

11 E 등급을 받은 학생은 60점 미만의 점수를 받은 학생으로 5명이다.
전체 학생 수가 $5+8+6+12+9=40$(명)이므로 전체의 $\frac{5}{40}\times100=12.5(\%)$이다.

12 도수의 총합이 24명이고 키가 6 cm 이상 자란 학생들이 전체의 25 %이므로 키가 6 cm 이상 자란 학생 수는 $24\times0.25=6$(명)이다.
$4+b=6$
$\therefore b=2$ ··· 1단계
도수의 총합이 24명이므로 $a+5+9+4+2=24$
$a+20=24$
$\therefore a=4$ ··· 2단계
$\therefore 2a+b=2\times4+2=10$ ··· 3단계

채점 기준표

단계	채점 기준	비율
1단계	b의 값을 구한 경우	40 %
2단계	a의 값을 구한 경우	40 %
3단계	$2a+b$의 값을 구한 경우	20 %

13 지웅이네 반 학생 수를 x명이라고 하면,
게시한 사진의 개수가 21개 이상 25개 미만인 계급의 상대도수가 0.1이고, 도수가 3명이므로
$x\times0.1=3$, $0.1x=3$
양변에 10을 곱하면 $x=30$ ··· 1단계
도수의 총합이 30명이므로
게시한 사진의 개수가 5개 이상 13개 미만인 학생 수는
$30-(4+4+4+3)=15$(명)이다.
따라서 게시한 사진의 개수가 5개 이상 13개 미만인 학생은 전체의 $\frac{15}{30}\times100=50(\%)$이다. ··· 2단계

채점 기준표

단계	채점 기준	비율
1단계	도수의 총합을 구한 경우	40 %
2단계	게시한 사진의 개수가 5개 이상 13개 미만인 학생의 비율을 구한 경우	60 %

14 10분 이상 20분 미만인 계급의 도수가 15명, 상대도수가 0.3이므로
(도수의 총합)$\times0.3=15$
(도수의 총합)$=50$이므로 $b=50$ ··· 1단계
0분 이상 10분 미만인 계급의 상대도수가 0.24이므로 이 계급의 도수는
$a=50\times0.24=12$ ··· 2단계
$\therefore a+b=62$ ··· 3단계

채점 기준표

단계	채점 기준	비율
1단계	b의 값을 구한 경우	40 %
2단계	a의 값을 구한 경우	40 %
3단계	$a+b$의 값을 구한 경우	20 %

15 남학생 중 운동 시간이 2시간 이상 4시간 미만인 계급의 상대도수는 $\frac{9}{30}=0.3$이다. ··· 1단계
여학생 중 운동 시간이 2시간 이상 4시간 미만인 계급의 상대도수는 $\frac{10}{40}=0.25$이다. ··· 2단계
따라서 운동 시간이 2시간 이상 4시간 미만인 학생의 비율은 남학생이 여학생보다 더 높다. ··· 3단계

채점 기준표

단계	채점 기준	비율
1단계	남학생 중 운동 시간이 2시간 이상 4시간 미만인 계급의 상대도수를 구한 경우	40 %
2단계	여학생 중 운동 시간이 2시간 이상 4시간 미만인 계급의 상대도수를 구한 경우	40 %
3단계	두 상대도수를 바르게 비교한 경우	20 %

실전 모의고사 1회

본문 92~95쪽

01 ②	**02** ①	**03** ③	**04** ②	**05** ③
06 ④	**07** ①	**08** ①	**09** ③	**10** ②
11 ③	**12** ⑤	**13** ④	**14** ④	**15** ③
16 ①	**17** ⑤	**18** ⑤	**19** ④	**20** ④
21 30°	**22** 21	**23** 5 cm	**24** 33π cm^3	
25 11명				

01 호의 길이는 부채꼴의 중심각의 크기에 정비례한다.
두 부채꼴의 호의 길이가 $3:12=1:4$이므로
$(2x+2):(10x-8)=1:4$
$10x-8=4(2x+2)$
$10x-8=8x+8$
$2x=16$
$\therefore x=8$

02 호의 길이는 부채꼴의 중심각의 크기에 정비례하지만 현의 길이는 부채꼴의 중심각의 크기에 정비례하지 않는다.

03 부채꼴의 반지름의 길이를 r, 호의 길이를 l이라고 하면 부채꼴의 넓이는 $\frac{1}{2}rl$이다.
$20\pi=\frac{1}{2}\times5\times$(호의 길이)
$\therefore$ (호의 길이)$=8\pi$(cm)

04 부채꼴의 넓이는 중심각의 크기에 정비례한다.
$120^\circ:90^\circ=4:3$이므로
$x:12=4:3$
$3x=48$
$\therefore x=16$

05

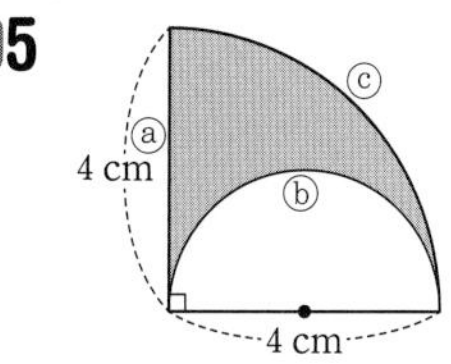

ⓐ: 4 cm
ⓑ: $\frac{1}{2}\times(2\pi\times2)=2\pi$(cm)
ⓒ: $\frac{1}{4}\times(2\pi\times4)=2\pi$(cm)
색칠한 부분의 둘레의 길이는
$4+2\pi+2\pi=4\pi+4$(cm)이므로

$a=4$, $b=4$이다.

$\therefore a+b=8$

06 다면체의 면의 개수는 다음과 같다.

① 사각뿔 - 5

② 정사면체 - 4

③ 오각뿔 - 6

④ 오각뿔대 - 7

⑤ 정육면체 - 6

07 육면체인 각뿔대는 사각뿔대이다.
사각뿔대의 모서리의 개수는 12, 꼭짓점의 개수는 8이다.

$x=12$, $y=8$

$\therefore x+2y=12+2\times8=28$

08 정사면체는 삼각뿔이므로 옆면의 개수가 3이다.
정사각뿔, 사각뿔대, 사각기둥, 정육면체는 모두 옆면의 개수가 4이다.

09 모든 면이 합동인 정삼각형이고, 각 꼭짓점에 모인 면의 개수가 4인 입체도형은 정팔면체이다.
한 면의 넓이가 4 cm^2이므로 정팔면체의 겉넓이는
$4\times8=32(cm^2)$이다.

10 회전체는 ㄱ, ㄷ으로 모두 2개이다.

12 전개도로 만들어지는 입체도형은 원뿔이다.
전개도에서 부채꼴의 넓이는

$\frac{1}{2}\times8\times4\pi=16\pi(cm^2)$

전개도에서 부채꼴의 호의 길이는 원뿔의 밑면의 둘레의 길이와 같으므로 밑면의 둘레의 길이는 4π cm이다.
따라서 밑면의 반지름의 길이는 2 cm이고, 밑면의 넓이는 $\pi\times2^2=4\pi(cm^2)$이다.
원뿔의 겉넓이는

$16\pi+4\pi=20\pi(cm^2)$

13 직사각형을 직선 l을 회전축으로 하여 1회전 시킬 때 생기는 입체도형은 원기둥이며 다음 그림과 같다.

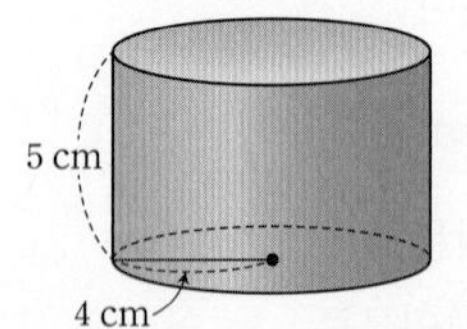

(원기둥의 밑넓이)$=\pi\times4^2=16\pi(cm^2)$

(원기둥의 높이)$=5$ cm

(원기둥의 부피)$=16\pi\times5=80\pi(cm^3)$

14 주어진 입체도형의 부피는 사각기둥의 부피에서 삼각기둥의 부피를 빼면 된다.

(사각기둥의 밑넓이)$=6\times7=42(cm^2)$

(사각기둥의 높이)$=8$ cm

(사각기둥의 부피)$=42\times8=336(cm^3)$

(삼각기둥의 밑넓이)$=\frac{1}{2}\times6\times3=9(cm^2)$

(삼각기둥의 높이)$=7$ cm

(삼각기둥의 부피)$=9\times7=63(cm^3)$

따라서 주어진 입체도형의 부피는

$336-63=273(cm^3)$

15 반구의 겉넓이는

$\frac{1}{2}\times(4\pi\times7^2)+(\pi\times7^2)$

$=98\pi+49\pi=147\pi(cm^2)$

16 (원뿔의 밑넓이)$=\pi\times5^2=25\pi(cm^2)$

(원뿔의 높이)$=6$ cm

(원뿔의 부피)$=\frac{1}{3}\times25\pi\times6=50\pi(cm^3)$

부피가 50π cm^3인 원뿔 모양의 빈 그릇에 1분에
5π cm^3씩 물을 넣어 가득 채우려면 10분이 걸린다.

17 도서관을 가장 많이 이용한 학생의 이용 횟수는 27회이고 도서관을 가장 적게 이용한 학생의 이용 횟수는 2회이다. 따라서 두 학생의 이용 횟수 차는 25회이다.

18 도수의 총합은 $3+8+10+7+2=30$(일)이고,
습도가 60 % 이상인 날은 $7+2=9$(일)이다.
따라서 습도가 60 % 이상인 날은 전체의

$\frac{9}{30}\times100=30(\%)$이다.

19 수면 시간이 5시간 이상 6시간 미만인 계급의 상대도수는 0.2이므로 이 계급의 도수는
$25\times0.2=5$(명)이다.

20 수면 시간이 7시간 이상 8시간 미만인 계급의 도수는
$25-(5+8+5)=7$(명)이므로

상대도수는 $\frac{7}{25}=0.28$이다.

21 부채꼴의 호의 길이는 중심각의 크기에 정비례한다.

$\overset{\frown}{CB}=\frac{5}{6}\overset{\frown}{AB}$이므로

$\angle COB=\frac{5}{6}\angle AOB=\frac{5}{6}\times180^\circ=150^\circ$ ··· 1단계

삼각형 OCB에서 세 내각의 크기의 합은 180°이므로

$\angle OCB+\angle OBC=180^\circ-150^\circ=30^\circ$ ··· 2단계

채점 기준표

단계	채점 기준	배점
1단계	∠COB의 크기를 구한 경우	3점
2단계	∠OCB+∠OBC의 크기를 구한 경우	2점

22 n각뿔대의 면의 개수는 $n+2$, 꼭짓점의 개수는 $2n$이다.

$(n+2)+2n=23$

$3n=21$

$\therefore n=7$ ··· 1단계

칠각뿔대의 모서리의 개수는 21이다. ··· 2단계

채점 기준표

단계	채점 기준	배점
1단계	조건을 만족하는 각뿔대를 찾은 경우	3점
2단계	각뿔대의 모서리의 개수를 구한 경우	2점

23 (밑넓이)$=\frac{1}{2}\times(6+9)\times4=30(\text{cm}^2)$ ··· 1단계

사각기둥의 높이를 x cm라고 하면

(옆넓이)$=(6+5+9+4)\times x=24x(\text{cm}^2)$

사각기둥의 겉넓이가 180 cm^2이므로

$30\times2+24x=180$ ··· 2단계

$24x=120$

$\therefore x=5$

따라서 사각기둥의 높이는 5 cm이다. ··· 3단계

채점 기준표

단계	채점 기준	배점
1단계	사각기둥의 밑넓이를 구한 경우	1점
2단계	사각기둥의 겉넓이에 대한 식을 세운 경우	2점
3단계	사각기둥의 높이를 구한 경우	2점

24 (원뿔의 밑넓이)$=\pi\times3^2=9\pi(\text{cm}^2)$

(원뿔의 높이)$=5$ cm

(원뿔의 부피)$=\frac{1}{3}\times9\pi\times5=15\pi(\text{cm}^3)$ ··· 1단계

(반구의 부피)

$=\frac{1}{2}\times\left(\frac{4}{3}\pi\times3^3\right)=18\pi(\text{cm}^3)$ ··· 2단계

따라서 주어진 입체도형의 부피는

$15\pi+18\pi=33\pi(\text{cm}^3)$ ··· 3단계

채점 기준표

단계	채점 기준	배점
1단계	원뿔의 부피를 구한 경우	2점
2단계	반구의 부피를 구한 경우	2점
3단계	주어진 입체도형의 부피를 구한 경우	1점

25 수학 점수가 80점 미만인 학생이 전체의 25 %이므로 80점 미만인 학생 수는 $28\times0.25=7$(명)이다.

··· 1단계

도수의 총합이 28명이므로 수학 점수가 80점 이상 90점 미만인 학생 수는 $28-(7+10)=11$(명)이다.

··· 2단계

채점 기준표

단계	채점 기준	배점
1단계	수학 점수가 80점 미만인 학생 수를 구한 경우	2점
2단계	수학 점수가 80점 이상 90점 미만인 학생 수를 구한 경우	3점

실전 모의고사 2회

본문 96~99쪽

01 ④	02 ③	03 ③	04 ③	05 ⑤
06 ①	07 ②	08 ④	09 ③	10 ④
11 ③	12 ①	13 ③	14 ③	15 ①
16 ⑤	17 ⑤	18 ⑤	19 ③	20 ⑤
21 $(18\pi+54)$cm		22 8	23 $(2\pi+72)\text{cm}^2$	
24 96π cm^3		25 20 %		

01 호의 길이는 부채꼴의 중심각의 크기에 정비례한다.

두 부채꼴의 중심각의 크기가

$30^\circ : 150^\circ=1:5$ 이므로

$6:x=1:5$

$\therefore x=30$

02 부채꼴의 반지름의 길이를 r, 호의 길이를 l이라고 하면 부채꼴의 넓이는 $\frac{1}{2}rl$이다.

따라서 부채꼴의 넓이는 $\frac{1}{2}\times5\times2\pi=5\pi(\text{cm}^2)$이다.

03 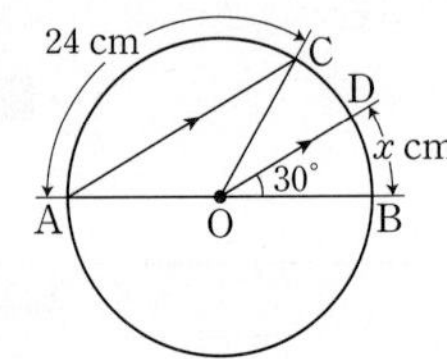

$\overline{AC} /\!/ \overline{OD}$이므로 동위각에 의해 $\angle CAO=30°$

$\overline{OA}=\overline{OC}$(반지름)이므로 삼각형 OAC는 이등변삼각형이고, $\angle ACO=30°$이다.

따라서 $\angle AOC=120°$이다.

부채꼴의 호의 길이는 중심각의 크기에 정비례하고

$\angle AOC : \angle BOD=4 : 1$이므로

$24 : x=4 : 1$, $4x=24$

$\therefore x=6$

04 ㄱ. 원 O의 반지름의 길이이므로 $\overline{OA}=\overline{OB}$이다.

ㄹ. 부채꼴의 호의 길이는 중심각의 크기에 정비례한다.

05 (정사각형의 넓이)$=4\times4=16(\text{cm}^2)$

(부채꼴 1개의 넓이)$=\pi\times4^2\times\frac{90}{360}=4\pi(\text{cm}^2)$

(색칠한 부분의 넓이)

$=$(정사각형의 넓이)$+$(부채꼴 1개의 넓이)$\times4$

$=(16\pi+16)\text{cm}^2$

06 정육각뿔의 면의 개수는 7, 모서리의 개수는 12, 꼭짓점의 개수는 7이다.

즉 $x=7$, $y=12$, $z=7$이다.

$\therefore 2x-y+z=2\times7-12+7=9$

07 ① 정사면체의 꼭짓점의 개수: 4

② 정육면체의 모서리의 개수: 12

③ 정육면체의 꼭짓점의 개수: 8

④ 정팔면체의 면의 개수: 8

⑤ 정팔면체의 꼭짓점의 개수: 6

08 각 면이 모두 합동인 정오각형이고, 각 꼭짓점에 모인 면의 개수가 모두 같은 다면체는 정십이면체이다.

09 ① 원뿔대를 회전축을 포함하는 평면으로 자른 단면의 모양은 사다리꼴이다.

② 원뿔을 회전축을 포함하는 평면으로 자른 단면의 모양은 이등변삼각형이다.

④ 구, 원뿔, 원뿔대 등과 같이 회전축에 수직인 평면으로 자른 단면이 합동이 아닌 경우도 있다.

⑤ 구, 원뿔, 원뿔대 등과 같이 회전축을 포함하는 평면으로 자른 단면의 경계가 직사각형이 아닌 경우도 있다.

10 주어진 원뿔을 회전축을 포함하는 평면으로 자를 때 생기는 단면은 다음과 같다.

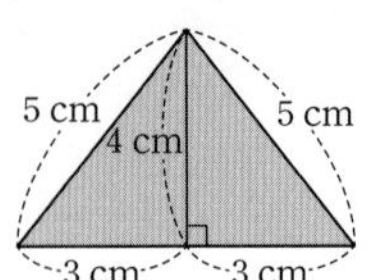

(단면의 넓이)$=\frac{1}{2}\times6\times4=12(\text{cm}^2)$

11 (밑넓이)$=\frac{1}{2}\times8\times2+8\times4=40(\text{cm}^2)$

(높이)$=5$ cm

따라서 오각기둥의 부피는

$40\times5=200(\text{cm}^3)$

12 (밑넓이)$=\frac{1}{2}\times8\times4=16(\text{cm}^2)$

(높이)$=3$ cm

따라서 삼각뿔의 부피는

$\frac{1}{3}\times16\times3=16(\text{cm}^3)$

13 (밑넓이)$=\pi\times4^2=16\pi(\text{cm}^2)$

(높이)$=9$ cm

따라서 원뿔의 부피는

$\frac{1}{3}\times16\pi\times9=48\pi(\text{cm}^3)$

14 원기둥의 밑면의 반지름의 길이를 x라고 하면 정육면체의 한 모서리의 길이는 $2x$이다.

(정육면체의 부피)$=2x\times2x\times2x=8x^3$

(원기둥의 밑넓이)$=\pi x^2$

(원기둥의 높이)$=2x$

(원기둥의 부피)$=\pi x^2\times2x=2\pi x^3$

$\therefore$ (정육면체의 부피) : (원기둥의 부피)

$=8x^3 : 2\pi x^3=4 : \pi$

15 (반구의 겉넓이)

$=\frac{1}{2}\times(4\pi\times4^2)=32\pi(\text{cm}^2)$

(원뿔의 옆넓이)$=\frac{1}{2}\times6\times(2\pi\times4)=24\pi(\text{cm}^2)$

따라서 주어진 입체도형의 겉넓이는

$32\pi+24\pi=56\pi(\text{cm}^2)$

16 도수의 총합이 20명이므로

$a=20-(3+7+6)=4$

계급의 크기는 0.5 kg이다.

$\therefore x=0.5$

도수가 가장 큰 계급은 3.0 kg 이상 3.5 kg 미만이며 이 계급의 도수는 7명이다.

$\therefore y=7$

따라서 $x+y=7.5$

17 몸무게가 3.0 kg 미만인 신생아의 수는 3+4=7(명)이고, 도수의 총합이 20명이므로 전체의

$\frac{7}{20}\times100=35(\%)$이다.

18 ㄱ. 상대도수의 분포를 나타낸 그래프를 통해 전체 회원 수는 알 수 없다.

ㄴ. A 동호회와 B 동호회의 전체 회원 수를 알 수 없으므로 나이대별 회원 수는 알 수 없다.

ㄷ. A 동호회의 10대 회원의 상대도수는 0.2, B 동호회의 10대 회원의 상대도수는 0.4이므로 10대 회원의 비율은 B 동호회가 A 동호회보다 높다.

ㄹ. A 동호회의 10대 회원의 상대도수는 0.2, B 동호회의 40대 회원의 상대도수는 0.2로 그 비율이 서로 같다.

19 A 동호회의 전체 회원 수가 25명이고, A 동호회의 20대 회원의 상대도수는 0.36이므로 A 동호회의 20대 회원 수는 $25\times0.36=9$(명)이다.

A 동호회와 B 동호회의 20대 회원 수가 서로 같으므로 B 동호회의 20대 회원 수도 9명이다.

B 동호회의 20대 회원의 상대도수가 0.3이므로

(B 동호회 전체 회원의 수)$\times0.3=9$

즉 (B 동호회 전체 회원의 수)=30명이다.

20 연습 시간이 5시간 이상 6시간 미만의 계급의 도수는 2명, 4시간 이상 5시간 미만의 계급의 도수는 3명이므로 연습 시간이 5번째로 긴 학생은 4시간 이상 5시간 미만의 계급에 속한다.

21 정육각형의 한 내각의 크기는 120°이다. ··· 1단계

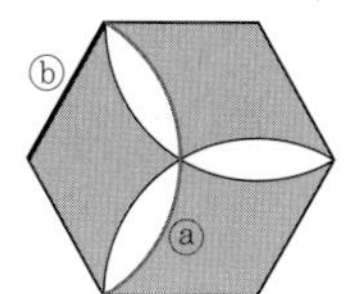

ⓐ: $2\pi\times9\times\frac{120}{360}=6\pi$(cm)

ⓑ: 9 cm

색칠한 부분의 둘레의 길이는 3×ⓐ+6×ⓑ이므로

$3\times6\pi+6\times9=18\pi+54$(cm)이다. ··· 2단계

채점 기준표

단계	채점 기준	배점
1단계	정육각형의 한 내각의 크기를 구한 경우	1점
2단계	색칠한 부분의 둘레의 길이를 구한 경우	4점

22 n각뿔의 면의 개수는 $n+1$, 모서리의 개수는 $2n$이므로

$(n+1)+2n=22$, $3n=21$

$\therefore n=7$ ··· 1단계

칠각뿔의 꼭짓점의 개수는 8이다. ··· 2단계

채점 기준표

단계	채점 기준	배점
1단계	조건을 만족하는 각뿔을 찾은 경우	3점
2단계	각뿔의 꼭짓점의 개수를 구한 경우	2점

23 (밑넓이)$=4\times4-\left(\pi\times4^2\times\frac{90}{360}\right)$

$=16-4\pi(\text{cm}^2)$ ··· 1단계

(옆넓이)$=\left(2\pi\times4\times\frac{90}{360}+4+4\right)\times5$

$=(2\pi+8)\times5=10\pi+40(\text{cm}^2)$ ··· 2단계

따라서 주어진 입체도형의 겉넓이는

$2\times(16-4\pi)+(10\pi+40)$

$=32-8\pi+10\pi+40$

$=2\pi+72(\text{cm}^2)$ ··· 3단계

채점 기준표

단계	채점 기준	배점
1단계	입체도형의 밑넓이를 구한 경우	2점
2단계	입체도형의 옆넓이를 구한 경우	2점
3단계	입체도형의 겉넓이를 구한 경우	1점

24 사다리꼴을 직선 l을 회전축으로 하여 1회전 시킬 때 생기는 입체도형은 다음 그림과 같다.

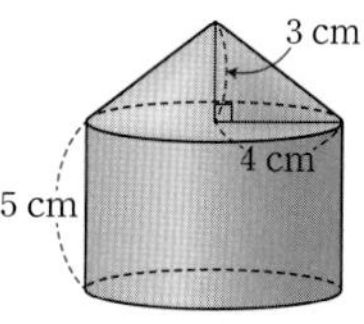

(원뿔의 밑넓이)$=\pi\times4^2=16\pi(\text{cm}^2)$

(원뿔의 높이)=3 cm

(원뿔의 부피)$=\frac{1}{3}\times16\pi\times3=16\pi(\text{cm}^3)$ ··· 1단계

(원기둥의 밑넓이)$=\pi\times4^2=16\pi(\text{cm}^2)$

(원기둥의 높이)=5 cm

(원기둥의 부피)$=16\pi\times5=80\pi(\text{cm}^3)$ ··· 2단계

회전체의 부피는 원뿔의 부피와 원기둥의 부피의 합이므로

$16\pi+80\pi=96\pi(\text{cm}^3)$ ··· 3단계

채점 기준표

단계	채점 기준	배점
1단계	원뿔의 부피를 구한 경우	2점
2단계	원기둥의 부피를 구한 경우	2점
3단계	입체도형의 부피를 구한 경우	1점

25 정훈이네 반 전체 학생 수는 20명이고 ··· 1단계

정훈이보다 통학 시간이 긴 학생 수는 4명이다. ··· 2단계

따라서 정훈이보다 통학 시간이 긴 학생은 전체의

$\frac{4}{20}\times100=20(\%)$이다. ··· 3단계

채점 기준표

단계	채점 기준	배점
1단계	전체 학생 수를 구한 경우	2점
2단계	정훈이보다 통학 시간이 긴 학생 수를 구한 경우	2점
3단계	정훈이보다 통학 시간이 긴 학생의 비율을 구한 경우	1점

실전 모의고사 3회

본문 100~103쪽

01 ①	**02** ②	**03** ④	**04** ①	**05** ④
06 ⑤	**07** ②	**08** ③	**09** ②	**10** ②
11 ④	**12** ②	**13** ③	**14** ③	**15** ⑤
16 ②	**17** ④	**18** ③	**19** ⑤	**20** ⑤
21 45 cm^2	**22** $(4\pi+6)\text{cm}$		**23** 9	
24 $\frac{208}{3}\pi\text{ cm}^3$		**25** 4명		

01 중심각의 크기가 같은 두 부채꼴은 넓이가 서로 같으므로 $3x=15$

$\therefore x=5$

02 $2\pi\times8\times\frac{45}{360}=2\pi(\text{cm})$

03 부채꼴의 반지름의 길이를 r, 호의 길이를 l이라고 하면 부채꼴의 넓이는 $\frac{1}{2}rl$이다.

$24\pi=\frac{1}{2}\times6\times$(호의 길이)

$\therefore$ (호의 길이)$=8\pi$ cm

04 색칠한 부분의 넓이는 큰 부채꼴의 넓이에서 작은 부채꼴의 넓이를 빼면 된다.

(큰 부채꼴의 넓이)$=\pi\times5^2\times\frac{45}{360}=\frac{25}{8}\pi(\text{cm}^2)$

(작은 부채꼴의 넓이)$=\pi\times3^2\times\frac{45}{360}=\frac{9}{8}\pi(\text{cm}^2)$

따라서 색칠한 부분의 넓이는

$\frac{25}{8}\pi-\frac{9}{8}\pi=2\pi(\text{cm}^2)$

05 정삼각형의 한 내각의 크기는 60°, 정사각형의 한 내각의 크기는 90°이므로

주어진 부채꼴의 중심각의 크기는

$60°+90°+60°=210°$이다.

따라서 주어진 부채꼴 모양의 넓이는

$\pi\times6^2\times\frac{210}{360}=21\pi(\text{cm}^2)$

06 ① 각뿔대의 두 밑면은 크기가 서로 다르다.

② 옆면은 사다리꼴 모양이다.

③ 면의 개수는 7이다.

④ 모서리의 개수는 15이다.

07 다면체의 면의 개수는 다음과 같다.

ㄱ. 삼각뿔대 − 5

ㄴ. 사각뿔 − 5

ㄷ. 오각기둥 − 7

ㄹ. 정육면체 − 6

ㅁ. 정십이면체 − 12

08 다면체의 모서리의 개수는 다음과 같다.

① 육각뿔대 − 18

② 직육면체 − 12

④ 팔각기둥 − 24

⑤ 구각기둥 − 27

09 ① 삼각뿔이다.

③ 모서리의 개수는 6이다.

④ 모든 면은 합동인 정삼각형이다.

⑤ 각 꼭짓점에 모인 면의 개수는 3이다.

10 정사면체, 정육각뿔대는 다면체로 회전체가 아니다.

12 (밑넓이)$=\pi\times3^2=9\pi(\text{cm}^2)$

(옆넓이)$=6\pi\times5=30\pi(\text{cm}^2)$

따라서 원기둥의 겉넓이는

$9\pi\times2+30\pi=48\pi(\text{cm}^2)$

13 (밑넓이)$=8\times8=64(\text{cm}^2)$

(옆넓이)$=\left(\frac{1}{2}\times8\times5\right)\times4=80(\text{cm}^2)$

따라서 사각뿔의 겉넓이는

$64+80=144(\text{cm}^2)$

14 (밑넓이)$=\pi\times3^2=9\pi(\text{cm}^2)$

(높이)$=6$ cm

(부피)$=9\pi\times6=54\pi(\text{cm}^3)$

15 주어진 입체도형은 구의 $\frac{1}{8}$을 잘라낸 도형이다.

따라서 입체도형의 부피는 구의 부피의 $\frac{7}{8}$이다.

$\frac{7}{8}\times\left(\frac{4}{3}\pi\times6^3\right)=252\pi(\text{cm}^3)$

16 (원뿔의 옆넓이)

$=\frac{1}{2}\times3\times(2\pi\times2)=6\pi(\text{cm}^2)$

(작은 원기둥의 옆넓이)

$=(2\pi\times2)\times3=12\pi(\text{cm}^2)$

(큰 원기둥의 옆넓이)

$=(2\pi\times4)\times2=16\pi(\text{cm}^2)$

(밑넓이)$=\pi\times4^2=16\pi(\text{cm}^2)$

따라서 주어진 입체도형의 겉넓이는

$6\pi+12\pi+16\pi+16\pi\times2-4\pi=62\pi(\text{cm}^2)$

17 키가 큰 순서대로 나열하면 181 cm, 177 cm, 174 cm, 173 cm, …이므로 3번째로 키가 큰 학생의 키는 174 cm이다.

18 줄기와 잎 그림을 도수분포표에 정리하면 다음과 같다.

학생들의 키

키(cm)	도수(명)
150이상 ~ 155미만	2
155 ~ 160	4
160 ~ 165	5
165 ~ 170	3
170 ~ 175	4
⋮	⋮
합계	20

19 모든 직사각형의 넓이의 합은

(도수의 총합)×(계급의 크기)이다.

도수의 총합은 $4+6+3+4+3=20$(명)이고,

계급의 크기는 3권이므로 모든 직사각형의 넓이의 합은 $20\times3=60$이다.

20 (도수의 총합)$\times0.3=12$이므로

(도수의 총합)$=40$이다.

21 부채꼴의 호의 길이는 중심각의 크기에 정비례하므로

호 AB를 5등분하는 점 C, D, E, F에 대해

$\angle\text{COE}:\angle\text{AOB}=2:5$ ••• 1단계

또한 부채꼴의 넓이는 중심각의 크기에 정비례하므로

(부채꼴 COE의 넓이)$=\frac{2}{5}\times$(반원 O의 넓이)

$\therefore$ (반원 O의 넓이)$=18\times\frac{5}{2}=45(\text{cm}^2)$ ••• 2단계

채점 기준표

단계	채점 기준	배점
1단계	부채꼴 COE의 중심각의 크기와 반원의 중심각의 크기의 비를 구한 경우	1점
2단계	반원 O의 넓이를 구한 경우	4점

22

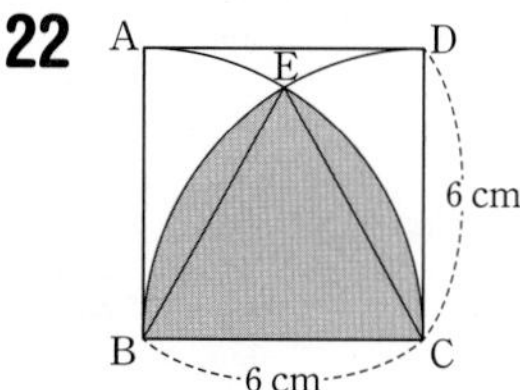

$\overline{\text{BC}}=\overline{\text{BE}}=\overline{\text{CE}}$이므로 삼각형 EBC는 정삼각형이다.

따라서 $\angle\text{EBC}=\angle\text{ECB}=60^\circ$이다.

$\widehat{\text{BE}}=\widehat{\text{CE}}=2\pi\times6\times\frac{60}{360}=2\pi(\text{cm})$ ••• 1단계

$\overline{\text{BC}}=6$ cm

색칠한 부분의 둘레의 길이는

$2\pi\times2+6=4\pi+6(\text{cm})$ ••• 2단계

채점 기준표

단계	채점 기준	배점
1단계	호 BE와 다른 호 CE의 길이를 구한 경우	3점
2단계	색칠한 부분의 둘레의 길이를 구한 경우	2점

23 전개도로 만들어지는 입체도형은 오각뿔대이다.

••• 1단계

오각뿔대의 면의 개수는 7, 모서리의 개수는 15, 꼭짓점의 개수는 10이므로

$x=7$, $y=15$, $z=10$이다. ••• 2단계

$\therefore 2x-y+z=2\times7-15+10=9$ ••• 3단계

채점 기준표

단계	채점 기준	배점
1단계	전개도로 만들어지는 입체도형을 찾은 경우	1점
2단계	x, y, z의 값을 각각 구한 경우	3점
3단계	$2x-y+z$의 값을 구한 경우	1점

24 사다리꼴을 직선 l을 회전축으로 하여 1회전 시킬 때 생기는 입체도형은 원뿔대로 다음 그림과 같다.

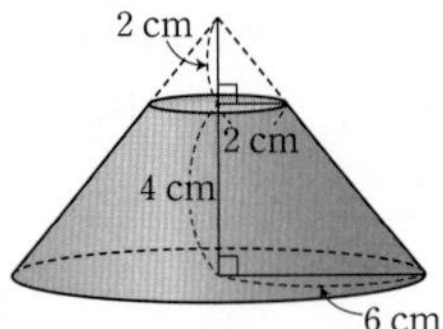

원뿔대의 부피는 큰 원뿔의 부피에서 작은 원뿔의 부피를 빼면 된다.

(큰 원뿔의 밑넓이)$=\pi\times6^2=36\pi(\text{cm}^2)$

(큰 원뿔의 높이)$=6$ cm

(큰 원뿔의 부피)$=\frac{1}{3}\times36\pi\times6=72\pi(\text{cm}^3)$ ••• 1단계

(작은 원뿔의 밑넓이)$=\pi\times2^2=4\pi(\text{cm}^2)$

(작은 원뿔의 높이)$=2$ cm

(작은 원뿔의 부피)$=\frac{1}{3}\times4\pi\times2=\frac{8}{3}\pi(\text{cm}^3)$ ••• 2단계

따라서 회전체의 부피는

$72\pi-\frac{8}{3}\pi=\frac{208}{3}\pi(\text{cm}^3)$ ••• 3단계

채점 기준표

단계	채점 기준	배점
1단계	큰 원뿔의 부피를 구한 경우	2점
2단계	작은 원뿔의 부피를 구한 경우	2점
3단계	회전체의 부피를 구한 경우	1점

25 점수가 15점 미만인 학생 수는 $4+6=10$(명)이고, 전체의 40 %이므로

(진기네 반 학생 수)$\times0.4=10$

(진기네 반 학생 수)$=25$(명)이다. ••• 1단계

점수가 20점 이상 25점 미만인 학생은 전체의 12 %이므로 $25\times0.12=3$(명)이다. ••• 2단계

따라서 점수가 25점 이상인 학생 수는

$25-(4+6+8+3)=4$(명)이다. ••• 3단계

채점 기준표

단계	채점 기준	배점
1단계	진기네 반 학생 수를 구한 경우	2점
2단계	점수가 20점 이상 25점 미만인 학생 수를 구한 경우	2점
3단계	점수가 25점 이상인 학생 수를 구한 경우	1점

최종 마무리 50제

본문 104~111쪽

01 ②	**02** ④	**03** ③	**04** ⑤	**05** ⑤
06 ③	**07** ③	**08** ②	**09** ②, ⑤	**10** ⑤
11 ⑤	**12** ④	**13** ①	**14** ③	**15** ③
16 ③	**17** ②	**18** ②	**19** ⑤	**20** ④
21 ⑤	**22** ②	**23** ②	**24** ④	**25** ④
26 ④	**27** ③	**28** ④	**29** ②	**30** ①
31 ③	**32** ①	**33** ③	**34** ④	**35** ③
36 ③	**37** ⑤	**38** ⑤	**39** ③	**40** ③
41 ④	**42** ④	**43** ④	**44** ③	**45** ①
46 ③	**47** ③	**48** ③	**49** ⑤	**50** ⑤

01 $\pi\times3^2\times\frac{120}{360}=3\pi(\text{cm}^2)$

02 부채꼴의 호의 길이는 중심각의 크기에 정비례하므로

$x:60=4:8$

$\therefore x=30$

$45:60=y:8$, $3:4=y:8$

$\therefore y=6$

$\therefore x+y=36$

03 부채꼴의 넓이는 중심각의 크기에 정비례하므로

(부채꼴 AOC의 넓이)=(원 O의 넓이)$\times\frac{5}{12}$

$=120\times\frac{5}{12}=50(\text{cm}^2)$

04 $\overline{OA}/\!/\overline{BC}$이므로 엇각의 성질에 의해

$\angle OCB=\angle COA=40^\circ$이다.

$\overline{OB}=\overline{OC}$이므로 삼각형 OBC는 이등변삼각형이다.

$\angle OBC=\angle OCB=40^\circ$이므로

$\angle BOC=100^\circ$이다.

부채꼴의 호의 길이는 중심각의 크기에 정비례하므로

$\widehat{BC}$의 길이를 x cm라고 하면

$x:6=5:2$

$2x=30$

$\therefore x=15$

05 부채꼴의 호의 길이는 중심각의 크기에 정비례하므로

$\angle AOC:\angle COB=3:2$이다.

$\angle AOC=180^\circ\times\frac{3}{5}=108^\circ$

$\overline{OA}=\overline{OC}$이므로 삼각형 OAC는 이등변삼각형이다.

즉, $\angle CAO=\angle ACO$이다.

삼각형 OAC에서 세 내각의 크기의 합은 180°이므로

$\angle CAO + \angle ACO = 72°$이다.

$\therefore \angle CAO = 36°$

06 부채꼴의 넓이는 중심각의 크기에 정비례하므로

$\angle AOB : \angle BOC = 32 : 40 = 4 : 5$이다.

$\angle AOB = 180° \times \frac{4}{9} = 80°$이다.

삼각형 OPQ에서 세 내각의 크기의 합은 180°이므로

$\angle x + \angle y + \angle AOB = 180°$

$\therefore \angle x + \angle y = 100°$

07 부채꼴의 반지름의 길이를 r, 호의 길이를 l이라고 하면 부채꼴의 넓이는 $\frac{1}{2}rl$이다.

(부채꼴의 넓이)$= \frac{1}{2} \times 6 \times 3\pi = 9\pi(\text{cm}^2)$

08

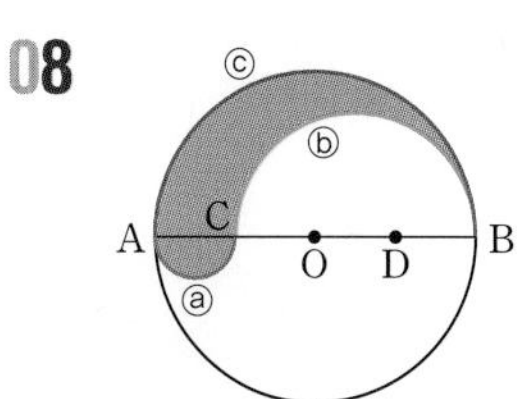

점 C, O, D가 선분 AB를 4등분하는 점이므로

$\overline{AC} = 4$ cm, $\overline{BC} = 12$ cm이다.

즉, 지름의 길이가 각각 4 cm, 12 cm, 16 cm인 반원의 둘레의 길이를 이용한다.

ⓐ: $\frac{1}{2} \times (2\pi \times 2) = 2\pi(\text{cm})$

ⓑ: $\frac{1}{2} \times (2\pi \times 6) = 6\pi(\text{cm})$

ⓒ: $\frac{1}{2} \times (2\pi \times 8) = 8\pi(\text{cm})$

따라서 색칠한 부분의 둘레의 길이는

$2\pi + 6\pi + 8\pi = 16\pi(\text{cm})$

09 부채꼴의 호의 길이와 부채꼴의 넓이는 중심각의 크기에 정비례한다.

10 (큰 부채꼴의 호의 길이)

$= 2\pi \times 12 \times \frac{45}{360} = 3\pi(\text{cm})$

(작은 부채꼴의 호의 길이)

$= 2\pi \times 8 \times \frac{45}{360} = 2\pi(\text{cm})$

따라서 색칠한 부분의 둘레의 길이는

$3\pi + 4 + 2\pi + 4 = 5\pi + 8(\text{cm})$

11

ⓐ: $2\pi \times 2 \times \frac{90}{360} = \pi(\text{cm})$

ⓑ: $2\pi \times 5 \times \frac{90}{360} = \frac{5}{2}\pi(\text{cm})$

ⓒ: $2\pi \times 7 \times \frac{90}{360} = \frac{7}{2}\pi(\text{cm})$

ⓓ: $2 + 3 + 2 + 7 = 14(\text{cm})$

따라서 색칠한 부분의 둘레의 길이는

$\pi + \frac{5}{2}\pi + \frac{7}{2}\pi + 14 = 7\pi + 14(\text{cm})$

$a = 7$, $b = 14$이므로

$a + b = 21$

12 염소가 최대한 움직일 수 있는 영역은 다음 그림과 같다.

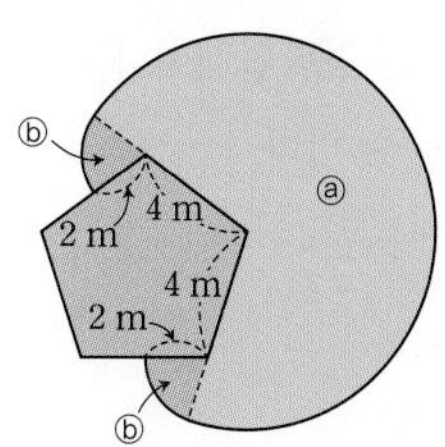

정오각형의 한 내각의 크기는 108°이므로

ⓐ는 반지름의 길이가 6 m이고 중심각의 크기가 $360° - 108° = 252°$인 부채꼴이다.

ⓐ의 넓이: $\pi \times 6^2 \times \frac{252}{360} = \frac{126}{5}\pi(\text{m}^2)$

ⓑ는 반지름의 길이가 2 m이고 중심각의 크기가 $180° - 108° = 72°$인 부채꼴이다.

ⓑ의 넓이: $\pi \times 2^2 \times \frac{72}{360} = \frac{4}{5}\pi(\text{m}^2)$

따라서 염소가 최대한 움직일 수 있는 영역의 넓이는

$\frac{126}{5}\pi + \frac{4}{5}\pi + \frac{4}{5}\pi = \frac{134}{5}\pi(\text{m}^2)$

13 구는 회전체이다.

14 면의 개수 $x = 7$

모서리의 개수 $y = 15$

꼭짓점의 개수 $z = 10$이다.

$\therefore x + y - z = 7 + 15 - 10 = 12$

15 ③ 칠각뿔대의 면의 개수는 9이다.

16 옆면의 모양이 사각형인 것은 ㄴ, ㄹ, ㅁ이다.

17 다면체의 모서리의 개수는 다음과 같다.

① 정팔면체 – 12
② 오각기둥 – 15
③ 칠각뿔 – 14
④ 직육면체 – 12
⑤ 사각뿔대 – 12

18 한 꼭짓점에 모인 면의 개수가 5인 정다면체는 정이십면체이다. 정이십면체의 면의 개수는 20, 꼭짓점의 개수는 12이므로

$x=20$, $y=12$이다.

$\therefore x+2y=44$

19 ④ 정사면체는 면의 개수와 꼭짓점의 개수가 각각 4이다.
⑤ 면의 개수와 모서리의 개수가 같은 정다면체는 없다.

20 전개도로 만들어지는 다면체는 정팔면체이다.

① 사각뿔 두 개를 붙여 만들 수 있다.
② 각 꼭짓점에 모인 면의 개수는 4이다.
③ 모서리의 개수는 12이다.
⑤ 평행한 면은 모두 4쌍이다.

21 정십이면체의 면의 개수는 12이고 각 면의 중심을 연결하면 꼭짓점의 개수가 12인 정이십면체가 된다.

22 정육면체, 삼각뿔은 다면체로 회전체가 아니다.

24 $x=3$, $y=5$, $z=12$이므로

$2x-y+z=2\times3-5+12=13$

25 구를 한 평면으로 자를 때 단면의 넓이를 가장 크게 하려면 구의 중심을 지나야 하며, 이때 생기는 단면은 반지름의 길이가 4 cm인 원이다.

따라서 단면의 넓이는

$\pi\times4^2=16\pi(\text{cm}^2)$

26 (밑넓이)$=4\times5=20(\text{cm}^2)$

(옆넓이)$=(4+5+4+5)\times6=108(\text{cm}^2)$

따라서 사각기둥의 겉넓이는

$20\times2+108=148(\text{cm}^2)$

27 (원기둥의 밑넓이)$=\pi\times2^2=4\pi(\text{cm}^2)$

(원기둥의 높이)$=x$ cm

따라서 원기둥의 부피는 32π cm^{3}이므로

$4\pi\times x=32\pi$

$\therefore x=8$

28 (사각뿔의 옆넓이)

$=\left(\frac{1}{2}\times4\times5\right)\times4=40(\text{cm}^2)$

29 직각삼각형을 직선 l을 회전축으로 하여 1회전 시킬 때 생기는 입체도형은 원뿔이며 다음 그림과 같다.

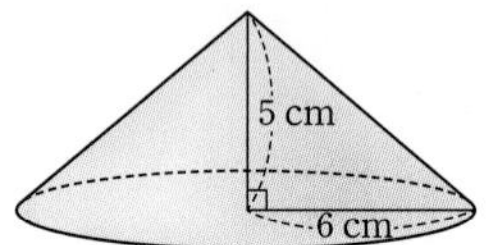

(밑넓이)$=\pi\times6^2=36\pi(\text{cm}^2)$

(높이)$=5$ cm

따라서 원뿔의 부피는

$\frac{1}{3}\times36\pi\times5=60\pi(\text{cm}^3)$

30 원뿔의 전개도를 그리면 다음과 같다.

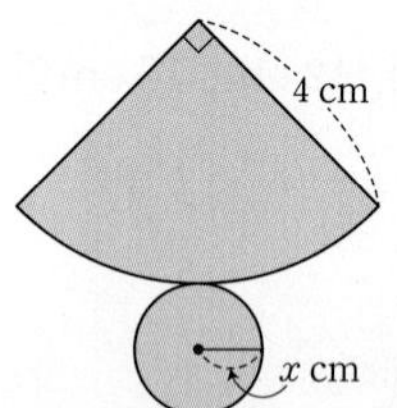

원뿔의 밑면의 반지름의 길이를 x cm라고 하자.

전개도에서 부채꼴의 호의 길이는 원뿔의 밑면의 둘레의 길이와 같으므로

$2\pi\times4\times\frac{90}{360}=2\pi\times x$

$\therefore x=1$

(원뿔의 밑넓이)$=\pi\times1^2=\pi(\text{cm}^2)$

(원뿔의 옆넓이)$=\pi\times4^2\times\frac{90}{360}=4\pi(\text{cm}^2)$

따라서 원뿔의 겉넓이는

$\pi+4\pi=5\pi(\text{cm}^2)$

31 (사각뿔대의 옆넓이)

$=\left\{\frac{1}{2}\times(5+9)\times4\right\}\times4$

$=112(\text{cm}^2)$

따라서 사각뿔대의 겉넓이는

$5\times5+9\times9+112=218(\text{cm}^2)$

32 원뿔을 4바퀴를 굴려서 원래의 자리로 돌아왔으므로 원뿔의 옆면은 중심각의 크기가 $\frac{360°}{4}=90°$인 부채꼴이다.
원뿔의 모선의 길이가 4 cm이므로 원뿔의 전개도를 그리면 다음과 같다.

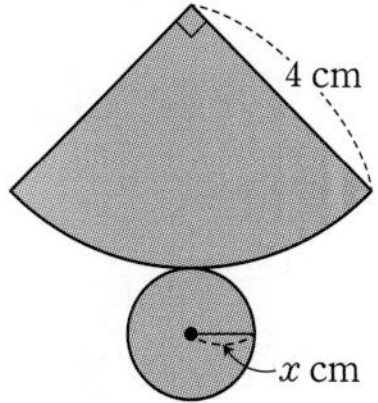

(부채꼴의 호의 길이)$=2\pi\times4\times\frac{90}{360}=2\pi$(cm)
원뿔의 밑면의 반지름의 길이를 x cm라고 하면
부채꼴의 호의 길이는 원뿔의 밑면의 둘레의 길이와 같으므로 $2\pi x=2\pi$, $x=1$이다.
따라서 원뿔의 밑넓이는
$\pi\times1^2=\pi$(cm^2)

33 구의 반지름의 길이를 x cm라고 하면
구의 부피는 $\frac{32}{3}\pi$ cm^{3}이므로
$\frac{4}{3}\pi x^3=\frac{32}{3}\pi$, $x^3=8$
$\therefore x=2$
반지름의 길이가 2 cm인 구의 겉넓이는
$4\pi\times2^2=16\pi$(cm^2)

34 (원기둥의 밑넓이)$=\pi\times6^2=36\pi$(cm^2)
(원기둥의 높이)$=6$ cm
(원기둥의 부피)$=36\pi\times6=216\pi$(cm^3)
(반구의 부피)$=\frac{1}{2}\times\left(\frac{4}{3}\times\pi\times6^3\right)$
$=144\pi$(cm^3)
따라서 원기둥과 반구의 부피의 차는
$216\pi-144\pi=72\pi$(cm^3)

35 원뿔대의 부피는 큰 원뿔의 부피에서 작은 원뿔의 부피를 빼면 된다.
(큰 원뿔의 밑넓이)$=\pi\times6^2=36\pi$(cm^2)
(큰 원뿔의 높이)$=9$ cm
(큰 원뿔의 부피)$=\frac{1}{3}\times36\pi\times9=108\pi$(cm^3)
(작은 원뿔의 밑넓이)$=\pi\times2^2=4\pi$(cm^2)
(작은 원뿔의 높이)$=3$ cm
(작은 원뿔의 부피)$=\frac{1}{3}\times4\pi\times3=4\pi$(cm^3)
따라서 원뿔대의 부피는
$108\pi-4\pi=104\pi$(cm^3)

36 색칠한 부분을 직선 l을 회전축으로 하여 1회전 시킬 때 생기는 입체도형은 다음 그림과 같다.

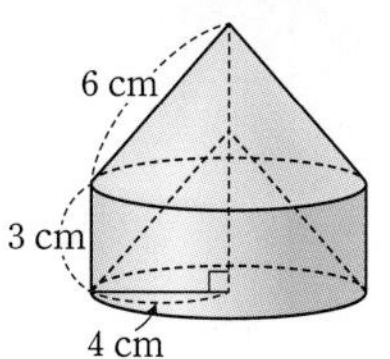

(원뿔의 옆넓이)$=\frac{1}{2}\times6\times(2\pi\times4)=24\pi$(cm^2)
(원기둥의 옆넓이)$=(2\pi\times4)\times3=24\pi$(cm^2)
(안쪽 원뿔의 옆넓이)$=\frac{1}{2}\times6\times(2\pi\times4)$
$=24\pi$(cm^2)
따라서 회전체의 겉넓이는
$24\pi+24\pi+24\pi=72\pi$(cm^2)

37 주어진 입체도형을 앞과 뒤, 위와 아래, 왼쪽과 오른쪽에서 보이는 면을 그리면 다음과 같다.

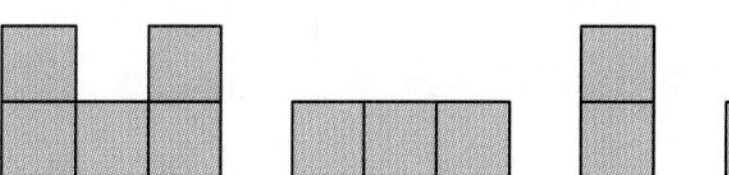

한 변의 길이가 2 cm인 정사각형이 22개 생기므로
입체도형의 겉넓이는
$4\times22=88$(cm^2)이다.

38 물병의 부피는 밑면의 반지름의 길이가 4 cm이고 높이가 $12+4=16$(cm)인 원기둥의 부피와 같다.
(밑넓이)$=\pi\times4^2=16\pi$(cm^2)
(높이)$=16$ cm
따라서 원기둥의 부피는
$16\pi\times16=256\pi$(cm^3)

39 구의 반지름의 길이는 3 cm이므로
(구의 부피)$=\frac{4}{3}\pi\times3^3=36\pi$(cm^3)
(사각뿔의 밑넓이)$=6\times6=36$(cm^2)
(사각뿔의 높이)$=6$ cm
(사각뿔의 부피)$=\frac{1}{3}\times36\times6=72$(cm^3)
따라서 구와 사각뿔의 부피의 차는
$(36\pi-72)$ cm^3

40 주어진 입체도형을 2개 연결하면 그림과 같다.

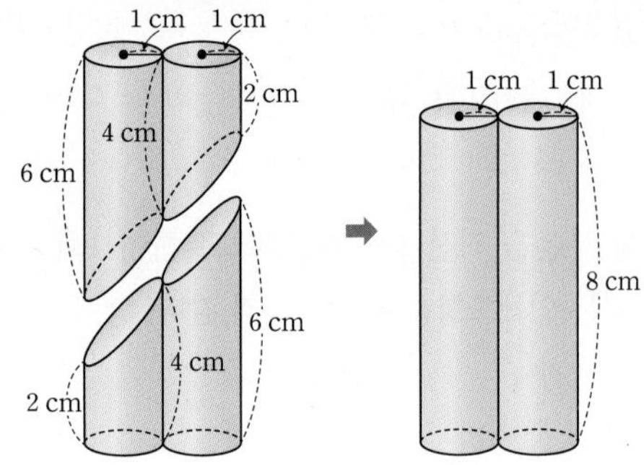

이때 주어진 입체도형의 부피는 오른쪽 입체도형의 부피의 $\frac{1}{2}$이다.

(오른쪽 원기둥 1개의 밑넓이)$=\pi\times1^2=\pi(\text{cm}^2)$

(오른쪽 원기둥 1개의 높이)$=8$ cm

(오른쪽 입체도형의 부피)$=(\pi\times8)\times2=16\pi(\text{cm}^3)$

따라서 주어진 입체도형의 부피는

$\frac{1}{2}\times16\pi=8\pi(\text{cm}^3)$

41 가장 빠른 학생의 기록은 27초이고 가장 느린 학생의 기록은 41초이므로 두 학생의 기록 차이는 14초이다.

42 서현이의 독서 시간인 8시간보다 적은 학생은 2시간, 2시간, 4시간, 5시간으로 모두 4명이다.

43 도수의 총합이 25명이므로

$6+5+9+A=25$, $A=5$이다.

저축금액이 2만 원 미만인 학생 수는 6명이므로 전체의 $\frac{6}{25}\times100=24(\%)$, $B=24$이다.

$\therefore A+B=29$

44 히스토그램에서 모든 직사각형의 넓이의 합은

(도수의 총합)$\times$(계급의 크기)이다.

도수의 총합은 25명이고, 계급의 크기는 2만 원이므로 모든 직사각형의 넓이의 합은 $25\times2=50$이다.

45 도수의 총합이 50개이고, 강수량이 40 mm 미만인 도시가 전체의 30 %이므로 강수량이 40 mm 미만인 도시의 수는 $50\times0.3=15$(개)이다.

도수의 총합이 50개이므로

강수량이 120 mm 이상 160 mm 미만인 도시의 수는

$50-(15+10+8+6)=11$(개)

46 은형이네 반 전체 학생 수는

$5+9+7+4+5=30$(명)이고,

사진을 60장 이상 찍은 학생은 $4+5=9$(명)이므로 전체의 $\frac{9}{30}\times100=30(\%)$이다.

47 ① 전체 학생 수는 $4+6+7+5+2+1=25$(명)이다.

② 수학 점수가 90점 이상인 학생 수는 $2+1=3$(명)이다.

③ 수학 점수가 4번째로 좋은 학생이 속한 계급은 85점 이상 90점 미만이지만 점수는 알 수 없다.

④ 수학 점수가 82점인 학생이 속하는 계급은 80점 이상 85점 미만이다.

⑤ 수학 점수가 5번째로 좋지 않은 학생이 속하는 계급은 75점 이상 80점 미만으로 이 계급의 도수는 6명이다.

48 전체 학생 수가 25명이므로 상위 12 %는

$25\times0.12=3$(명)이다.

3등이 속한 계급은 90점 이상 95점 미만이므로 최소 90점 이상 받아야 한다.

49 ㄱ. 상대도수의 분포를 나타낸 그래프를 통해 학생 수는 알 수 없다.

ㄴ. 남학생 중 칼로리 소모량이 2400 kcal 이상인 학생의 상대도수는 $0.4+0.2+0.1=0.7$이고, 여학생 중 칼로리 소모량이 2400 kcal 이상인 학생의 상대도수는 $0.32+0.08+0.04=0.44$이므로 비율은 남학생이 여학생보다 크다.

ㄷ. 남학생이 여학생보다 칼로리 소모량이 큰 계급의 상대도수가 높으므로 상대적으로 칼로리 소모량이 많다.

50 남학생의 수가 40명이고 칼로리 소모량이 2400 kcal 이상 2500 kcal 미만인 상대도수는 0.4이므로 이 계급의 학생 수는 $40\times0.4=16$(명)이다.

칼로리 소모량이 2400 kcal 이상 2500 kcal 미만인 남학생과 여학생의 수가 같으므로 여학생 중 칼로리 소모량이 2400 kcal 이상 2500 kcal 미만인 학생도 16명이다.

여학생 중 칼로리 소모량이

2400 kcal 이상 2500 kcal 미만인 상대도수는 0.32이므로

(여학생의 수)$\times0.32=16$

(여학생의 수)$=50$(명)이다.

EBS